KB051221

점화!

일러두기

1. MKS 단위로 주어진 것 외에는 원문에 제시된 단위를 그대로 사용함.
2. 화합물명은 국문/영문명을 혼용하였으며, 국문명은 일반적으로 통용되는 명칭을 사용함.
3. 책 제목은 「 」로, 논문과 보고서, 영화 제목 등은 「 」로, 잡지명은 〈 〉로 표기함.

점화!

초판 1쇄 발행 2023년 5월 10일
지은이 존 D. 클라크
옮긴이 서지형
펴낸이 김선기
펴낸곳 (주)푸른길
출판등록 1996년 4월 12일 제16-1292호
주소 (08377) 서울시 구로구 디지털로 33길 48 대륭포스트타워 7차 1008호
전화 02-523-2907, 6942-9570~2
팩스 02-523-2951
이메일 purungilbook@naver.com
홈페이지 www.purungil.co.kr

ISBN 978-89-6291-019-3 03570

Clark, John Drury. Ignition! An Informal History of Liquid Rocket Propellants.
New Brunswick: Rutgers University Press, 2017.
Copyright ⓒ 2017 by Rutgers University Press.

Korean translation rights arranged with Rutgers University Press,
New Brunswick, New Jersey, United States of America.

점화!

액체 로켓 추진제의 비공식 역사

과거를 기억하지 못하는 자는 그것을 되풀이할 수밖에 없다.

조지 산타야나 GEORGE SANTAYANA

푸른길

그림 1. 1959년 추진제 부서에서 NARTS 엔지니어링 담당자 밥 보더Bob Border에게 증정한 작품. (잉가 프랫 클라크Inga Pratt Clark 작, 플라스틱에 음각)

그림 2. 시험 연소는 바로 이렇게 보여야 **한다**. 배기 흐름의 마하 다이아몬드에 주목하라. (미 해군)

그림 3. 그런데 무언가 잘못되면 이렇게 보일지도 모른다. 동일한 테스트셀, 혹은 그 잔해가 보인다. (미 해군)

이 책을 나의 아내 잉가Inga에게 바치는데, 아내는

"당신 정말 기가 막힌 역사를 이야기하네.

자 이제 타자기 앞에 앉아서—그 빌어먹을 걸 써!"같이

집사람다운 말로 필자를 못살게 굴어 책을 쓰게 했다.

차례

존 클라크에 관해

아이작 아시모프ISAAC ASIMOV

나는 1942년 필라델피아에 이사 와서 존을 처음 만났다. 오, 그에 **관해서는** 예전부터 들어서 익히 알고 있었다. 1937년에 그는 공상과학 단편 한 쌍 『마이너스 플래닛Minus Planet』과 『스페이스 블리스터Space Blister』를 발표했는데, 그 작품들은 나를 깜짝 놀라게 했다. 앞엣것은 특히 사실적인 방식으로 '반물질anti-matter'을 다룬, 내가 아는 최초의 공상과학 이야기였다.

존은 그 작품에 만족했는지 공상과학 소설을 더는 쓰지 않았는데, 너그럽게도 나와 같은 작은 별들을 위한 공간을 남겨 둔 것 같다.

그러므로 1942년에 그를 만났을 때 나는 경외를 바칠 준비가 되어 있었다. 그러나 존은 경외에 준비가 안 되어 있었다. 그는 항상 그랬던 그대로 완전 다정하고, 완전 무의식적이고, 완전히 그 자신이었다.

내게 우정이 절실했을 때 그는 내 친구였다. 미국은 막 전쟁에 돌입한 참이었고, 나는 해군에서 화학자로 근무하기 위해 필라델피아로 왔다. 집을 떠나 온 것은 처음이었고, 나이는 겨우 스물둘에 불과했다. 나는 외롭기 그지없었고 그의 문은 내게 항상 열려 있었다. 나는 무서웠고 그는 내게 위안을 주었다. 나는 울적해했고 그는 내 기분을 띄워 주었다.

그러나 그런 다정함에도 불구하고, 그는 풋내기를 이용해 먹으려는 충동에 항상 저항할 수만은 없었다.

그의 아파트 벽면은 바닥부터 천장까지 온통 책으로 도배되어 있었고, 그는 그것들을 내게 보여 주기를 즐겼다. 그는 벽 한쪽은 소설, 한쪽은 역사, 한쪽은 군사 관련 서적 등에 할애했다고 설명했다.

"성경은," 그가 말했다. "여기." 그러더니 얼굴에 엄숙한 표정을 하고서는 덧붙였다. "성경은 소설 코너에 넣었는데, 자네도 알겠지만, J 밑이야."

"왜 J예요?" 나는 물었다.

그리고 존은 고지식한 말에 아주 즐거워하며 말했다. "여호와Jehovah의 J!"

세월이 흐르고 우리의 길은 갈라졌다. 전쟁은 끝났고 그가 로켓 연료를 만들어 내는 행복한 일을 하기 시작한 사이에, 나는 PhD(존은 우리가 처음 만났을 때쯤에 이미 취득했다)를 따러 컬럼비아로 돌아갔다.

로켓 연료를 연구하는 누구나 보통 미친 것이 아니라는 것이 이제는 확실하다. 특별할 것 없는 미치광이나 그저 미쳐 날뛰는 정신병자를 말하는 것이 아니다. 아득하기 이를 데 없는 미친 짓의 전대미문의 대가라는 뜻으로 하는 말이다.

어찌 되었든, 박살 내듯 폭발하는 화학 물질이 있나 하면, 결귀 들린 듯 활활 타오르는 것도 있고, 소름 끼치게 부식시키는 것도 있으며, 교활하게 중독을 일으키는 것도 있고, 숨 막히는 악취를 풍기는

점화!

것도 있다. 내가 아는 한이긴 하지만, 오직 액체 로켓 연료만이 이 모든 유쾌한 특성들을 맛깔스러운 한 덩이로 엮어 냈다.

자, 존 클라크는 이런 비참한 혼합물을 연구하고도 멀쩡하게 살아남았다. 더군다나 그는 지옥에서 온 이들 액체에게 테이블 밑으로 발 장난을 걸던 17년간의 연구소 운영 기간 동안 단 한 건의 산재 사고도 내지 않았다.

그가 신과 거래했다는 것이 나의 지론이다. 신의 가호에 대한 보답으로, 존은 성경을 소설 코너에서 빼는 데 동의했다.

그러니 이 책을 읽으라. 존은 물론 해당 분야에 같이 몸담은 독특하기 그지없는 다른 모든 괴짜들에 대해 아주 많이 알게 될 것이고, 깨어 있는 모든 순간 죽음을 껴안는 것을 합당하게 한 것 같았던 영웅적인 희열을 엿보게(내가 그랬듯이) 될지도 모른다—과학 사업이 **실제로** 수행되는 방식에 대해 엄청나게 많이 배울 수 있다는 점은 말할 것도 없다.

이는 오직 존만이 마음속 깊은 곳으로부터 그토록 통절하게도 잘 할 수 있는 이야기이다.

서문

　로켓학과 우주여행에 대해 수많은 이야기가 쓰여 왔으며, 로켓의 역사와 발달에 관한 것도 거의 그만큼 된다. 하지만 로켓 추진제—그들을 가게 하는 연료와 산화제—의 병행하는 역사와 발달에 대해 궁금한 이가 있다면, 그는 자신이 알고 싶은 것을 알려 줄 책이 없다는 사실을 깨닫게 될 것이다. 현재 사용 중인 추진제에 대해 서술한 몇몇 텍스트가 있지만, 어째서 다른 무엇이 아닌 이것들이 새턴 V나 타이탄 II 혹은 SS-9에 연료를 공급하는지, 그가 이유를 알 수 있는 곳은 어디에도 없다. 필자는 이 책에서 그 정보를 구할 수 있도록, 액체 로켓 추진제 개발에 대한 이야기를 하려 했다. 누가, 언제, 어디서, 어떻게, 왜 개발했는지를 말이다. 고체 추진제에 관한 이야기는 다른 누군가가 해야 할 것이다.

　지금은 그러한 책에 있어 여러모로 상서로운 때이다. 1940년대 말, 1950년대, 1960년대 전반에 활발히 진행되었던 액체 추진제 연구는 드문드문한 수준으로 점점 줄어들어 왔고, 요약을 하기에는 때가 무르익은 것 같은 반면, 해당 연구를 했던 사람들은 질문에 답하고자 아직도 주변에 있다. 필자가 정보를 부탁한 모든 이들은 협조적인 것 이상으로, 거의 필자 무릎에 올라타 필자 얼굴을 핥았다. 필자는 비공식적이며 더없이 귀중한 정보를 수없이 제공받았는데,

점화!

그 정보들은 그렇지 않았으면 제공자들의 기억과 함께 소멸되었을 것이다. 그들 중 하나가 필자에게 썼듯이, "억눌린 적개심을 드러낼 얼마나 좋은 기회인가!" 필자도 동의한다.

필자의 자료는 많고도 다양했다. 계약자 및 정부 기관 진척 (간혹!) 상황 보고서, 각종 회의에서 발표된 출간 논문집, 이야기에 나오는 사람들의 기억, 정보 기관 보고서, 모두 다 기여했다. 이것은 공식적인 역사가 아니라, 일어난 그대로의 이야기를 하기 위한 적극적 참가자의 비공식적 시도이기 때문에, 필자는 공식적인 기록을 하려 들지 않았다. 특히 많은 경우 그런 기록은 민망할 것이기 때문이다—위험하지는 않더라도 말이다! 취재원을 보호해야 하는 것은 기자만이 아니다.

그리고 물론 필자는 필자 본인의 기록과 기억에 의지했다. 1949년 11월 1일 미 해군항공로켓시험장U.S. Naval Air Rocket Test Station에 입소한 때부터, 1970년 1월 2일 후신인 피카티니 조병창Picatinny Arsenal의 액체로켓추진연구소Liquid Rocket Propulsion Laboratory에서 은퇴할 때까지, 필자는 거의 20여 년 넘게 비공식적이지만 정말로 실재하는 액체 추진제 커뮤니티의 일원이었으며, 이 나라 및 영국에 있는 현장에서 무슨 일이 벌어지고 있었는지 통절하게 인식하고 있었다. (1950년대 말에 이르러서야 소련 쪽 연구에 대해 많이 알 수 있었고, 이들 3개국 외 추진제 연구는 무시해도 될 정도였다.)

이 책은 관심 있는 일반인—그리고 그를 위해 필자는 상황을 가능한 한 단순화하려 했다—뿐만 아니라 로켓 업계에 있는 전문 엔지니어를 위해 쓰였다. 왜냐하면 필자는 그가 종종 본인 직업의 역사에 대해 한없이 무지하며, 강제로 제지하지 않는 한 우리가 15년 전에 알게 된 것과 같이, 어리석을 뿐 아니라 참사를 낳을 것 같은 무언가를 할 것이 거의 확실하다는 것을 알게 되었으니까. 산타야나는 본인이 무슨 말을 하는지 정확히 알고 있었다.

그래서 필자는 훌륭하게 구상된 연구 및 개발 프로그램에 대해 설명했을 뿐만 아니라, 부드럽게 말하면 지극히 분별 있는 것만은 아니었던 프로그램에 대해서도 동등한 시간을 할애했다. 그리고 필자는 추진제 연구의 업적에 대해 이야기했다. 더불어 필자는, 간혹 추진제 커뮤니티가 하나같이 격앙되어, 가는 길에 시끄럽게 떠들어대던 다수의 막다른 골목에 대해 묘사했다.

이 책은 독선적이다. 필자는 프로그램에 대한, 혹은 다양한 개인들이 내놓은 제안의 지성—또는 그것의 결여—에 대한 필자 본인의 견해를 밝히는 데 주저하지 않았다. 필자는 이에 대해 사과할 생각이 없으며, 나중에 깨닫고 나서 그런 비판을 한 것이 아니라는 것을 독자에게 장담할 수 있다. 언젠가 이 책을 집필하면서 어느 특정인의 제안에 다소 신랄한 비판을 가하게 되었을 때, 필자는 그 제안이 나왔을 당시에도 필자가 그와 같이 느꼈는지가 궁금해졌다. 필자의 (매우 사적인) 일지를 샅샅이 뒤지면서 필자는 그것들을 그저 "브레

점화!

인스토밍을 하더니 '삐—' 소리!"라고 그때 당시 촌평해 놓은 것을 발견했다. 따라서 필자의 견해는 바뀌지 않았다—적어도 눈에 띄게는 아니다.

필자는 완벽을 주장하는 것이 아니라, 연구의 본류에 대한 정확한 설명을 제공하려 노력했다. 누군가 자신의 연구를 필자가 부당하게 도외시했다고 생각되거나, 혹은 필자가 하는 것과 같이 기억을 못한다면, 필자에게 편지하시고, 그리하면 다음 판(하늘의 뜻이라면)에서 문제가 바로잡힐 것이다. 그리고 필자가 본인 연구소에서 있었던 일에 지나치게 역점을 둔 것 같다면, 그것은 필자 연구소가 특이해서가 아니라(거기서는 대부분의 연구소에서보다 더욱 정신 나간 일들이 벌어졌던 것 같긴 하지만) 오히려 그렇지 않았기 때문이다. 그래서 거기에서 있었던 일에 대한 설명은, 전국에 있는 10여 곳의 다른 연구소에서 동시에 일어나고 있던 비슷한 류의 일들에 대한 좋은 표본이다.

개개인의 이름에 대한 처리는 그렇다, 일관성이 없다. 본문에 언급된 누군가의 성 앞에 이니셜 대신 이름이 나온다는 점은 필자가 그를 아주 잘 안다는 의미일 뿐이다. 직함과 학위는 대체로 무시되었다. 고급 학위는 이 업계에 흔하디 흔했다. 그리고 어느 장에서 어느 조직체와 밀접한 관계를 맺은 개인이, 다음에는 다른 조직체와 관계를 맺는 점은 혼동할 이유가 되지 않을 것이다. 이 업계 사람들은 이직을 밥 먹듯 했다. 필자는 같은 조직에 20년을 계속 남아 있으며 일종의 기록을 세운 것 같다.

여기서 언급할 가치가 있는 한 가지는 이 책이 극소수 사람들에 대한 것이라는 점이다. 추진제 커뮤니티—액체 추진제 연구 개발을 총괄 혹은 그에 관여한 이들을 포함한—는 결코 크지 않았다. 여기에는 기껏해야 2백 명 정도의 사람들이 포함되었는데, 그 가운데 4분의 3은 그저 일손으로 일했을 뿐이고, 나머지 4분의 1이 하라는 대로 하고 있었다. 그 4분의 1이 놀랄 만큼 적은 수(같은 규모의 다른 대부분의 집단에 비해)의 멍청이나 협잡꾼을 포함하여 매우 흥미롭고 재미있는 군상들이었다. 우리 모두가 서로 아는 사이였음은 물론인데, 이는 광속에 근접하는 속도로 진행된 정보의 비공식적 전파에 도움이 되었다. 필자는 경쟁 계약자가 아닌 엉클Uncle Sam을 위해 일했으므로, 아무도 필자에게 '독점적' 정보를 주는 것을 주저하지 않았다. 그래서 이로부터 특히 득을 보았다. 필자는 누군가로부터 날것 그대로의 정보를 원하면, 다음 추진제 회의 때 바에서 얻을 수 있다는 것을 알았다. (중요한 추진제 회의의 다수는 호텔에서 열렸는데, 호텔 운영진은 영리하게도 언제나 회의장 문밖에다 바를 차린다. 회의 장소가 호텔이 아니면, 필자는 그저 가장 가까이 있는 칵테일 라운지를 찾아 휘 둘러본다. 내 친구는 아마 거기 있을 것이다.) 필자는 그의 곁에 앉아 술잔이 도착하면, "조Joe, 자네 지난번 시험 연소 어떻게 되었나? 그럼, 자네 보고서야 읽어 봤지, 그렇지만 나도 보고서 직접 써 봤지 않나. 정말 어떻게 되었는데?" 하고 묻는다. 고생 없이, 즉석에서 정확한 의사소통이 이루어진다.

순응주의자는 그룹 내에서 찾아보기 어려웠다. 거의 한 명도 빠짐없이 그들은 엄청난 개인주의자들이었다. 때때로 그들은 사이좋게 지냈지만—때로는 아니었으며, 경영진은 이를 고려해야 했다.

점화!

찰리 테이트Charlie Tait가 와이언도트Wyandotte를 떠나고 루 랩Lou Rapp이 리액션모터스Reaction Motors를 떠나 둘 다 에어로제트Aerojet로 왔을 때, 후자의 경영진은 놀라운 지능으로 그들 중 한 사람을 새크라멘토에, 나머지 한 사람을 아주사에 배치해 캘리포니아주 끝에서 끝으로 떼어 놓았다. 루는 찰리가 회의에서 논문을 발표할 때, 찰리의 슬라이드 모음에 누드를 한두 장 끼워 넣는 버릇이 있었고, 찰리는 더 이상 즐겁지가 않았다.

그러나 친구든 아니든, 반목하든 아니든, 우리가 했던 모든 일은 그룹의 나머지 사람들에게는 외눈으로 한 것이었다. 우리 모두는 지적 경쟁 상대였을 뿐만 아니라—"무엇이든 네가 할 수 있는 것이면 나는 더 잘할 수 있다"—다른 이들이야말로 그의 작업을 판단할 능력이 되는, 주변에 있는 유일한 사람들이라는 것을 피차간에 알았다. 경영진은 기술적 전문 지식을 가진 경우가 드물었고, 우리의 연구는 대부분 기밀이었기 때문에, 우리는 이를 더 큰 과학계에 발표할 수 없었다. 그래서 내집단으로부터의 찬사는 더욱 가치 있게 여겨졌다. (어브 글래스먼Irv Glassman이 논문을 발표하며 "폭발물의 감도에 관한 클라크의 고전적인 연구"를 언급했을 때, 필자는 일주일 내내 너무나 행복했다. 지금까지 있은 연구 중에 **고전**이라 말이지!) 그 결과는 아마도 바람직하지 않은 일종의 집단 나르시시즘이었다—그러나 그것은 우리를 죽어라 일하게 했다.

우리는 하여간 그렇게 했다. 우리는 새롭고도 흥미진진한 분야에 있었고, 가능성은 무한했으며, 이제 곧 펼쳐질 세상은 우리가 하기 나름이었다. 우리는 앞에 놓인 문제에 대한 답을 모른다는 것을 알았지만, 그것을 서둘러 찾아낼 수 있는 우리의 능력을 터무니없이 확신했고, 그전에도 그 후에도 본 적 없는 '열정'—그에 딱 맞는 단 하나의 말—으로 탐색을 시작했다. 필자는 무슨 일이 있어도 그 경험을 놓치지 않았을 것이다. 그러므로 친애하는 동무이자 한때는 치명적인 경쟁자들에게, 필자는 "신사분들, 여러분을 알게 되어 반가웠소!"라고 전하는 바이다.

존 D. 클라크John D. Clark

뉴저지주 뉴펀들랜드에서

1971년 1월

점화!

1장

어떻게
시작되었는가

　친애하는 여왕께서 마침내 영면에 드시고, 에드워드 7세Edward VII 는 해가 지지 않는 제국을 다스리며 때늦은 호시절을 보내고 있었 다. 독일 제국에서는 빌헬름 2세Kaiser Wilhelm II가 전함을 건조하고 방자한 발언을 일삼았고, 미합중국에서는 대통령 시어도어 루스벨 트Theodore Roosevelt가 방자한 발언을 일삼고 전함을 건조했다. 때 는 1903년이었고, 그해가 저물기 전 라이트 형제의 첫 번째 비행기 가 주춤주춤하며 공중으로 잠시 날아올랐다. 그리고 전 러시아All-Russian nation 황제의 제국에 있는 그의 도시 상트페테르부르크에서 『과학 평론』 정도로 옮길 수 있는 제목의 학술지에 아무도 관심 없 는 논문 한 편이 실렸다.

　논문의 인상적이나 별로 유익하지 않은 제목은 「반작용 추진 장 치에 의한 우주 공간 탐사」였고, 저자인 콘스탄틴 예두아르도비치

치올콥스키Konstantin Eduardovich Tsiolkovsky라는 사람은 칼루가주의 보롭스크라는, 본인 못지않게 무명한 동네에 있는 무명한 학교 선생이었다.

논문의 요지는 간단한 다섯 가지 서술로 요약할 수 있다.

1. 우주여행은 가능하다.
2. 이는 로켓 추진의 도움으로, 그리고 **오로지** 로켓 추진의 도움으로만 달성 가능하다. 로켓은 텅 빈 우주에서 작동할 것으로 알려진 유일한 추진 장치이기 때문이다.
3. 화약 로켓은 사용할 수 없다. 화약은 (혹은 무연 화약도 그 문제에 대해서는 마찬가지인데) 단순히 그 일을 해낼 만한 에너지가 없기 때문이다.
4. 어떤 액체는 필요한 에너지를 **정말** 지녔다.
5. 액체 수소는 좋은 연료, 액체 산소는 좋은 산화제일 것이며, 그 쌍은 거의 이상적인 추진제 조합을 이룰 것이다.

이들 서술 가운데 처음 네 가지는 누가 들으면 휘둥그레질 이야기였지만, 아무도 듣지 않았고 가타부타 말이 없었다. 다섯 번째 서술은 전혀 다른 종류의 것이었고, 몇 년 전이었다면 그저 놀라운 것이 아니라 완전히 무의미했을 것이다. 액체 수소와 액체 산소가 세상에 처음 나온 것이었으니까.

1823년에 마이클 패러데이Michael Faraday를 시작으로, 유럽 전역의 과학자들이 다양한 일반 기체를 액체로 전환하려—냉각하고, 압축하고, 두 공정을 병행하며—애써 왔다. 맨 먼저 무릎을 꿇은 것은 염소였고, 암모니아, 이산화탄소 그 외 여러 가지가 뒤를 이었으며, 1870년대쯤에는 몇 안 되는 반골만이 여전히 액화를 완강히 거부했다. 여기에는 산소, 수소와 질소가 포함되었으며(플루오린은 아직 분리가 되지 않았고 희가스류는 발견도 되지 않았다), 비협조자들은 비관적으로 '영구기체'라 불렸다.

1883년까지만. 그해 4월에 갈리치아–로도메리아 왕국Austrian Poland에 있는 크라쿠프 대학교의 브루블레프스키Z. F. Wróblewski는 동료 올셰프스키K. S. Olszewski와 함께 노력한 끝에 산소를 액화하는 데 성공했다고 아카데미프랑세즈French Academy에 발표했다. 액체 질소는 며칠 뒤에 그리고 액체 공기는 2년 안에 나왔다. 1891년쯤에는 액체 산소를 실험 용도로 소량 구할 수 있게 되었고, 1895년에는 린데Linde에서 액체 공기 생산을 위한 실용적인 대규모 공정을 개발했는데, 액체 공기를 단순히 분별증류함으로써 액체 산소(및 액체 질소)를 얻을 수 있었다.

런던에 있는 로열인스티튜션Royal Institution의 제임스 듀어James Dewar(훗날의 제임스 경, 그리고 듀어 플라스크, 즉 보온병의 발명가이기도 하다)는 1897년에 플루오린을, 무아상Moissan이 불과 11년 전에 분리했는데, 액화했고 그 액체의 밀도가 1.108이었다고 발표했다. 이 극도로 (그리고 말도 안 되게) 잘못된 값(실제 밀도는 1.50이다)이 예상대로 학계에서 방부 처리되어 거의 60년 동안 그대로 남아 아무 의심 없이 받아들여졌고, 사실상 모두를 혼란스럽게 했다.

마지막 남은 주요 비협조자—수소—도 마침내 그의 노력에 굴복하여 1898년 5월에 액화되었다. 그리고 그가 득의양양하게 보고한 것처럼, "1901년 6월 13일 (액체 수소) 5L가 로열인스티튜션 실험실에서 런던의 거리를 지나 로열소사이어티Royal Society 회의실로 성공리에 이송되었다!"

그다음에야 비로소 치올콥스키는 액체 수소와 액체 산소로 추진되는 로켓에 의한 우주여행에 대해 쓸 수 있었다. 브루블레프스키와 듀어 없이는 치올콥스키도 이야기할 거리가 없었을 것이다.

나중에 낸 논문에서 치올콥스키는 기타 가능한 로켓 연료—메테인, 에틸렌, 벤젠, 메틸 및 에틸 알코올, 테레빈유, 가솔린, 케로신—즉 사실상 붓고 불을 붙일 수 있는 모든 것에 대해 논의했는데, 액체 산소 외에 다른 산화제는 일절 고려하지 않은 듯하다. 그리고 그가 죽는 날까지(1935) 쉴 새 없이 집필하기는 했지만 그의 로켓은 서류상으로만 남았다. 그는 로켓과 관련해서는 결코 아무것도 하지 않았다. 로켓과 관련해 무언가를 한 사람은 로버트 H. 고더드Robert H. Goddard였다.

고더드 박사는 일찍이 1909년에 액체 로켓을 생각하고 있었고, 액체 수소와 액체 산소가 거의 이상적인 조합일 것이라고 그의 (들어 본 적 없는) 러시아인 전임자와 같은 결론에 도달했다. 1922년에, 그때 그는 클라크 대학교의 물리학 교수였는데, 액체 로켓과 그 부품에 관한 실제 실험 연구에 착수했다. 그 당시 액체 수소는 구하기가 사실상 불가능해서 그는 가솔린과 액체 산소로 작업했는데, 이는 그가 이후의 모든 실험 연구에 사용한 조합이었다. 1923년 11

월쯤에 그는 테스트 스탠드에서 로켓 모터를 연소했으며, 1926년 3월 16일에는 액체 추진 로켓의 첫 비행에 성공했다. 로켓은 2.5초 동안 184피트를 비행했다. (정확히 40년 후 같은 날, 암스트롱Arm-strong과 스콧Scott은 급격한 롤roll에 빠진 제미니Gemini 8호를 제어하기 위해 사투를 벌이고 있었다.)

가솔린과 산소를 이용한 고더드의 초기 연구에서 한 가지 이상한 점은 그가 사용한 매우 낮은 산화제 대 연료 비율이다. 자신이 태운 가솔린 매 파운드에 대해 산소 3파운드가 최적에 가까웠을 것임에도 불구하고, 그는 산소 약 1.3 내지 1.4파운드를 태웠다. 그 결과 그의 모터는 형편없는 성능을 냈고, 170초 이상의 비추력specific impulse을 달성하는 경우가 거의 없었다. (비추력은 로켓과 그 추진제의 성능에 대한 척도이다. 비추력은 파운드를 단위로 하는 로켓의 추력을, 이를테면 초당 파운드를 단위로 하는 추진제 소모량으로 나누어 얻는다. 예를 들어 추력이 200파운드이고 추진제 소모량이 초당 1파운드이면 비추력은 200초이다.) 그는 연소 온도를 낮추고 하드웨어의 수명을 연장—즉 단순히 모터가 소실되는 것을 방지—하기 위해 정상을 벗어난 비율로 운용했던 것 같다.

다음 세대의 실험자들을 위한 자극제는 1923년에 전혀 이름 없는 트란실바니아 독일인인 헤르만 오베르트Hermann Oberth라는 사람이 쓴 책에서 나왔다. 책 제목은 『Die Rakete zu den Planeten-räumen』, 즉 "행성 공간으로의 로켓"이었는데, 이 책이 놀랍게도 컬트적인 인기를 끌었다. 사람들은 로켓에 대해 생각하기 시작했고—고더드에 대해 들어 본 사람은 사실상 아무도 없었는데, 그는 지나치고 불필요한 비밀주의 속에 일했다—로켓에 관해 생각한 사람들 가운데 일부는 로켓과 관련해 무언가를 하기로 결정했다. 첫째, 그들은 협회를 조직했다. 보통 VfR로 알려져 있는 Verein für Raumschiffahrt, 즉 우주여행협회가 최초였으며, 1927년 6월에 결성되었다. 미국행성간협회American Interplanetary Society는 1930년 초에 설립되었고, 영국행성간협회British Interplanetary Society는 1933년, 러시아의 두 협회는 1929년 레닌그라드(현 상트페테르부르크)와 모스크바에 각각 들어섰다. 다음으로 그들은 로켓과 행성 간 여행에 대한 책을 내고 강연을 열었다. 아마도 그중에 가장 중요한 것은 1930년 로베르 에스노-펠트리Robert Esnault-Pelterie의 엄청나게 상세한 『L'Astronautique』일 것이다. 그리고 프리츠 랑Fritz Lang은 우주여행에 관한—「Frau im Mond」, 즉 '달의 여인'이라는—영화를 제작했고 오베르트를 기술 자문으로 고용했다. 대중의 관심을 끌고자 시사회 당일 로켓 발사 퍼포먼스를 할 예정이었는데, 그날 발사하게 될 액체 연료 로켓의 설계 및 제작은 오베르트가 담당하고, 돈은 랑과 영화사(UFA)가 지불하기로 협의가 되었다.

오베르트가 영화 업계와 벌인 모험은—그리고 그 반대도—부조리극에 대한 눈에 띄는 공헌이지만(우스꽝스러운 디테일까지 도처에 묘사되었다), 이는 추진제 기술에, 비록 수포로 돌아갔더라도, 한 가지 흥미로운 기여를 하게 되었다. 영화 시사회에 맞추어 가솔린-산소 로켓을 날려 보려는 노력이 좌절되자(주어진 시간이 말도 안 되게 짧았다), 오베르트는, 그의 바람으로는, 급히 개발할 수 있는 로켓을 설계했다. 로켓은 중심에 몇 개의 탄소봉이 있는 기다란 알루미늄 수직 튜브로 구성되었고, 탄소봉은 액체 산소에 둘러싸여 있었다. 연소 가스가 로켓의 상단(전방)에 있는 일련의 노즐을 통해 분출되는 동안, 탄소봉이 산소가 소모되는 속도와 같은 속도로 위에서부터 타 내려가는 것이 아이디어였다. 오베르트는 결코 그 로켓을 가게 할 수 없었는데, 그래 봤자 영락없이 폭발했을 것이라 차라리 다행인지 모르겠다. 하지만 이는 최초로 기록된 하이브리드—고체 연료와 액체 산화제를 이용한—로켓 설계였다. ('리버스' 하이브리드reverse hybrid는 고체 산화제와 액체 연료를 사용한다.)

아무튼 시사회는 1929년 10월 15일에 (로켓 발사 없이) 이루어졌고, VfR은 (비용을 좀 지불한 뒤) 오베르트의 장비를 승계받아 1930년 초부터 독자적인 연구를 시작할 수 있었다.

그런데 여기서 이야기가 복잡해지기 시작한다. VfR은—물론 다른 누구도—몰랐지만 적어도 다른 세 그룹이 연구에 열을 올리고 있었다. 모스크바의 찬데르F. A. Tsander가 그중 하나를 이끌었다. 그는 로켓과 우주여행에 대해 방대한—그리고 창의적인—글을 남긴 항공 엔지니어였으며, 한 저서에는 우주인이 필리어스 포그Phileas Fogg를 모방해 연료 공급을 늘리는 방안을 제시하기도 했다. 연료 탱크가 비었을 때 우주인은 그저 빈 탱크를 갈아 분말로 만든 알루미늄을 첨가할 수 있으며, 이렇게 하여 남은 연료를 얻는데, 그 발열량은 그에 상응하여 향상될 것이다! 『80일간의 세계 일주Around the World in Eighty Days』 주인공은 석탄이 떨어지자 배의 남은 부분을 계속 나아가게 하기 위해 그 일부를 땔감으로 썼는데, 이 80일간의 세계 일주 주인공의 현대적 모방은 당연한 일이지만 서류상에 머물렀고, 찬데르의 실험 연구는 덜 창의적인 방식이었다. 그는 1929년에 연구를 시작하며 처음에는 가솔린과 기체 공기를 사용했고, 그다음 1931년에는 가솔린과 액체 산소를 사용했다.

다른 그룹은 이탈리아에 있었는데, 루이지 크로코Luigi Crocco가 이끌었고, 이탈리아군 참모가 마지못해 자금을 댔다.[1]

크로코는 1929년 액체 로켓 연구에 착수했으며, 1930년 초반까지 시험 연소 준비를 마쳤다. 그의 연구가 눈에 띄는 것은 그의 모터 설계가 놀라울 정도로 정교하기 때문이기도 하지만, 무엇보다 그의 추진제 때문이다. 그는 연료로 가솔린을 사용했고 그야 놀라운 일이 아니지만, 산화제로는 산소에서 탈피해 사산화 질소, N_2O_4를 사용했다. 이는 장족의 발전이었으나—사산화 질소는 산소와 달리 상온에서 무기한 저장할 수 있다—크로코 본인의 소그룹 외에는 그 연구에 대해 들은 사람이 24년간 아무도 없었다![2]

---

1 전체 프로젝트를 지휘한 인물이 크로코G. A. Crocco 장군이라는 점은 우연이 아니다. 크로코 장군은 루이지 크로코의 아버지인데, 이탈리아인 아버지는 유대인 어머니 못지않다.

2 페드로 파울레트Pedro A. Paulet라는 페루인 화공 엔지니어는 1927년 10월 7일 페루 리마의 〈엘코메르시오El Comercio〉지에 보낸 서신에 본인이—1895~1897년(!)—가솔린과 사산화 질소를 태우는 로켓 모터를 실험했다고 주장했다. 이 주장이 조금이라도 사실에 근거한 것이면, 파울레트가 고더드는 물론 심지어 치올콥스키보다 앞섰다는 이야기가 된다.

하지만 실상을 한번 살펴보자. 파울레트가 주장하는 바로는 모터 추력이 200파운드였고, 통상적인 로켓 모터처럼 지속적으로 연소하는 대신, 분당 3백 회씩 간헐적으로 연소했다고 한다.

그는 실험 연구를 파리에서 했다고 주장하기도 했다.

자, 필자는 200파운드 모터가 내는 소음이 얼마나 요란한지 안다. 그런 모터를 분당 3백 회씩—기계식 시계가 째깍거리는 속도로—연소하면 75mm 전자동 대공포 전체 포대가 일제 사격하는 듯한 소리가 났을 것이다. 이런 시끄러운 소

점화!

다른 항공 엔지니어 글루시코V. P. Glushko는 레닌그라드에 있는 로켓 그룹을 이끌었다. 그는 기름 또는 가솔린에 분말 베릴륨이 든 현탁액을 연료로 제안했으나, 1930년에 있었던 첫 연소에서는 스트레이트(아무것도 섞지 않은) 톨루엔을 사용했다. 그리고 그는—독자적으로—크로코가 한 것과 같은 과정을 밟았다. 그는 산화제로 사산화 질소를 사용했다.

VfR은 자신들이 연구에 착수했을 당시 이 모든 일에 대해 전혀 모르고 있었다. 오베르트는 원래 메테인을 연료로 쓸 생각이었지만 베를린에서는 구하기 어려웠던 탓에, 첫 연구를 가솔린과 산소로 진행했다. 하지만 요하네스 빙클러Johannes Winkler는 그 아이디어를 듣게 되었고, VfR과 별개로 작업해 1930년 말 전에 액체 산소-액체 메테인 모터를 연소할 수 있었다. 메테인은 가솔린에 비해 성능이 아주 약간 낮기는 했지만 다루기가 훨씬 어려웠으므로 이 연구는 별다른 결실을 보지 못했고, 누가 보아도 후속 연구를 진행할 이유가 없었다.

그보다는 1931년 3월 초에 모터를 연소했던 폭죽 제조업자 프리드리히 빌헬름 잔더Friedrich Wilhelm Sander(상용 화약 로켓을 제조했다)의 실험이 훨씬 중요했다. 그는 그의 연료에 대해 말하기를 다소 꺼려 그저 '카본 캐리어carbon carrier'라고 불렀지만, 빌리 라이Willy

---

리는 파리지앵들로 하여금 코뮌Commune이 공화국Republic에 원수를 갚으러 돌아왔다고 확신하게 했을 것이고, 파울레트 외에 **누군가**에 의해 틀림없이 기억되었을 것이다! 하지만 유일하게도 파울레트만이 기억한다.

필자가 보기에 파울레트의 주장은 완전히 거짓이며, 그가 주장하는 연소도 결코 없었던 일이다.

Ley는 그것이 아마 경질 연료유 아니면 벤젠이었을지도 모른다고, 거기에 상당량의 카본 분말이나 램프블랙lampblack을 넣어 섞었을 것이라고 제언했다. 폭죽 제조업자로서 잔더는 당연히 카본을 **가장 좋은** 연료로 생각했을 것이고, 헤르만 누어둥Hermann Noordung(구 오스트리아·헝가리 제국 육군 포토치닉Potočnik 대위의 필명)이라 는 사람은 그 전해에 벤젠에 카본이 든 현탁액을 연료로 제안했다. (더 작은 탱크를 쓸 수 있도록 밀도를 높이려는 생각이었다.) 잔더 의 연구에서 중요한 점은 그가 다른 산화제인 적연질산red fuming nitric acid, RFNA을 도입했다는 것이다. (이는 상당량—5~20%가량— 의 용존 사산화 질소가 들어 있는 질산이다.) 그의 실험은 추진제 개 발의 본류 중 하나의 출발점이었다.

항공 분야의 개척자이자 항공 엔지니어인 에스노-펠트리는 1931년에 먼저 가솔린과 산소로, 그다음 벤젠과 사산화 질소로 작 업했는데, 사산화 질소 산화제를 독자적으로 내놓은 세 번째 실험 자이다. 하지만 이는 추진제 연구에서 반복되는 패턴이 될 터였 다—대여섯 명의 실험자들이 대개 똑같은 뼈를 입에 물고 동시에 나타난다! 그가 벤젠을 연료로 사용한 것은(글루시코가 톨루엔을 사용한 것과 같이) 상당히 이상하다. 성능에 관한 한 어느 쪽도 가솔 린보다 전혀 나을 것이 없고, 값은 둘 다 훨씬 비싸다. 그리고 나서 에스노-펠트리는 테트라나이트로메테인TNM, $C(NO_2)_4$를 산화제로 사용하려고 했고, 즉시 손가락 4개를 날려 버렸다. (이 사건은 TNM 연구에 늘 있는 것으로 판명되었다.)

레닌그라드의 글루시코는 잔더가 중단했던 곳에서 계속했고,

1932년부터 1937년까지 질산과 케로신으로 작업해 큰 성공을 거두었다. 이 조합은 소련에서 아직도 사용되고 있다. 그리고 1937년에, 이미 주지의 사실이던 에스노-펠트리의 경험에도 불구하고, 그는 케로신과 테트라나이트로메테인을 성공적으로 연소했다. 그러나 이 연구는 후속 연구가 없었다.

VfR의 클라우스 리델Klaus Riedel은 1931년 말에 새로운 조합을 위한 모터를 설계했고, 이는 1932년 초에 연소되었다. 이 모터는 늘 그렇듯이 액체 산소를 사용했지만, 연료는 리델과 빌리 라이의 구상대로 에틸알코올과 물의 60-40 혼합물이었다. 성능은 가솔린의 성능보다 다소 낮았지만, 화염 온도가 훨씬 낮아 냉각이 용이했고 하드웨어도 오래갔다. 이는 추진제 기술에 대한 VfR의 주된 공헌이었고, A-4(혹은 V-2)로 일직선으로 이어졌지만 그것이 마지막이었다. 베르너 폰 브라운Wernher von Braun은 1932년 11월 쿰메르스도르프-베스트에서 육군 후원하에 로켓 연소 현상에 대한 박사 학위 논문 작업에 착수했고, VfR의 나머지에게는 게슈타포가 들이닥쳤으며, 협회는 1933년 말쯤 해산했다.

빈 대학교의 오이겐 쟁어Eugen Sänger 박사는 1931년과 1932년 사이 일련의 연소를 거듭했다. 그의 추진제는 흔해 빠진 것이었지만—액체(때로는 기체) 산소와 경질 연료유—그는 모터 연소를 위해 기발한 화학적 묘수를 도입했다. 그는 모터와 인접한 연료 라인 일부에 다이에틸 아연을 채워 넣어, 오늘날 우리가 '자동 점화 슬러그hypergolic starting slug'라고 부르는 것처럼 작용하도록 했다. 이것이 모터 안에 분무되어 산소와 접촉했을 때 자동으로 점화되었으므로, 연료유가 도달했을 때 불은 이미 잘 타오르고 있었다. 그는 또한 여러 사람들 가운데 처음으로 수소부터 순수 탄소에 이르기까지 가능한 연료들의 긴 목록을 편집했으며, 산소로 그리고 N_2O_5로 각각의 성능을 계산했다. (후자는 불안정한 데다 심지어 고체여서 물론 사용된 적이 없다.) 불행히도, 그의 계산에서 그는 다소 순진하게도 100% 열효율을 가정했는데, 이는 (a) 무한한 연소실 압력이나 (b) 완전한 진공을 향해 연소되는 영(0)인 배출 압력을 수반할 것이고, 어느 경우든 무한히 긴 노즐을 필요로 할 것인데, 이는 제작에 다소간 어려움을 수반할지도 모른다. (로켓에서 열효율은 보통 약 50~60%이다.) 그는 오존을 산화제로 쓸 수 있을지 모른다거나, 찬데르가 했던 것과 같이 연료에 분말 알루미늄을 첨가할 수 있을지 모른다고 제안하기도 했다.

그리고 이탈리아에서 루이지 크로코가 다른 아이디어를 떠올렸고, 이를 시험해 보는 데 필요한 약간의 자금을 지원해 달라고 항공부Ministry of Aviation를 설득할 수 있었다. 아이디어는 다름 아닌 일원 추진제monopropellant였다. 일원 추진제는 질산 메틸, 산소가 탄소와 수소를 태울 수 있는 CH_3NO_3와 같이 단일 분자로든, N_2O_4에 벤젠이 들어 있는 용액과 같이 연료와 산화제의 혼합물로든, 그 자체에 연료뿐만 아니라 산화제도 들어 있는 액체이다. 서류상으로는 아이디어가 매력적인 것처럼 보인다. 연소실에 유체 하나만 분무하면 되는데, 이는 배관을 단순화하며, 혼합비는 원하는 비율로 고정 불변이고, 연료와 산화제를 제대로 혼합해 줄 분무기를 설계할 걱정도 필요 없거니와 어느 모로 보더라도 일이 단순하다. 그러나! 연

점화!

료와 산화제의 밀접한 혼합물은 무엇이든 잠재적인 폭발물이며, 행운을 굳게 비는 것으로 분리된 환원성(연료) 말단과 산화성 말단을 가진 분자는 재앙을 부르는 것이다.

크로코도 다 아는 사실이었다. 하지만 미친 것과 구별하기 어려운 일종의 용기로 그는 1932년에 메틸알코올 30%를 첨가해 대충 안정시킨 나이트로글리세린(과연!)으로 일련의 긴 시험 연소를 시작했다. 그는 무슨 기적인지 자살행위를 용케 피했고, 약간 덜 민감한 나이트로메테인, CH_3NO_2로 연구를 확장했다. 그가 얻은 결과는 유망한 것이었으나, 1935년에 돈이 바닥났고 연구에서 아무것도 건지지 못했다.

또 다른 초창기 일원 추진제 연구자는 해리 불Harry W. Bull이었는데, 그는 시러큐스 대학교에서 혼자 일했다. 1932년 중반까지 그는 가솔린, 에터, 케로신, 연료유 및 알코올을 태우기 위해 기체 산소를 사용했다. 나중에는 알코올을 30% 과산화 수소(당시에 미국 내에서 구할 수 있는 최고 농도였다)로 태우려고 했고, 테레빈유를(아마도 70%) 질산으로 태우려고 했지만 성공하지 못했다. 그리고 1934년에 그는 자신이 발명한 일원 추진제를 시도했는데, 그는 그것을 '애탈린Atalene'이라고 불렀지만, 달리 확인되지는 않는다. 애탈린은 폭발했고 그는 병원 신세를 졌다. 막다른 골목이었다.

베를린에 있는 국립화학연구소Chemical State Institute에서는 헬무트 발터Hellmuth Walter가 1934년과 1935년에 80% 과산화 수소를 연소하는 일원 추진제 모터를 개발했는데, 80% 과산화 수소는 최근 들어서야 구할 수 있게 되었다. 적절하게 촉매 반응시키거나 가

열했을 때 과산화 수소는 산소와 과열 증기로 분해되며, 따라서 일원 추진제로 쓰일 수 있다. 이 연구는 일반에 공개되지 않았지만—루프트바페Luftwaffe(독일 국방군 산하의 공군)는 용도를 내다볼 수 있었다—계속되었으며 향후 수년간 많은 일들을 초래했다.

자세히 살펴보아야 할 정확히 전쟁 전 마지막 연구는 GALCIT(캘리포니아 공과대학교 구겐하임 항공연구소Guggenheim Aeronautical Laboratories, California Institute of Technology의 프랭크 말리나Frank Malina 그룹의 연구이다. 1936년 2월에 그는 자신의 박사 학위 논문 프로젝트를 계획했는데, 프로젝트는 액체 연료 관측 로켓의 개발이 될 것이었다. 그 일을 하기로 한 그룹은 점진적으로 구성되었고, 1937년 여름까지 완전한 모습을 갖추었다. 6명에는 말리나 본인, 존 파슨스John W. Parsons, 웰드 아널드Weld Arnold, 첸쉐썬Qian Xuesen이 포함되어 있었는데, 파슨스는 그룹의 화학자, 아널드는 돈을 좀 내놓았고, 첸은 30년 뒤 중공 탄도탄의 대부로 이름을 날리게 될 것이었다. 시어도어 폰 카르만Theodore von Kármán의 인자한 눈이 전부를 지켜보았다.

가장 먼저 할 일은 액체 로켓 모터를 작동하는 법을 배우는 것이었고, 실험 연소는 그 목표를 염두에 두고 1936년 10월에 시작되었다. 메탄올과 기체 산소가 추진제였다. 하지만 다른 추진제도 고려되었으며, 1937년 6월까지 파슨스가 리스트를 편집하고, 수십 가지 추진제 조합의 성능을 (젱어가 했던 대로 100% 효율을 상정하고) 계산했다. 젱어의 연료에 덧붙여 그는 다양한 알코올과 포화 및 불포화 탄화수소, 그리고 리튬 메톡사이드, 데카보레인, 리튬 하이드라이드, 트라이메틸알루미늄과 같은 유별난 품목까지 리스트에 넣었다. 그는 산화제로 산소, 적연질산, 사산화 질소를 리스트에 포함시켰다.

그리고 나서 말리나 그룹이 시도한 다음 조합은 사산화 질소와 메탄올이었다. 시험은 1937년 8월에 시작되있다. 그러나 말리나는, 제정신인 사람이라면 누구나 그렇게 했을 것처럼 밖에서 작업하는 대신, 시험을 기계공학관 안에서 수행할 정도로 무모하기 그지없었고, 공학관은 착화에 실패하는 경우 메탄올과 N_2O_4의 혼합물 연기로 자우룩했다. 후자는 공기 중의 산소 및 수분과 반응해 교묘하게 그 자신을 질산으로 전환했고, 그것이 건물에 있는 온갖 비싼 장비에 부식성으로 내려앉았다. 당국자들 사이에 말리나의 인기는 곤두박질쳤고, 그와 그의 실험 기자재 및 공범들은 즉석에서 건물 밖으로 내쫓겼으며, 그는 그 후에 '자살 특공대' 대장으로 알려졌다. 사람들은 이렇게 선구자를 몰라본다.

하지만 말리나 그룹은 1939년 7월 1일까지 연구를 계속했는데, 그때 햅 아널드Hap Arnold 장군 주도하에 육군항공대Army Air Corps가 JATO—단거리 활주로에서 이륙하는 만재 항공기의 이륙 보조 로켓—개발 프로젝트를 후원했다.

이제부터 로켓 연구는 군에서 비용을 부담하고 기밀로 취급하기로 되어 있었다. GALCIT의 처녀 시절은 말리나의 폭발 첫 경험과 함께 끝났다. 이제 그녀는 아마추어 지위를 잃은 것이다.

2장

페네뮌데와
JPL

폰 브라운von Braun은 1932년 11월에 박사 학위 논문(로켓 연소 과정) 작업에 착수했다. 그의 실험 연구는 전부 베를린 근교 포병 사격장인 쿰메르스도르프-베스트에서 이루어졌다. 그리고 라이히스베어Reichswehr(독일 국가방위군)는 운송 비용을 지불하고, 그를 중심으로 로켓 시설을 세워 주었다. 그는 1937년에 학위를 취득하고 조직의 기술 책임자가 되었는데, 조직은 머지않아 페네뮌데Peen-emünde로 이전했다. 그곳에서 선전명 'V-2'로 더 잘 알려진 A-4가 설계 및 개발되었다.

A-4와 관련된 추진제 개발은 거의 없다시피 했다. 애초부터 액체 산소가 의도한 산화제였으며, 70-30 알코올-물 혼합물(VfR이 사용했던 것과 같이)이 연료였다. 그리고 헬무트 발터Hellmuth Wal-ter의 80% 과산화 수소(과산)가 연료 펌프 구동에 사용되었다. 과산

점화!

peroxide은 분해실로 유입되었는데, 그곳에서 소량의 과망가니즈산 칼슘 수용액과 혼합되었다. 이는 과산의 산소 및 과열 증기로의 분해를 촉진했는데, 과열 증기는 산소와 알코올을 주 연소실로 밀어 넣는 펌프를 구동하는 터빈을 돌렸다.

A-4는 장거리 전략 무기였으며, 명령을 접수한 즉시 발사하도록 설계되지 않았다. A-4를 세우고 나서, 발사 직전에 알코올과 산소를 주유하는 것이 지극히 현실적이었다. 하지만 라이히스베어는 언제나 발사 준비가 된 대공 로켓을 필요로 했다. 전방 관측 부대로부터 폭격기가 오고 있다는 소식을 들었을 때는 미사일에 액체 산소를 주유할 시간이 없다. 필요한 것은 저장성 추진제이다—탱크에 미리 주유할 수 있고 버튼을 누르기 전까지 그대로 남아 있는 추진제 말이다. 산소로는 그렇게 할 수 없는데, 산소는 어떤 압력으로도 임계 온도인 −119℃ 이상에서 액체 상태를 유지할 수 없다.

라이히스베어는 대공 로켓의 필요성을 인식하는 데 다소 둔한 편이었지만—어쩌면 그들은 헤르만 괴링Hermann Göring이 "영국이 한 번이라도 베를린을 폭격하면, 나를 마이어Meyer라 불러도 좋다!"라고 뻐길 때 그를 믿었는지도 모르겠다—영국이 정말로 그렇게 했을 때 그들은 저장성 추진제에 관한 연구가 상당 부분 진행 중이라는 것을 알게 되었다. 저장성 추진제에 관한 연구는 처음에는 킬에 있는 헬무트 발터의 발터베어케Walterwerke에 집중되었다. 언급한 바와 같이 고농도 과산화 수소(80~83%)는 1934년쯤 처음 구할 수 있게 되었는데, 발터는 이것을 일원 추진제로 연소했고, 루프트바페Luftwaffe는 엄청나게 관심을 보였다. 미국의 아널드 장군과 같이 그들은 JATO 로켓이 정상적인 탑재량보다 과적한 폭격기의 이륙을 가능하게 할 것이라는 점을 인식할 수 있었고, 1937년 2월쯤 발터 과산화 수소 JATO가 하인켈Heinkel 카데트Kadett 훈련기가 이륙하는 것을 보조했다. 그해 말에는 로켓 추진 항공기가―다시금 과산화 수소 모터를 사용해―비행했다. 메서슈미트Messerschmitt Me 163 A 요격기도 동일한 추진제를 사용했다.

하지만 과산은 일원 추진제일 뿐 아니라, 꽤 좋은 산화제이기도 하다. 그래서 발터는 과산을 위한 연료를 생각해 냈고 이를 'C-물질C-Stoff'이라 불렀다. (과산 그 자체는 'T-물질T-Stoff'이라 불렀다.) 하이드라진 수화물, $N_2H_4 \cdot H_2O$는 과산과 접촉하는 즉시 자동 점화되었으며(발터는 아마 그러한 현상을 발견한 첫 번째 추진제 인사였을 것이다), C-물질은 하이드라진 수화물 30%, 메탄올 57%, 물 13%와 점화 및 연소 촉매제로 작용하도록 큐프로사이안화 칼륨으로서 30mg/L의 구리로 구성되었다. 메탄올과 물이 들어간 이유는 하이드라진 수화물을 구하기 어려웠기 때문이다―사실 너무 어려워서 전쟁이 끝날 무렵에는 C-물질에 들어 있는 하이드라진 수화물의 퍼센티지가 15까지 떨어졌다. 메서슈미트 Me 163 B 요격기는 C-물질과 T-물질을 사용했다.

로켓 사업에 뛰어든 다음 조직은 브라운슈바이크 소재의 항공연구소Aeronautical Research Institute, at Braunschweig, ARIB였다. 그곳에서 1937~1938년에 오토 루츠Otto Lutz 박사와 볼프강 뇌게라트Wolfgang C. Nöggerath 박사가 C-물질-T-물질 조합을 연구하기 시작했다. 그다음에는 루프트바페의 초청으로 BMW(바이에른 원동기 공업주식회사—맞다, 오토바이 만드는 그 사람들이다)가 뛰어들었다. 제1차 세계대전 전 유명 레이서의 조카인 헬무트 필리프 폰 츠보로브스키Helmut Philip von Zborowski가 사업의 책임자였고, 하인츠 뮐러Heinz Mueller가 그의 보조자였다. 1939년 여름에 BMW는 C−T−물질 조합을 이용한 JATO 유닛 개발 계약을 맺었고, 그 조합으로 몇 개월 동안 연구했다. 하지만 폰 츠보로브스키는 98% 질산이 구하기도 훨씬 쉬울(이게 파르벤I. G. Farben에서 무제한 공급을 보장했다) 뿐만 아니라 더 나은 산화제라고 확신했고, 고급 간부들을 그의 관점으로 바꾸고자 나섰다. 1940년 초부터 그와 뮐러는 질산−메탄올 조합을 연구했고, 1941년에 추력 3천 lbf급으로 30초 동안 완벽한 연소를 해 보임으로써 그의 주장을 설득력 있게 증명했다. 그는 오이겐 젱어도 납득시켰는데, 젱어는 산소가 생각할 가치가 있는 유일한 산화제라고 확신했다.

그리고 그사이 1940년 초에 그와 뮐러는 엄청나게 중요한 발견을 했다—어떤 연료(아닐린과 테레빈유가 그들이 찾아낸 첫 번째 것이었다)가 질산과 접촉하는 즉시 자동 점화된 것이다. 뇌게라트는 이를 알게 되었고, BMW 사람들과 함께 이 흥미로운 특성을 가진 연료를 찾는 일에 동참했다. 질산에 대한 그의 코드명은 '이그놀Ignol'이었고 그의 연료에 대한 코드명은 '에어골Ergol'이었으며, 그리스어 어근에 빠른 사람인 그는 저절로 불이 붙는 물질에 대해 '하이퍼골Hypergol'을 생각해 냈다. '하이퍼골'과 그 파생어, 예를 들어 형용사 '하이퍼골릭hypergolic'과 같은 것은 독일어는 물론 영어, 그리고 심지어는 프랑스어를 '순수하게' 보전하려는 샤를 드골Charles de

Gaulle의 노력에도 프랑스어의 일부로 굳어졌다.

자동 점화성의 발견은 매우 중요했다. 로켓 모터를 작동하는 것은 비교적 쉽다. 무언가를 날려 버리지 않고 연소 종료하는 것은 더 어렵다. 그러나 참사 없이 시동하는 것은 정말 문제이다. 때로는 전기 점화기—때로는 파이로테크닉pyrotechnic 장치—가 사용되었다. 하지만 당신에게는 이미 원하는 것보다 더 많은 문제들이 있는데, 둘 중 어느 것도 항상 신뢰할 수 없고, 어느 것이든 성가신 것, 추가된 문젯거리이다. 물론 조합이 자동 점화성이면 점화 스킴이든 점화 장치든 다 갖다 버려도 되고, 화학이 알아서 하게 두면 된다. 전체적인 일이 훨씬 더 간단하고 믿을 만하다.

그러나 늘 그렇듯이 숨겨진 문제점이 있다. 추진제가 연소실에 유입하는 즉시 점화하면 만반의 준비가 된 것이다. 하지만 추진제가 유입해 웅덩이처럼 고인 **다음** 점화하면, 보통 모터를 비롯해 지근거리에 있는 기물을 대파하는 폭발이 일어난다. 이 일련의 사건에 대해 받아들여지는 완곡한 표현은 '폭발성 시동hard start'이다. 따라서 자동 점화 연소는 **매우** 빨라야만 하며, 그렇지 않으면 유해무익하다. 독일인들은 그들이 용인할 수 있는 점화 지연의 상한선을 50ms로 잡았다.

그건 그렇고 기록을 바로잡고자 하는데, 츠보로브스키는 **그의** 추진제에 식물 이름을 따 붙였다. 질산을 그는 세이지sage를 뜻하는 '잘바이Salbei'로 일컫고, 그의 연료 이름을 쿠마린coumarin을 추출하는 콩 이름을 따서 '통카Tonka'라고 지었는데, 쿠마린은 바닐라 같은 냄새가 난다. 그가 연구 대상으로 삼은 것들의 냄새를 감안하건대

점화!

필자는 더 부적절한 이름을 떠올릴 수 없다!

최초의 점화 지연 시험은 부드럽게 표현하자면 다소 원시적이었다. 질산과 극렬하게 반응하는 물질을 찾아 옛날 화학 교재를 샅샅이 뒤지며 장시간 야간 회의를 한 후에, 츠보로브스키와 뮐러는 걸레에 유력 후보를 적시고 질산을 뿌려 얼마나 빨리—혹은—불이 붙는지 알아보곤 했다. 그리고 그들은 기이한 현상을 겪었다. 기계 공장에서 사용하던 낡은 걸레가 같은 연료를 적신 새 걸레보다 가끔씩 훨씬 빨리 점화되곤 했다. 그들의 화학 실험실이 답을 제공했다. 금속으로 아니면 염으로, 공장에서 나온 극미량의 철과 구리가 점화 반응을 촉진했다. 그래서 그들은 98% 질산, '잘바이'에 수화한 염화 철(III) 6%를 가하는 변경을 했고, 새로운 산화제를 '잘바이크 Salbeik'라 불렀다.

걸레 기법은 머지않아 좀 더 정교한 장치로 대체되었는데, 여기서는 연료 후보 물질 한 방울을 극소량의 산에 떨구어 자동 점화 특성을 알아낼 수 있었으므로 공장 전체에 불이 날 위험이 낮았다. 그 후 4년간 한쪽에서는 BMW가, 다른 한쪽에서는 뇌게라트가 자신들이 얻을 수 있는 모든 것의 자동 점화성을 시험해 보았다. BMW에서는 헤르만 헤메자트Hermann Hemesath가 추진제 개발을 지휘하고 있었는데, 유망한 연료 2,000종 이상을 시도했다. 그리고 곧바로 루트비히스하펜에 있는 이게파르벤 조직이 똑같은 일을 하기 시작했다. 개탄스러울 만치 상상력이 부족한 이게파르벤은 처음에는 코드명을 피했고, 그들의 혼합물에 T93/4411 같은 코드 번호를 붙였다.

세 조직이 개발한 연료는 많고 다양했지만 동시에 아주 비슷했는데, 질산과 자동으로 점화하는—그리고 어떤 양이든 구할 수 있는—화합물이 한정된 수밖에 없었기 때문이다. 이를테면 트라이에틸아민과 같은 터셔리(3차) 아민이 자동 점화성이었고, 아닐린, 톨루이딘, 자일리딘, N-메틸아닐린과 같은 방향족 아민은 그보다 더했다. 시도된 혼합물은 대부분—단일 순수 화합물로만 구성된, 아무것도 섞지 않은 연료에 대해서는 들어 본 적이 없다—아닐린계 기반이었고, 종종 트라이에틸아민과 가끔 자일렌, 벤젠, 가솔린, 테트라하이드로퓨란, 파이로카테콜 같은 것들, 그리고 간혹 그 외 지방족 아민을 첨가한 것이었다. BMW 통카 250은 자일리딘 원액 57%에 트라이에틸아민 43%로 구성되었으며(이것은 '타이푼Taifun' 미사일에 사용되었다), 통카 500은 톨루이딘, 트라이에틸아민, 아닐린, 가솔린, 벤젠, 그리고 자일리딘 원액을 함유했다. 뇌게라트는 본인이 '최고의' 하이퍼골이라 여긴 '에어골-60'을 얻고자 통카 250에 푸르푸릴 알코올을 첨가했고, 다소 아쉬운 듯 미국에서는 푸르푸릴 알코올을 쉽게 구할 수 있다고 보고했다—독일에서는 그렇지 않았기 때문이다.

연구자들 중 한 명은 마음에 드는 혼합물을 찾아내자마자 특허를 출원했다. (그러한 출원은 훨씬 더 엄격한 미국 특허법하에서는 아마 고려도 되지 않았을 것이다.) 놀라울 것도 없지만 모든 사람들과 헤메자트, 특히 뇌게라트는 이내 다른 사람들이 본인의 특허를 도용했다고 모두를 비난했다. 1946년에 하인츠 뮐러는 이 나라로 왔는데, 뇌게라트와 다시 마주쳤고, 그가 여전히 분에 겨워 "그리고 BMW, 특히 헤메자트가 우리 특허를 많이도 **훔쳤다!**"며 버럭 소리치는 것을 보게 되었다.

1942년 혹은 1943년 무렵 이게파르벤은 본인들 연료 연구의 역점을 그들이 처음에 작업해 왔던, 그리고 통카 및 에어골과 너무나도 비슷했던 혼합물에서 '비졸Visol'에 기반한 일련의 연료로 옮는데, 비졸은 바이닐 에터류였다. 바이닐 에터는 황산 10%와 질산 90%로 되어 있는 혼합산인 MS-10과 매우 급격히 자동 점화했으며, 이때의 점화 지연은 스트레이트 질산과의 점화 지연보다 온도에 덜 민감했다. (이는 심각한 문제였다. 추진제 쌍은 실온에서 50ms 안에 점화될 수 있는데, 영하 40℃에서는 만으로 1초를 뜸 들인다.) 게다가 MS-10은 스테인리스강을 부식시키지 않는다고 거의 신앙처럼 여겨졌다. 이는 김빠지기 전까지 5년간 지속된 망상이었다.

헬러Heller 박사가 1943년에 특허 출원한 대표적인 혼합물은 비졸-1(바이닐뷰틸 에터)이나 비졸-6(바이닐에틸 에터) 57.5%, 비졸-4(다이바이닐뷰테인다이올에터) 25.8%, 아닐린 15% 및 펜타카보닐철이나 나프텐산 철 1.7%로 구성되었다. (헬러는 철 촉매를 산화제가 아니라 연료에 넣어야 했는데, 이는 전자에 황산이 들어 있고, 황산철은 질산에 용해되지 않기 때문이다.) 이들 연료에는 많은 변종이 있었으며, 때로는 바이닐아이소뷰틸 에터가 n-뷰틸 화합물을 대체했다. 전체적으로 200개 이상의 혼합물이 시도되었는데, 그중 10개 미만이 만족스러운 것으로 나타났다. '옵톨린Optolin'은 아닐린, 비졸, 방향족, 어떤 때에는 아민, 가솔린 및 파이로카테콜의 혼합물이었다. 바서팔Wasserfall SAM은 비졸 연료를 사용했다.

몇몇 기관은 소량으로 가솔린이나 벤젠 또는 메탄올을 산과 자동 점화하게 할 첨가제를 찾으려 했다. 카보닐철과 셀레늄화 나트륨은 거의 성공적이었지만, 성공은 기껏해야 학문적이었다. 유용한 첨가제는 다들 너무 귀하거나, 너무 비싸거나, 아니면 활성이 너무 커서 감당이 되지 않았기 때문이다.

그러나 질산만큼은 틀림없는 성공작이었다. 독일 미사일 상당수는 처음에는 과산을 사용하도록 설계되었으나, 전쟁이 지속되면서 생산량 전부가 발터Walter 17형 유보트U-boat 몫으로 돌아갈 형편에 처했고, 질산을 이용한 연구가 워낙에 성공적이었기 때문에 미사일 연구에 관해 후자 산화제로의 전환이 불가피했다. 이 기간 동안 실제 시도된 것보다 많은 다른 조합이 고려되었고, 이론적 성능이 계산되었다. 이들 계산은 젱어 등의 초창기 나이브한 추정이 아니라 연소 압력, 배출 압력, 열효율, 연소 온도, 해리—관련 사항 전체—를 고려한 것이었다. 이런 정확한 계산은 말도 안 되게 지루하다—탁상용 계산기로 하나 계산하는 데도 틀림없이 하루 종일 걸리곤 한다. 그러나 그레테 랑에Grete Range 박사 등은 알코올, 알코올-물, 가솔린, 디젤유, 암모니아, 프로파질 알코올, 그 외 아무도 모르는 것들을 연료로, 그리고 산소, 질산, N_2O_4, 테트라나이트로메테인, 오존 및 OF_2를 산화제로 간주하고 억척스럽게 계산을 해 나갔다. 하지만 맨 마지막 OF_2의 경우, 연구소 사람들은 그것의 특성을 파악하는 데 필요한 분량을 결코 얻을 수 없었다. 그리고 그들은 1943년에 이미 클로린 트라이플루오라이드를 사용할 생각을 하고 있었는데, 이는 이전에는 실험실의 흥밋거리에 지나지 않던 것이었다. 그러나 그것은 최근에 양산에 들어갔고—의도했던 용도는 소이제燒夷劑였다—그들은 암모니아 그리고 이를테면 물에 카본이 들어 있는 현탁액과 같은 이상한 것들을 이용해 그 성능도 계산했다.

이때 뇌게라트 박사가 했던 계산 하나는, A-4의 추진제가 질산과 디젤유로 교체되면 미사일의 사거리가 주목할 만한 퍼센티지로 증가할 것임을 보여 주었다—그들의 추진제가 실제로 사용된 산소-알코올 조합보다 성능이 더 나았기 때문이 아니라, 성능에서는 밀렸지만, 그것들의 더 높은 밀도가 탱크에 더 많은 추진제를 채워 넣을 수 있게 했기 때문이다. 이 계산은 당시에는 별다른 영향을 미치지 않았지만, A-4의 후계로 계획된 A-10은 새로운 조합을 사용할 예정이었다. 그러나 몇 년 뒤 러시아에서는 결과가 아주 우습게 되었다.

언제나 '잘되었을지 모를' 산화제는 테트라나이트로메테인TNM이었다. TNM은 몇 가지 장점이 있는 좋은 산화제이다. 저장성인 데다 질산보다 성능이 좋고 밀도도 꽤 높아 작은 탱크에 많이 집어넣을 수 있다. 하지만 TNM은 +14.1℃에서 녹는다. 그래서 훈훈한 여름날 외에는 늘 꽁꽁 언 고체이다. 또한 TNM은—에스노-펠트리가 알게 되었듯이, 그리고 독일 연구소를 적어도 하나 이상 박살낸 것처럼—폭발할 수 있다. N_2O_4와의 공용 혼합물eutectic mixture, TNM 64%, N_2O_4 36%는 −30℃ 위로는 얼지 않고 스트레이트 TNM보다 상당히 덜 민감하지만, 그럼에도 불구하고 위험한 것으로 간주되었다. 뇌게라트는 그것과 엮이기를 일절 거부한 것은 물론, 심지어 연구실로의 반입조차 불허했다. 하지만 엔지니어들은 그것을 못내 아쉬운 듯 바라보았는데, 미국에서 대규모로 사용 중이라는 (완전히 잘못된) 첩보를 접하자 독일인들은 전의에 불타 합성을 시작했고, 종전 때까지 그 물건을 약 8 내지 10톤을 비축했다. 그것으로 무엇을 할지는 아무도 몰랐다.

아무런 진전을 보지 못했던 또 다른 아이디어는 불균일 연료het-erogeneous fuel—가솔린과 같은 액체 연료에 알루미늄과 같은 분말 금속이 들어 있는 서스펜션suspension 혹은 슬러리slurry—에 대한 발상이었다. 이것은 러시아의 찬데르 및 오스트리아의 젱어를 포함한 몇몇 작가들에 의해 제안되었으며, BMW의 하인츠 뮐러는 분말 알루미늄이나 마그네슘이 들어 있는 디젤유로 이를 시험해 보았다. 금속의 불완전 연소로 인해 성능은 매우 형편없었다—연소실 압력은 그들이 달성하려 애썼던 300psi 대신에 50~100psi였다. 그러나 다른 결과는 극적이었다. 배기가스 흐름을 위쪽으로 편향하기 위해 모터를 수평 자세로 기울어진 벽에 대고 연소했다. 하지만 타지 않은 금속 입자가 내려앉아 근처의 모든 소나무를 근사한 반짝이는 은빛 코팅으로 장식했다—크리스마스트리로 아주 딱이었다. 슬러리 아이디어는 20년 후에 다시 부상하여 다른 세대의 실험자들을 미치게 만들었다.

일원 추진제(이는 '모너골Monergol'로 불렸다)에 관한 실험은 종전 때까지 계속되었다. 1937~1938년에 N_2O 또는 NH_4NO_3가 들어 있는 암모니아 용액으로 상당히 많은 연구가 시도되었다. (후자 혼합물은 다이버스 용액Divers' solution이라는 이름으로 오랫동안 알려져 왔다.) 이러한 실험들의 유일한 결과는 우울한 일련의 폭발과 대파된 모터였다. 그리고 페네뮌데에서 밤케Wahrmke 박사는 알코올을 80% H$_2$O$_2$에 녹인 다음, 그것을 모터에서 연소해 보았다. 이는 폭굉을 일으켰고, 박사의 목숨을 앗아 갔다. 그럼에도 불구하고 빌헬름 슈미팅Wm. Schmidding사는 그들이 '미롤Myrol'이라고 이름 붙인 일원 추진제인 질산 메틸과 메탄올의 80-20 혼합물—크로코Crocco가 수년 전 시도한 나이트로글리세린-메탄올 혼합물과 매우 유사하다—로 실험을 계속했다. 그들은 그 물질을 어떻게든 연소해 냈고 상당히 훌륭한 성능을 얻었지만, 잇따른 폭발로 골머리를 앓았고, 시스템을 결코 신뢰할 수 있게 만들 수 없었다.

그리고 마지막으로 BMW 사람들과 ARIB 사람들이 '리터골Lith-ergol'이라고 부른 추진제 조합이 있었다—이는 정말 과거 우파UFA, Universum Film Aktiengesellschaft 시절 오베르트가 시도한 오리지널 하이브리드 모터와 비슷한 것이었다. 여기서는 과산 또는 아산화 질소, N$_2$O가 다공성 탄소 막대 몇 개가 단단히 고정되어 있는 모터 안으로 분무되었다. 아산화 질소는 과산이 산소와 증기로 분해되듯이 산소와 질소로 발열 분해될 수 있으며, 따라서 일원 추진제로서 역할을 할 수 있지만, 실험자들은 생성된 산소에 의한 탄소의 연소로부터 추가적인 에너지를 얻기를 원했다. 그들은 전쟁 막바지에 미군에 투항하면서, 엔지니어링 작업을 약간만 더 했으면 시스템이 제대로 작동되도록 할 수 있었을 것이라고 자신들을 억류한 이들에게 장담했다. 실제로는 약 20년이 지나서야 누구나 하이브리드를 작동하게 할 수 있었다.

그런데 한편에서는—

전쟁 기간 동안 미국의 추진제 연구에 관한 가장 눈에 띄는 점은 그것이 독일의 추진제 연구와 얼마나 유사했는지이다. 미제 A-4는 없었고, 고농도 과산화 수소도 이 나라에서는 구할 수 없었던 것이 사실이지만 다른 발전은 거의 비슷했다.

1장에서 언급했듯이, 군을 위한 GALCIT(캘리포니아 공과대학교 구겐하임 항공연구소)의 첫 번째 임무는 육군항공대가 본인들 폭격기를 띄우는 것을 도울 JATO(제트 보조 이륙 장치)를 만들어 내는 것이었다. 그리고 항공대는 저장성 산화제를 강력하게 요구했다— 그들은 다시 말하지만, 액체 산소로 장난질할 생각이 없었다.

그래서 우선 해야 할 일은 산화제 선정이었다. 산소와 오존은 둘 다 저장성이 아니므로 분명히 아웃이었다. 염소는 에너지가 불충분했고, 무디H. R. Moody 박사의 도움으로 그 문제를 살핀 말리나Malina, 파슨스Parsons 및 포먼Forman은 N_2O_4가 비현실적이라 생각했다. 이유를 말하기는 어렵지만 그놈의 것의 심각한 유독성이 거부와 관련 있었을지 모른다. 그들은 76% 과염소산을, 그리고 테트라나이트로메테인을 고려했으며, 마침내 N_2O_4 6 내지 7%를 함유한 적연질산RFNA으로 정했다. 그들은 이 산으로 다양한 연료—가솔린, 석유 에터, 케로신, 메틸 및 에틸 알코올, 테레빈유, 아마인유linseed oil, 벤젠, 기타 등등—의 고난의 연소를 시도했으며, RFNA가 연소를 유지할 수 있음을 알게 되었다. 게다가 그들은 하이드라진 수화물과 벤젠이 RFNA와 자동 점화성hypergolic(비록 그들이 그 단어를 들어 본 적은 없었지만)이라는 점을 알게 되었고, 그래서 RFNA가 낙점되었다. 1939~ 1940년 항공대제트추진연구Air Corps Jet Propulsion

Research 최종 보고서 「GALCIT-JPL Report No. 3, 1940」에는 매우 비예언적인 진술이 있다. (이때쯤 말리나 그룹은 제트추진연구소Jet Propulsion Laboratory, JPL가 되어 있었고, 폰 카르만von Kármán이 그 수장이었다.)

"RFNA와 관련이 있는 문제의 가능한 유일한 근원은 부식성인데, 이는 내식성 소재의 사용으로 극복할 수 있다." 하! 질산이 마침내 길들여지기까지 야기할 문제를 알았더라면, 저자들은 아마 실험실에서 나와 권총으로 자살했을 것이다.

그럼에도 불구하고 이 보고서는 당시 상황으로는 해당 분야에 대한 훌륭한 조망이자, 정교하고 정확한 성능 계산을 포함하고 있었다. 절차는 말리나의 1940년 박사 학위 논문에서 개발되었으며, 본질적이고 필연적으로 독일에서 개발된 것과 동일했다. 허슈펠더J. O. Hirschfelder는 1942년 11월 배기가스의 열역학적 특성에 대한 최초의 편집본 중 하나를, 그러한 계산에 필요한 미가공 데이터로 펴냈다.

말리나 일당은 일찍이 1941년에 RFNA와 가솔린으로 실험 연구를 시작했다―그리고 그 즉시 곤란을 겪었다. 이는 특별히 반항적인 조합으로, 어떤 실험자도 환장하게끔 절묘하게 만들어진 것이다. 무엇보다 그것을 시동하기가 거의 불가능했다. JPL은 점화를 위해 스파크 플러그를 사용하고 있었는데, 보통은 그들이 바랐던 부드러운 시동보다 폭발이 일어난 경우가 많았다. 그리고 그들이 기어코 그것을 작동하게 하면 모터는 불안정 연소로 쿨럭거리고, 퉁퉁거리고, 비명을 지르고, 딸꾹거리곤 했다―그리고 나서 보통은 폭발로 날아가 버렸다. 연료에 현탁한 금속 나트륨은 점화에 어느 정도 도움이 되었고, 벤젠은 가솔린보다 약간 나았다―하지만 별 차이가 없거나 충분치 못했다. 그들의 당면한 문제를 해결하기 위해서는 나라 저편에서 일어난 우연한 발견이 필요했다.

여기서 시간을 잠시 돌려 보자. 1936년부터 1939년까지 당시 미국해군사관학교 사관생도였던 로버트 트루액스Robert C. Truax는 얻어 온 자재들을 이용해 개인 시간에 액체 연료 로켓을 실험해 왔다. 그는 임관 후 2년간 의무 해상 근무를 했으며, 1941년에 당시 소령으로 JATO 개발의 명을 받고, 아나폴리스 소재의 엔지니어링 실험장Engineering Experiment Station, EES에 부임했다. 해군이 출력 부족과 과적에 시달리는 PBM 및 PBY 초계 폭격기를 물에서 띄우느라 애먹고 있었기 때문이다. 그리고 그도 점화 및 연소에 어려움을 겪었다. 그러나 그의 소규모 인원 중 하나였던 스티프Stiff 소위가 가스 발생기(고온의 가스를 고압으로 공급하도록 설계된 소형 연소 장치)를 개선하려고 애쓰다가 아닐린과 RFNA가 접촉 즉시 자동으로 점화된다는 것을 발견했다. (이러한 발견은 당황스럽지는 않더라도 대개는 놀라운 것이며, 필자는 스티프 소위의 눈썹이 붙어 있었는지 여부가 궁금하다.)

아무튼 프랭크 말리나는 1942년 2월 EES를 방문 중에 이 발견을 알게 되었고, 즉시 패서디나에 있는 JPL에 전화를 걸었다. JPL은 그 즉시 가솔린에서 아닐린으로 전환했다. 그리고 그들의 당면한 어려움은 기적적으로 사라졌다. 점화는 자발적이고 즉각적이었으며, 연소는 매끄러웠다. 그들은 4월 1일까지 추력 1,000파운드 모터를 작동시켰고(이 사람들은 그때쯤에는 전문가였다), 15일에는 그것으로 A-20A 중中 폭격기의 이륙을 보조했다—이는 미국에서 액체 JATO의 첫 비행이었다.

트루액스도 물론 그 추진제 조합을 채택했고, 1943년 초 PBY에 1,500파운드 유닛 두 발을 달아 잔뜩 과적한 덤보Dumbo(PBY의 비공식적 별명)를 물에서 간신히 띄웠다.

다른 사람들은 해군용 JATO를 연구하고 있었는데, 개중에는 고더드Goddard 박사 본인도 있었으며, 그의 유닛은 1942년 9월 PBY에 장착되어 성공적으로 비행했다—이는 최초의 해군 JATO였다. 그는 그의 고전적인 조합인 액체 산소와 가솔린을 사용했지만, 이 분야에서 또한 활발히 활동하던 리액션모터스Reaction Motors, Inc., RMI는 독창적인 변형을 내놓았다.

보통 RMI로 불리는 리액션모터스 주식회사는 1941년 제임스 와일드James Wyld, 러벌 로런스Lovell Lawrence, 존 셰스타John Shesta 등 미국로켓협회American Rocket Society, ARS의 몇 안 되는 베테랑에 의해 설립되어 JATO 유닛 제작에 착수했다. 그들은 맨 먼저 액체 산소—ARS의 모든 연구가 그 산화제와 함께해 왔다—와 가솔린을 사용했다. 그러나 그들은 그 조합이 너무 뜨겁고, 모터를 태워 먹는다는 것을 알게 되었다. 그래서 가솔린이 연소실로 들어가는 동안 그들은 그것을 계량 밸브를 통해 물과 섞었다. 연소는 더 부드러웠고, 모터는 상한 데 없이 말짱했다. VfR(및 페네뮌데)이 물을 알코올 연료와 섞은 것을 생각하면, 이는 그들이 사용한 것보다 연소 온도 문제에 대한 약간 덜 명쾌한 해결책이었다. RMI 유닛은 1943년 PBM

에 장착되어 성공적으로 비행했다. 세번강에서 진행된 시험 중에 배기 제트가 비행정의 후미에 불을 붙였지만, 테스트 파일럿이 위기에 잘(혹은 잘못) 대처해, 코트 뒷자락에 불이 붙은 옛날 영화 코미디언이 물이 가득한 세탁 대야에 황급히 주저앉는 식으로, 그에 어울리는 쉭 소리와 자욱한 수증기를 내며 후미부터 착수했다.

아닐린-RFNA 조합은 잘 작동한다는 단 하나의—그러나 대단한—장점이 있었다. 그 외에는 그저 혐오스러운 물건이었다. 우선 아닐린은 가솔린보다 구하기가 훨씬 어려웠다—드레스셔츠 전쟁이 한창일 때 특히 그러했는데, 그때는 너도나도 그것을 폭발물 따위에 사용하고 싶어 했다. 둘째, 아닐린은 극히 유독하고, 피부를 통해 빨리 흡수된다. 셋째, 아닐린은 −6.2℃에서 얼며, 이러한 이유에서 절대적으로 온난 기후 연료이다. 육군과 해군 둘 다 한목소리를 내는 드문 사례로, 아닐린을 쓸 생각에 비명을 질렀다. 그러나 그들에게는 선택의 여지가 없었다.

서로 밀접하게 얽힌 두 가지 연구 방법이 나머지 전쟁 기간을 특징짓는다. 하나는 아닐린의 어는점을 낮추도록 고안된 것이었고, 다른 하나는 가솔린을 어떻게든 질산과 자동 점화하도록 만드는 것이었다. 아메리칸 사이안아미드American Cyanamid사는 후자의 효과가 있을지도 모를 첨가제를 조사하는 계약을 따냈고, JPL은 질산의 조성 변화를 실험하는 것뿐만 아니라 두 가지 방법 모두에 양다리를 걸쳤다. 약 6%의 N_2O_4를 함유한 보통 RFNA 외에, 그들은 독일인들이 사용하던 것과 상당히 비슷하지만 좀 더 강한 혼합산mixed acid은 물론, 약 13%의 N_2O_4를 함유한 RFNA도 실험했다. 그들이

점화!

사용한 한 혼합물은 질산 88%, 황산 9.6%, SO_3 2.4%로 구성되었다. (이는 폭발물 제조에 사용되는 혼합산과 매우 유사했다.) 그리고 그들도 이 혼합물이 스테인리스강을 부식시키지 않는다고 믿었다.

아닐린의 어는점을 낮추는 확실한 방법은 그것을 다른—가급적 아닐린 그 자체만큼 자동 점화성인—무언가와 혼합하는 것이다. 그리고 가솔린을 자동 점화하게 만드는 확실한 방법은 **그것을** 자동 점화성인 무언가와 혼합하는 것이다. 두 가지 시도 방안 모두 열정적으로 추구되었다.

JPL에서 그들은 아닐린을 아닐린의 가까운 동류인 오르토톨루이드와 혼합했고, −32℃에서 어는 공융 혼합물을 얻었다. 그러나 o-톨루이딘은 아닐린만큼 부족했고, 혼합물은 성공리에 연소되기는 했지만 결코 운용할 수 있게 되지 않았다. 더 실용적인 첨가제는 푸르푸릴 알코올이었는데, 츠보로브스키Zborowski는 거기에 희망을 걸고 있었다. 푸르푸릴 알코올은 귀리 껍질에서 나오고 퀘이커 오츠Quaker Oats사는 그 물질을 탱크로리로 가지고 있었는데, 누가 치워 준다면 아무에게나 기꺼이 팔았다. 그리고 아닐린에 들어 있는 20%의 푸르푸릴 알코올은 어는점을 0℉ 혹은 −17.8℃로 낮추었으며, 아닐린 51%에 푸르푸릴 알코올 49%인 공융 혼합물은 어는점이 −42℃였다. 더욱이 푸르푸릴 알코올 자체가 거의 아닐린만큼 자동 점화성이었다.

그리고 JPL은 가솔린에 아닐린, 다이페닐아민, 혼합 자일리딘 및 그 밖의 아닐린의 동류인 여러 가지 지방족 아민과, 그들이 생각할 수 있는 다른 모든 것을 첨가한 다음 점화 지연을 측정했다. 그러나 그들은 적은 비율로 가솔린을 RFNA나 혼합산과 급속도로 자동 점화하게 할 첨가제를 결코 찾지 못했다. 그들의 가장 좋은 첨가제 중 하나는 혼합 자일리딘이었지만, 믿을 만하고 빠르게 자동 점화하게 하려면 혼합물에서 자일리딘이 약 50%를 차지했다—이러한 퍼센티지는 그것을 첨가제 부류에서 빼냈고, 주성분으로 만들었다. 더 실망스러운 점은 미국에 자일리딘 생산 시설이 없다는 것이었고, 에어로제트Aerojet에서 몇 년 뒤(1949년)에 비슷한 혼합물을 검토하긴 했지만 그것도 결국은 허사가 되었다.

아메리칸 사이안아미드도 비슷한 경험을 하고 있었다. 이들은 #2 연료유, 디젤유 및 가솔린으로 시작했고, 해당 연료(가솔린)에 아닐린, 다이메틸아닐린, 모노- 및 다이에틸아닐린, 미정제 모노에틸아닐린—그리고 테레빈유를 첨가했다. 그들 연구의 대부분은 혼합산으로 진행되었고, 약간은 RFNA로, 일부는 98% 스트레이트 질산(백연질산White Fuming Nitric Acid, WFNA)으로 진행되었다. 그리고 어떤 경우에도 그들은 효과적인 첨가제를 찾지 못했다. 그러나 그들은 테레빈유가 혼합산이나 RFNA와 기막히게 자동 점화하며, 그 자체로 좋은 연료일 수 있다는 것을 알게 되었다. (그리고 남부의 소나무 숲에서 나온 그 모든 사랑스러운 표들을 생각해 보라!)

에어로제트 엔지니어링Aerojet Engineering은 본질적으로 JPL의 제조 부문 역할을 하기 위해 1942년 3월에 창립되었다. 창립자는 폰 카르만, 말리나, 파슨스, 서머필드Summerfield, 포먼, 이렇게 JPL 전원에 더해 앤드루 헤일리Andrew Haley였는데, 그는 폰 카르만의 변호사였다. 그들은 자체적인 추진제 연구 프로그램을 시작했지만,

점화!

몇 년간은 이를 JPL의 프로그램과 분간하기가 어려웠다.

에어로제트는 간혹 모노에틸아닐린으로도 불리는 미정제 N-에틸아닐린을 연료로서 광범위하게 연구한 최초의 조직이었다. 이것은 거의 아닐린만큼 급격히 자동 점화한다. 미정제 혹은 상용품은 다이에틸아닐린 약 10%와 스트레이트 아닐린 약 26%를 함유하고, 나머지는 모노에틸 화합물이며, 어는점은 약 −63℃이다. 대체로 그것은 어는점 문제에 대한 명쾌한 해결책이었지만, 거의 그 원형만큼 유독했고, 똑같이 구하기 어려웠다.

그러나 이는 감수할 만했다. 전쟁 말까지 생산된 에어로제트 JATO용 추진제는 혼합산과 모노에틸아닐린이었고, 해군의 함대공 미사일인 라크Lark를 위한 RMI 모터의 추진제도 그러했는데, 라크의 개발은 1944년에 시작되었다. 같은 해 시작된 지대지 탄도탄 코퍼럴Corporal은 RFNA-아닐린-푸르푸릴 알코올 조합을 중심으로 설계되었다.

활동이 제한적이긴 했지만 전쟁 중에 세 조직이 일원 추진제 연구에 힘썼다. 그들 모두 나이트로메테인에 집중했다. JPL은 1944년 혹은 그전에 처음으로 그것을 개선하기 위해 공들였고, 연료에 소량의 삼산화 크로뮴(나중에는 크로뮴 아세틸아세토네이트) 첨가로 그 연소가 개선되었다는 것을 알게 되었다. 에어로제트도 나이트로메테인을 연구했고, 뷰틸알코올 8% 첨가로 그것을 둔감화시킬 필요가 있었다는 것을 알게 되었다. 그리고 밥 트루액스는 EES에서 그것을 처음 시도했고—누군가 엉뚱한 파이프를 제대로 된 밸브에 연결해 탱크가 날아갔을 때 거의 죽을 뻔했다. 마지막으로 데이브

올트먼Dave Altman은 JPL에서 벤젠과 테트라나이트로메테인의 혼합물을 시험해 보았는데, 물론 그 즉시 폭굉했다.

그러고 나서 전쟁이 끝났고, 독일 쪽 연구가 알려졌다—그러자 일이 아주 복잡해지기 시작했다.

3장

하이퍼골과…

미국 심문관들이 군을 바짝 뒤따라—그리고 때로는 그들보다 앞서서—독일 영내로 진출하면서, 그들은 기꺼이 항복(하고 새 일자리를 구)하는 것 이상이며 자신들이 아는 모든 것을 이야기하고 싶어 안달 난 것 이상인 독일인 로켓 과학자들을 발견했다. 미국인들은 거의 모든 일급 과학자들을 확보했을 뿐만 아니라, 페네뮌데 기록보관소 전체(폰 브라운von Braun 팀이 사려 깊게도 폐광에 숨겼다)와 완성된 것이든 아니든 A-4 로켓 일체를 포함해 못으로 고정되지 않은 다른 모든 것을 입수했다. 그리고 다들 혈기왕성한 젊은 미국인들인 그들은 도둑놈 심보로 자신들이 독일에서 찾을 수 있는 하이드라진 수화물과 고농도 과산화 수소를 밀리그램 하나까지 전부 해방시켰다. 후자를 운반하기 위해 만든 특수 알루미늄 탱크로리도 물론 빼놓지 않았다. 모든 것이 지체 없이 미국으로 보내졌다.

이러한 과정들은 당연했다. 그다음 과정은 그렇지 않았다.

알코올-산소 조합은 장거리 탄도탄에 적합해 보였지만, 미국은 당장 그런 물건을 만들 계획이 없었다. 통카Tonka나 비졸Visol은 모노에틸아닐린보다, 혹은 미국에서 개발된 아닐린-푸르푸릴 알코올 혼합물보다 개선된 것이 아니었다. 질산에 대해서도 새로울 것이 없었다. 미국인들은—독일인들이 그러했듯이—자신들이 그에 대해 전부 안다고 생각했다. 가당찮은 행복감과 잘못된 자신감은 국제적인 현상이다.

그들은 유도 및 탄도 미사일이 미래의 대포가 될 것이라고 믿어 의심치 않았다. 문제는—혹은 여러 문제 중 하나는—주어진 혹은 계획된 미사일에 맞는 최적의 추진제 조합의 정체였다. 그래서 심지어 이 일과 아주 약간의 관련이 있는 사람들까지 자신들이 생각할 수 있는 모든 연료와 산화제에 대해 자체적으로 조사했고, 어떤 것을 택할지 결정하려 했다. JPL의 레먼Lemmon은 1945년 봄에 그와 같은 포괄적인 조사 결과를 해군에 제출했으며, 이후 몇 년간 노스아메리칸 에이비에이션North American Aviation, 리액션모터스RMI, 랜드코퍼레이션Rand Corporation, M. W. 켈로그컴퍼니M. W. Kellogg Co. 등이 6건의 조사 결과를 추가로 발표했다. 각 조사에는 편집자가 생각할 수 있는 모든 추진제, 혹은 잠재적 추진제의 특성이 나열되어 있었고, 수십 가지의 지루한 성능 계산 결과가 제시되어 있었다. 화학적인 교양이 조금이라도 있는 사람에게는 전혀 놀랍지 않게도, 모두가 거의 똑같은 결론에 도달했다.

일련의 결론은 두 가지였다. 첫 번째는 장거리 탄도 미사일과, 혹은 인공위성을 궤도에 올리도록 만들어진 로켓과 관련된다. (이미 1946년에 공군뿐만 아니라 해군도 인공위성을 궤도에 올리는 문제에 대해 진지하게 연구하고 있었다.) 이러한 응용 분야에는 극저온 추진제(매우 낮은 온도를 제외하고는 액화될 수 없는 물질)가 사용될 수 있었다. 그리고 여기서 모두가 동의한 것이,

1. 최적의 산화제는 액체 산소이다. ("플루오린도 좋을지 모르지만, 밀도가 너무 낮고 다루기가 정말 무섭다.")
2. 성능에 관한 한, 액체 수소가 연료로서 최고이다. ("하지만 다루기도 구하기도 극히 어려울 뿐 아니라, 밀도가 너무 낮아서 필요한 탱크 용량이 엄청날 것이다.") 수소 밑으로는 별반 차이가 없다. 알코올, 가솔린, 케로신—그것들은 모두 꽤 잘될 것이고, 감당할 만했다. ("하지만 누군가는 다이보레인이나 펜타보레인 같은 것들로 무언가 할 수 있지 않을까?" 그것들의 성능은 계산된 것처럼, 굉장히 인상적인 것 같았다. "물론 귀하고 비싸고 게다가 유독성이지만, 그래도—?")

두 번째 결론—혹은 결론 없음—은 JATO 및 단거리 전술 미사일에 관한 것인데, 저장성 추진제를 사용해야 했다. 여기서는 결론이 덜 명확했다.

1. 이용할 수 있는 산화제는 질산, 과산화 수소(미국에서 생산에 들어갈 수 있는 대로), 그리고 사산화 질소였다. (하지만 N_2O_4

와 90% 과산은 둘 다 −11℃에서 얼었는데, 가령 2월의 시베리아나 성층권과 같은 곳에서 전쟁을 벌이고 싶다면—?) 질산의 변종 가운데 하나가 가장 유력한 후보처럼 보였다. ("물론 나머지 둘의 어는점을 어떻게든 낮출 수 있다면—? 그리고 ClF_3 같은 괴짜는 어떤가—?")

2. 저장성 연료를 고려했을 때는 결론이 훨씬 덜 명확했다. 몇몇 예외를 제외하고, 가능한 연료 중 다른 것보다 성능이 월등히 나은 것은 하나도 없었다. 결정은 그것들의 부차적 특성, 즉 가용성, 자동 점화성, 연소의 부드러움, 독성 등을 바탕으로 내려져야 할 것이다. 한 가지 중요한 예외는 하이드라진이었다. (독일인들이 쓰던 하이드라진 수화물이 아닌 무수無水 N_2H_4를 말한다. RMI의 데이브 호비츠Dave Horvitz는 1950년에 산소로 하이드라진 수화물을 연소했지만, 필자는 적어도 이 나라에서 그것과 관련된 다른 실험에 대해서는 알지 못한다. 독일에서 노획한 거의 모든 하이드라진 수화물은 실험용으로 배포되기 전에 무수 염기anhydrous base로 전환되었다. 전환의 한 방법은 수화물을 산화 바륨에 환류한 다음, 감압하에서 무수 하이드라진으로 증류하는 것이다.) 하이드라진은 잠재적 산화제와 자동 점화했고 연료치고는 고밀도(1.004)였으며, 성능이 다른 잠재적 연료의 성능보다 확실히 우수했다. 그러나—그 어는점은 물의 어는점보다 1.5℃가 높았다! 그리고 비용이 파운드당 거의 20달러나 들었다. 그러므로 두 가지 조치가 확실히 취해져야 했다. 하이드라진의 가격을 낮추고, 어떻게든 어는점을 낮추

는 것이다. (그리고 또, 그 잊히지 않는 펜타보레인 생각이 있던 가一?)

　모두가 동의하는 문제가 하나 있었다. 하는 수 없이 그랬을 뿐, 아무도 아닐린–RFNA 조합을 단 한순간도 더 참지 않을 것이었다. RFNA는 추진제 탱크를 만들고자 하는 소재가 무엇이든 부식성이 너무 강해서 발사 직전에 미사일에 주유해야 했는데, 이는 그것을 야전에서 다루어야 한다는 뜻이었다. 그리고 RFNA를 따라 부으면 맹독성 NO_2 구름이 자욱하게 피어오르고, 액체 자체도 사람의 살갗에 닿으면 위험할 뿐 아니라 극히 고통스러운 화상을 입힌다. 그리고…. 하지만 질산과 그것을 길들이기 위한 각고의 노력은 그만한 자격이 있으므로 한 장에 걸쳐 소개할 것이다.

　아닐린도 해롭기는 별 차이 없지만, 그 작용이 좀 더 교묘하다. 아닐린을 홀랑 뒤집어쓴 사람이 그 즉시 오염을 제거하지 않으면 그는 보통 자줏빛으로 변한 다음 파란색으로 변하고, 청색증으로 몇 분 안에 사망하기 십상이다. 그래서 아닐린 조합은 당연히 인기가 없었고, 적어도 그보다 독성이 덜하고 다루기 비참하지 않은 새로운 조합에 대한 요구가 나왔다.

　JPL의 캐플런Kaplan과 보든Borden은 1946년 초에 새로운 조합을 제안했다. 이는 WFNA(백연질산)와 스트레이트 푸르푸릴 알코올이었다. 푸르푸릴 알코올은 무해할 것으로 예상된 어떤 추진제 못지않게 거의 무해했고, WFNA는 비록 RFNA만큼 부식성이 강하고 인체에 유해했지만, 적어도 그 NO_2 구름을 피워 올리지는 않았다. 그들은 그 조합을 WAC 코퍼럴WAC Corporal모터에서 연소해, 이를 푸르푸릴 알코올 20%, 아닐린 80% 혼합물 및 RFNA와 비교했으며, 두 시스템 간에 유의미한 성능 차이를 발견하지 못했다. (WAC 코퍼럴은 당시 개발 중이던 추력 20,000파운드 '코퍼럴'의 '여동생'뻘 관측 로켓으로 구상되었다. WAC 코퍼럴은 에어로비Aerobee의 전신이다.) 그리고 보너스로 그들은 점화가 신속하고 매끄러우며, 코퍼럴 조합이 그러한 것보다 산에 들어 있는 물에 훨씬 더 관대하다는 점을 알게 되었다.

거의 동시에, RMI는 일련의 유사한 시험을 하고 있었다. 이들 시험은 모두 추력 220파운드 라크Lark 모터로 진행되었는데, 이 모터의 혼합산, 모노에틸아닐린 조합이 기준 추진제 시스템이었다. 그들은 세 가지 연료—옥탄가 80 가솔린, 푸르푸릴 알코올, 테레빈유—와 질산 산화제 세 종류—혼합산, WFNA, N_2O_4를 15% 함유한 RFNA—를 사용했다.[1] 그들은 가솔린 연소에 자동 점화 슬러그slug를 사용했는데, 다소 놀랍게도 세 가지 산 모두 좋은 결과를 보였다. 푸르푸릴 알코올은 혼합산과는 쓸모가 없었다. 이 조합은 연기가 많이 나고 지저분했으며, 혼합산의 황산과 알코올의 반응은 타르, 코크스와 레진의 기이한 찌꺼기 더미를 만들어 냈는데, 이것들이 모터를 완전히 틀어막았다. 하지만 푸르푸릴 알코올은 RFNA 및 WFNA와는 훌륭했으며, 그들의 기준 추진제가 했던 것보다 상당히 부드럽게 시동했다. 그리고 테레빈유는 RFNA 및 WFNA로는 폭발

---

[1] 디아망Diamant은 최초의 프랑스 위성을 궤도에 올렸는데, 정말 흥미롭게도, 1단이 테레빈유와 RFNA를 태운다.

점화!

성 시동을 했지만, 혼합산으로는 소방 호스처럼 시작했다. 그래서 그것은 그들이 선호한 두 가지 조합 중 하나였다. 다른 하나는 푸르푸릴 알코올과 WFNA(RFNA가 좀 더 나은 성능을 보였지만, NO_2가 연기를 내뿜는다!)였다. 하지만 아무것도 섞지 않은 푸르푸릴 알코올은 −31℃에서 언다—안심하기에는 너무 높은 편이다.

다른 여러 가지 연료도 1940년대 후반과 1950년대 초반에 시도되었다. JPL에서는 아닐린과 에탄올의 혼합물 혹은 아닐린과 아이소프로판올의 혼합물을 연구했으며 RFNA로 연소했다. 암모니아도 JPL에서 이미 1949년에 (RFNA로) 연소되었고, 이듬해 콜Cole과 포스터Foster가 그것을 N_2O_4로 연소했다. M. W. 켈로그컴퍼니는 암모니아를 WFNA로 태웠고, 같은 회사의 톰프슨R. J. Thompson은 1951년까지 이 조합을 모든 경우를 위한 일꾼 추진제로 열심히 선전하고 다녔다. 리액션모터스RMI는 암모니아와 메틸아민(암모니아의 증기압을 낮출 목적)의 혼합물로 실험했고, 데카보레인 1.5% 첨가가 암모니아를 WFNA와 자동 점화하게 한다는 점을 보였던 반면, 벤딕스 코퍼레이션Bendix Corp.은 1953년에 분무기 바로 전단의 리튬 철사 위로 암모니아를 흐르게 해 동일한 목적을 달성할 수 있음을 보여 주었다.

JPL은 푸르푸랄 그리고 메틸화 및 부분 환원된 피리딘류 두 가지, 또한 테트라파이어tetrapyre와 펜타프림pentaprim 같은 여러 가지 이상한 것들을 RFNA로 연소했다. 이들 시험의 목적은 썩 분명치 않으며, RMI가 왜 군이 사이클로옥타테트라엔을 WFNA로 연소하려 했는지 역시 마찬가지이다. 이 연료는 비싸고 구하기 어려울 뿐만 아니라, 어느점도 너무 높아 추천할 하등의 이유가 없다. 해군항공 로켓시험장Naval Air Rocket Test Station, NARTS에서 에틸렌옥사이드를 WFNA로 태우는 수고를 했던 이유도 마찬가지로 도저히 이해할 수 없다. 에디슨적 접근은 매력적인 점이 많지만, 도를 넘는 수도 있다. 연구 대상 중에 가장 이상한 조합 하나를 RMI가 시도했는데, 그들은 d-리모넨을 WFNA로 태웠다. d-리모넨은 감귤류의 껍질에서 추출할 수 있는 테르펜으로, 일련의 연소 시험 내내 시험장 주변은 레몬유의 향긋한 냄새로 뒤덮였다. 다른 대부분의 로켓 추진제 냄새와 대조적이라는 점에서 이 사건은 기록할 만한 가치가 있다.

어떠한 추진제 조합을 로켓 모터에서 연소하는 것은 그것이 자동 점화성인지 아닌지를—그리고 자동 점화성이라면 얼마나 빨리 점화하는지를—알아내는 이상적인 방법이 아니라는 점은 관련된 모든 사람에게 이미 오래전부터 명백해졌다. 연구의 특성상 성공할 시험보다 실패할 시험이 더 많고, 서둘러 불붙을 조합보다 느리게 점화할 조합이 더 많다. 그리고 각각의 지연된 점화의 결과가 대파된 모터일 때, 심사 프로그램은 다소 지루해질 수 있고 다소 값비싼 대가 이상일 수 있다. 그래서 다양한 기관이 이런저런 점화 지연 장치를 자체 구축함에 따라 초기 심사가 테스트 스탠드에서 실험실로 이동했다. 이들 장치 대부분은 어떤 조합이 자동 점화성인지 알아낼 뿐 아니라, 점화 지연이 있을 경우 이를 측정하기 위해 만들어진 것이었다. 구조 면에서 그것들은 극과 극을 달렸고, 그 설계는 다만 연구원의 상상력에 제한받을 뿐이었다. 가장 간단한 테스터는 점안기, 작은 비커 및 정밀 교정된 안구로 구성되었다—그리고 가장 복잡한 것은 사실상 소형 로켓 모터 셋업이었다. 그리고 그 사이에 모든 것이 있었다. 더 복잡한 장치 중 하나는 필자의 직속상관인 NARTS의 폴 테를리치Paul Terlizzi가 고안했다. 그는 점화 과정의 고속 슐리렌Schlieren(아지랑이) 영상을 촬영하고 싶었다. (그가 슐리렌 영상이 제공할 것이라고 생각했던 정보가 당시에 필자는 기억이 나지 않았고, 지금도 그렇다.)[2] 거기에는 조사 중인 추진제를 위한 고속 밸브와 분무기가 장착된 작은 점화실이 있었다. 관측 창, 고속 패스텍스Fastex 카메라, 그리고 대부분 독일 잠수함 잠망경에서 회수한 40파운드에 달하는 렌즈, 프리즘 및 기타 등등이 셋업을 완성했다. 밀턴 시어Milton Scheer(엉클 밀티Uncle Milty) 박사는 광학계를 정렬하고 초점을 맞추느라 그 물건을 붙들고 몇 주를 씨름했다.

시운전 날이 밝았다. 추진제는 하이드라진과 WFNA였다. 우리는 큰일이 벌어지기를 기다리면서 옹기종기 모여 있었는데, 그때 엉클 밀티가 경고했다. "기다려, 산 밸브가 샌다!"

"해, 그냥 연소하라고!" 폴이 지시했다.

필자는 주위를 둘러보고는 우리 애들에게 신호를 보냈다. 그리고 우리는 발 젖은 고양이 무리처럼, 슬슬 뒷걸음질 치기 시작했다. 하워드 스트레임Howard Streim이 이의를 제기하려 입을 열었지만 나중에 그가 말했듯이, "박사 얼굴에서 다 알고 있다는 듯한 웃음을 보고는 도로 다물었다." 그런데 누군가가 버튼을 눌렀다. 노란 불꽃이 잠시 스친 다음, 눈부신 청백색 섬광과 함께 귀청이 찢어지는 소리

---

2 못 말리는 줄임말 발명가인 그는 이를 슐리렌 타입 점화 지연 기구Schlieren Type Ignition Delay Apparatus라는 뜻의 'STIDA'라고 불렀다.

가 났다. 점화실 뚜껑은 천장을 뚫고 날아갔고(우리는 그것을 몇 주 뒤에 다락방에서 발견했다), 관측 창이 사라졌으며, 40파운드 가까이 되는 고급 광학 유리가 눈 깜짝할 사이에 미세한 가루로 변했다.

필자는 두 손으로 입을 막고 비틀거리며 실험실을 빠져나와 잔디밭에 드러누워 배가 아프도록 한바탕 웃었고, 폴은 홱 토라져서 성큼성큼 걸어 나갔다. 필자는 몇 시간 뒤에 힘없이 비틀거리며 실험실로 돌아왔을 때, 우리 애들이 장치를 받치고 있던 테이블의 한가운데로부터 4피트 정도를 톱으로 잘라다가 잘 유기하고 왔다는 것을 알게 되었다. 그래서 폴의 STIDA는 우리 실험실에서 다시는, 다시는, 다시는 재조립될 수 없었다.

다른 기관들의 경험이 우리의 경험만큼 스펙터클한 경우는 드물었지만, 그들도 점화 지연 장치로 나름의 문제를 겪었다. 그러나 다른 기관들도 결국 결과를 쏟아 내기 시작했다. 별로 놀라울 것도 없지만, 어떤 두 연구소도 같은 숫자를 얻지 못했고, 여러 연구소들이 결과를 일치시키려 했으므로 1945년부터 1955년까지 점화 지연 협력 프로그램이 진행되지 않았던 기간을 찾기가 어려웠다. 어려운 점 가운데 하나는 서로 다른 테스터가 두 반응물을 혼합하는 속도와 효율이 크게 달랐다는 점이다. 다른 하나는 다양한 실험자들이 점화에 대한 다른 기준을 사용했다는 점이다. 누군가는 불꽃의 첫 출현(광전지나 이온화 게이지 혹은 고속 카메라로 보이는 것처럼)을 점화 순간으로 받아들일 수도 있는 데 반해, 마이크로 모터 셋업을 이용한 다른 사람은 자신의 모터가 최대 추력 또는 설계 연소실 압력에 도달한 순간을 점화 순간으로 받아들일 수도 있다.

점화!

그러나 여러 연구자들이 종종 같은 수치를 내놓지는 못했지만, 그들은 보통 추진제 조합에 같은 순서로 순위를 매겼다. 그들은 A 조합이 불붙는 데 몇 밀리초가 걸렸는지에는 좀처럼 의견이 일치하지 않은 반면, 그것이 B 조합보다 엄청나게 빨랐다는 점에는 대체로 완전히 동의했다.

이는 여러 목적에 충분했다. 어쨌든 WFNA와 푸르푸릴 알코올이 참고 쓸 만큼 충분히 빠르다는 점은 모두가 알았다. 그리고 분명히 테스터에서 그 조합보다 더 빠른 것이 나타나면 아마 모터에서 시도해 볼 가치가 있을 것이다.

여러 연구소가 이 분야에서 노력했지만 JPL의 돈 그리핀Don Griffin 과 RMI의 루 랩Lou Rapp이 점화 지연 연구에서는 일찍 뛰어든 사람들이었다. 전자의 기관은 코퍼럴이 그들의 작품이었기 때문에 당연한 일이었지만, 아닐린–푸르푸릴 알코올 혼합물에 관해 많은 연구를 했으며, 1948년에 점화 지연이 최소인 혼합물이 알코올 60%와 아닐린 40%로 구성된다는 점을 알아냈다. 이는 푸르푸릴 알코올 49%, 아닐린 51% 공용 혼합물(녹는점 −43℃)에 가까웠고, 코퍼럴 연료(미사일은 아직 개발 중이었다)는 20% 푸르푸릴 알코올 혼합물에서 50–50 혼합물로 변경되었다.

그 외에 그들은 퓨란 화합물과 질산, 그리고 방향족 아민과 질산의 자동 점화 반응을 확인했고, 후자의 경우에서 N_2O_4의 유익한 효과를 입증했다. 또한 그들은 아민, 특히 터셔리(3차) 아민, 그리고 불포화 화합물이 일반적으로 자동 점화성인 반면, 지방족 알코올 및 포화 화합물은 대개 그렇지 않다는 점을 보여 주었다. 그들의 연구 대부분은 질산으로 수행되었지만, 1948년 이후로 상당 부분이 N_2O_4로 수행되었는데, N_2O_4의 자동 점화 성질은 대체로 질산의 그 것과 비슷했다.

리액션모터스는 퓨란, 바이닐 및 알릴 아민, 그리고 골격 구조(수소 생략) $C≡C—C—C—C≡C$를 가진 다이-프로파질과 같은 폴리아세틸렌계는 물론 유사한 화합물의 자동 점화성을 연구했다. 그리고 그들은 실레인 상당수가 산과 자동 점화한다는 것을 알게 되었다. 텍사스 대학교에서도 1948년에 이것들을 연구했으며, 테트라 알릴 실레인 30%가 가솔린을 자동 점화하게 할 수 있다는 것을 보여 주었다. 텍사스 대학교는 또한 쟁어Sänger가 16년 전에 했던 것과 같이 알킬 아연을 연구했다.

스탠더드오일 오브 캘리포니아Standard Oil of California는 로켓 추진제 연구를 대대적으로 하게 된 최초의 정유사였는데, 마이크 피노Mike Pino는 1948년 가을, 그 회사의 연구 부문인 캘리포니아 리서치California Research에서 점화 지연을 측정하기 시작했다.

피노가 다이엔계, 아세틸렌계 및 알릴아민으로 빠른 점화를 실증한 것과 같이, 처음에 그의 연구는 다른 연구자들의 연구와 비슷했다. (몇 년 뒤인 1954년에 RMI의 루 랩은 모든 초기 점화 지연 연구의 결과를 취합했고, 어느 정도 일반화를 시도했다. 그의 주된 결론은 탄화수소나 알코올의 점화에 산과 이중 혹은 삼중 결합의 반응이 얽혀 있다는 것, 그리고 그것이 하나도 존재하지 않았다면 점화가 일어날 수 있기 전에 생겨나야 했다는 것이었다. 나중에 질산에 대해 기술하면서 이 상정의 타당성을 검토할 것이다.)

하지만 그러다가 피노는 1949년에 거의 역겹다고 해도 좋을 발견을 했다. 그는 뷰틸메르캅탄이 혼합산과 아주 빨리 자동 점화한다는 점을 알게 되었다. 이는 물론 스탠더드 오브 캘리포니아를 아주 기쁘게 했는데, 그들의 원유는 그들의 가솔린을 사회적으로 용인되게 하려면 제거했어야 하는 메르캅탄과 설파이드를 다량 함유했다. 그래서 그들은 필요하지도 않은 혼합 뷰틸메르캅탄을 드럼통으로 쌓아 두고 있었다. 그들이 그것을 로켓 연료로 팔 수만 있다면 정말 살림이 필 터였다.

좋다, 그것도 두세 가지 장점이 있었다. 뷰틸메르캅탄은 혼합산과 자동 점화했고, 연료치고는 밀도가 높은 편이었다. 그리고 부식성이 없었다. 그러나 그 성능은 아무것도 섞지 않은 탄화수소의 성능에 못 미쳤고, 그 냄새는—! 글쎄, 그 냄새는 생각해 볼 문제였다. 강렬하고, 진동하며 속속들이 배어들고, 격분한 스컹크 냄새와 비슷하지만, 최고로 건강한 줄무늬스컹크Mephitis mephitis 표본의 최선의 노력조차 훨씬 능가한다. 악취는 옷이나 피부에도 달라붙었다. 하지만 로켓 연구가는 강한 종자라, 그 물건은 적절한 절차에 따라 성공적으로 연소되었다. 하지만 로켓 정비사 아무개가 카풀에서 제외되어 저만큼 뒤에서 달려와야 했다는 소문이 파다했다. 해군항공로켓시험장NARTS에서 그것을 연소한 지 10년이 지난 후에도 시험 구역 주변으로는 아직도 냄새가 뚜렷했다. (그리고 NARTS에서 판단력보다는 열의로, 필자는 실제로 그것에 대한 분석을 개발했다!)

캘리포니아 리서치는 샌프란시스코만 리치먼드에 초호화 실험실을 갖고 있었고, 피노가 연구를 시작한 곳이 바로 그곳이었다. 그러나 그가 메르캅탄 연구에 매진하기 시작했을 때, 그와 그의 공범들은 본관에서 족히 2백 야드는 떨어진 벽지의 판잣집으로 추방되었다. 그는 좌절하지도, 뉘우치지도 않고 역겨운 노력을 계속했지만, 그들의 주안점이 바뀌었다는 점은 굉장히 주목할 만하다. 그의 다음 후보는 석유 부산물도 아니었고, 상업적으로 이용 가능한 화학 물질도 아니었다. 그것은 피노의 팀원들이 특별히 연료로 합성한 것이었다. 이 시점(1950년대 벽두)에 화학자들은 엔지니어들을 대신해 기성품에 만족하지 않고 필요에 따라 새로운 추진제(완전히 새로운 화합물인 경우가 많았다)를 합성하기 시작했다.

어쨌든 그는 각각 다음과 같은 골격 구조를 가진 아세트알데하이드의 에틸 메르캅탈과 아세톤의 에틸 메르캅톨을 생각해 냈다.

$$C-C-S-\underset{\underset{C}{|}}{C}-S-C-C \; \text{및} \; C-C-S-\overset{\overset{C}{|}}{\underset{\underset{C}{|}}{C}}-S-C-C$$

이들의 냄새는 스컹크보다는 마늘 향이었고, 이 세상에 온갖 질 나쁜 그리스 레스토랑의 뒷문의 전형이자 농축물이었다. 그리고 마지막으로 그는 메르캅탄 황에 붙은 다이메틸아미노 그룹을 가진 무언가로 본인 스스로를 뛰어넘었는데, 그 냄새는 영어의 모든 언어 자산으로도 설명조차 할 수 없었다. 게다가 여기에는 파리까지 꼬였다. 이는 피노와 그의 갱생 의지 없는 팀원들에게도 감당하기 어려운 것이었고, 그들은 그것을 거기서도 2백 야드 떨어져 있는 저 멀리 골풀 습지의 구덩이로 귀양 보냈다. 그리고 몇 달 뒤, 모두가 잠든 한밤중에 그들은 그것을 샌프란시스코만의 해저에 몰래 무단 투

점화!

기했다.

추진제 분야에 그다음 연구자 그룹이 등장한 것을 이해하려면, 약간 과거로 돌아가 다른 맥락을 따라갈 필요가 있다. 군은 애초부터 연구원들이 제안한 연료를 싫어했는데, 그 이유는 고유의 단점 때문만이 아니라, 무엇보다 가솔린이 아니었기 때문이다. 그들은 이미 가솔린을 가지고 있었고 엄청난 양을 쓰고 있었다—그러니 왜 그들이 다른 것에 신경을 써야 하나? 그러나 우리도 앞서 보다시피, 가솔린은 질산으로 태우기에는 좋은 연료가 아니며, 군에서도 그 사실을 받아들일 수밖에 없었다. 정말 마지못해 그러기는 했지만. 하지만 1940년대 후반과 1950년대 초반 내내 해군과 공군은 피스톤 항공기 엔진에서 터보제트로 분주히 전환하고 있었다. 그리고 그들은 가솔린 대신 제트유를 구입하기 시작했고, 모든 것이 전부 다시 시작되었다. 그들은 미사일을 설계하는 사람들에게 앞서 말한 미사일이 제트유를 연료로 사용할 것을 요구했다.

자, 제트유란 무엇인가? 경우에 따라 다르다. 터보제트는 식욕이 놀라울 만치 무차별적이며, 분탄coal dust부터 수소에 이르기까지 불타고 흐르게 할 수 있는 거의 모든 것으로 돌아가거나, 돌아가게 할 수 있다. 하지만 군은 그들이 기꺼이 구매하려는 제트유의 사양을 결정하는 데 가장 중요한 고려 사항이 조달 및 취급의 용이성이어야 한다고 했다. 석유는 이 나라에서 가장 손쉽게 이용할 수 있는 열에너지원이었고, 그들이 석유 제품을 오랫동안 취급해 왔으며, 그에 대해 모두 알고 있었기 때문에, 군은 제트유가 석유 파생물—케로신—이어야 한다고 결정했다.

그들이 명시한 첫 번째 연료는 JP-1으로, 증류 온도 범위가 상당히 좁은(narrow cut) 고파라핀성 케로신이었다. 정유사들은 국내 정유 공장 중에 자사의 가용 설비 및 원유로 이런 제품을 생산할 수 있는 곳이 많지 않으며, 따라서 공급이 다소 제한될 수 있다고 지적했다. 그래서 JP-3(JP-2는 결코 진전을 보지 못한 실험적인 연료였다)에 대한 그다음 사양은 놀랄 만큼 자유로웠으며, 증류 온도 범위가 넓은(wide cut) 데다 올레핀 및 방향족에 관한 제한도 너무 관대해, 켄터키주 밀주업자들 소줏고리 수준보다 나은 정유 공장이라면 어떠한 원유라도 최소한 절반 이상을 제트유로 전환할 수 있었다. 이번에 군은 도가 지나쳐, 저비등 성분을 너무 많이 허용한 나머지 고고도의 제트기가 연료의 상당 부분을 증발 손실했다. 이 문제를 피하기 위해 증류 온도 범위를 좁혔지만, 방향족 및 올레핀 허용 비율(각각 25%, 5%)은 줄어들지 않았다. 그 결과 석유왕 존 록펠러 1세Coal Oil John Rockefeller the First 시대 이후로 등장한 거의 가장 관대한 사양을 가진 JP-4가 탄생했다. 이는 NATO(북대서양조약기구) 표준이며, 보잉Boeing 707부터 F-111까지 모든 항공기에 쓰이는 일반적 연료이다. (이후로 JP-5 및 JP-6가 등장했지만 JP-4를 대체하지는 못했다. 그리고 RP-1은 또 다른 이야기인데, 여기에 대해서는 나중에 이야기하겠다.)

그러나 로켓 모터에서 질산을 이용해 JP-3 혹은 JP-4를 태우려고 하는 것은 끔찍한 경험이었다. 우선, 사양이 사양인지라 둘이 비슷한 배럴이 하나도 없었다. (제트 엔진은 자신이 태우는 분자가 알맞은 숫자의 파운드당 BTUBritish thermal unit를 내는 한 그들이 어떻게 생겼든 상관하지 않지만, 질산 로켓은 더 까다롭다.) 그것은 산과 자동 점화하지 않고, 산과 반응해 온갖 종류의 타르, 찐득찐득한 찌꺼기, 기괴한 색을 띤 수수께끼 같은 조성의 화합물—과 문제들—을 양산했다. 또한 그것을—가령 자동 점화 슬러그를 이용해—작동하게 하면, 가끔은 모든 것이 잘되었지만, 보통은 아니었다. 그것은 완전히 산−가솔린의 재탕이었다—털털거리고, 객객대고, 비명을 지르는 모터는 대개 참 용하다 싶을 정도로 파편이 되어 버렸고, 엔지니어들은 좌절해서 쌍욕을 퍼부었다. 그 물건을 부드럽게 타게 하려고, 산에 촉매를 넣는 것부터 아래—혹은 위—로는 부두교Voodoo까지 안 해 본 것이 없다. 필자가 들은 것 중 가장 전위적인 방편을 벨 에어로노틱Bell Aeronautic이 시도했다. 로켓 모터의 음파 진동이 연소를 촉진할지도 모른다고 누군가가 번뜩이는 생각을 해냈다. 그래서 그는 상호작용하는 추진제가 동요해—아니면 창피해서—부드럽게 연소되기를 바라고는 모터가 연소하는 소리를 테이프에 녹음해 틀어 주었다. (왜 안 되나? 안 해 본 것이 없는데!) 하지만 아아, 이것 역시 효과가 없었다. 분명히 JP는 로켓 업계에 관한 한 가망 없는 것이었다.

이듬해까지 그렇게 공식적으로 불리진 않았지만, 1951년 봄에 '석유에서 유도 가능한 로켓 연료Rocket Fuels Derivable from Petroleum' 에 관한 해군의 프로그램이 생겨난 데에는 이러한 배경이 있었다. 당신이 JP를 되게 할 수 없다면, 되는 (선택지가 있다면, 값싼) 무언가를, 또는 혹자가 희망하기로는 JP와 혼합되어 JP를 합리적인 혼합비 범위에서 부드럽게 타게 할 수 있는 무언가를 석유에서 유도할 수 있을 것이다.

프로그램의 제목은 기만적이었다. '유도 가능한'은 고무줄 늘어나는 듯한 용어인데, 해군항공국Bureau of Aeronautics의 윗분들은 당신들이 승인한 것을 깨달았는지 의심스럽다. 하지만 로켓 분과에 있는 하급 화학자들 타입은 좋은 화학자가 약간의 시간과 돈만 있으면, 본인이 원할 경우 RNA에 이르기까지, 석유에서 거의 모든 유기물을 유도해 낼 수 있다는 점을 완벽하게 알고 있었다. 계약자들은 사실상 이런 말을 들었다. "시작해 봐, 맥Mack—무얼 내놓을지 보자고. 쓸 만한 것이 나오면, 우리가 석유로 만들 방법을 찾을게—어떻게든 말이야!"

캘리포니아 리서치의 노력에 이제 자신들의 노력을 함께하게 된 계약자는 셸 디벨로프먼트 컴퍼니Shell Development Co., 스탠더드 오일 오브 인디애나Standard Oil of Indiana, 필립스 페트롤리엄Phillips Petroleum, 뉴욕 대학교NYU의 화학공학과였다. 그리고 이후 2, 3년 동안 지속적인 점화 지연 프로젝트가 진행되었다. 각 연구소가 새로운 자동 점화성 첨가제를 찾아내는 대로 다른 모든 곳에 샘플을 보내면, 거기서는 그것을 표준 점화 발화성nonhypergolic 연료에 혼합한 다음, 혼합물의 점화 지연을 측정했다. 표준 점화 발화성 연료는 보통 톨루엔과 n-헵테인이었지만, NYU는 짐작하건대 학문적 독립성을 확고히 하고자 벤젠과 n-헥세인을 사용했다. (JP는 둘이 비슷한 로트lot가 하나도 없었으므로 기준 연료로서 별 쓸모가 없었다.)

그들이 합성한 연료 및/혹은 첨가제에 관해서라면, 셸과 NYU는 아세틸렌계 화합물에 집중했고, 필립스는 아민에 주력했다. 스탠더드 오브 인디애나에 대해 말하자면, 그 조직은 갑자기 옆길로 샜다. 캘리포니아의 자매 회사를 시기한 것이 분명하며 그들보다 더 잘해 보겠다고 작정하여, 그들은 고작 황 화합물 따위를 넘어서서 인 유도체를 공략했다. 그들은 트라이메틸 포스핀에서 뷰틸 및 옥틸 포스핀을 거쳐 모노클로로 (다이메틸아미노) 포스핀에 이르기까지 각종 치환된 포스핀을 조사했다. 그러더니 일반식 (RS)$_3$P인 알킬 트라이싸이오포스파이트에 만족해 그것으로 정했는데, 여기서 R은 메틸, 에틸, 혹은 무엇이든 상관없다. 그들이 최대한으로 활용한 것은 '혼합 알킬 트라이싸이오포스파이트'였는데, 이는 주로 에틸 및 메틸 화합물의 혼합물이었다. 그것의 장점은 메르캅탄의 장점—자동 점화성과 높은 밀도 그리고 부식 문제가 없다는 점—이었고, 단점 역시 마찬가지로 메르캅탄의 단점이었다—과장되었지만. 성능은 메르캅탄의 성능에 못 미쳤고, 냄새는 피노의 창조물이 풍기는 냄새만큼 강하지는 않았지만 완전히 그리고 형언할 수 없이 극도로 불쾌했다. 더욱이 그 구조는 G 작용제, 혹은 '신경가스'나 레이철 카슨Rachel Carson을 경악하게 했던 일부 살충제의 구조와 불안할 정도로 유사했다. 이 불안은 정당했다. 몇몇 알킬싸이오포스파이트가 NARTS에서 연소되자, 그것들은 로켓 정비사 둘을 병원에 실려 가게 만들었다. 그래서 그것들은 시험장에서 즉결로 거칠게 내던져졌다. 스탠더드 오브 인디애나는 그것들을 열심히 홍보했고, 1953년 3월에는 심지어 그것들을 위한 회의가 열리기도 했지만, 왜 그런지 그것들은 메르캅탄과 마찬가지로 좀처럼 잠재적 사용자들의 열의를 불러일으키지 못했다. 어느 유형의 추진제도 이제는 역겨운 기억에 지나지 않는다.

아세틸렌계 연구를 뒷받침하는 근거는 충분히 명확했다. 이중 결합과 삼중 결합이 자동 점화성 점화를 돕는다는 것이 (루 랩과 마이크 피노 등에 의해) 드러난 바 있으므로, 연료 분자에 산화가 시작될 수 있는 약점을 제공하기만 하면, 그들이 원활한 연소를 촉진할 수 있다고 가정하는 것이 합리적이었다. 더욱이 아세틸렌족의 모분자인 아세틸렌 그 자체는 추진제 분야의 연구자에게 언제나 희망적으로 여겨져 왔다. 분자에서 수소의 비율이 높지 않다는 점은 성능에 불리하게 작용할 수 있지만, 삼중 결합에 의해 부여된 여분의 에너지는 좋은 성능으로 이어질 것이었다. (성능에 관한 장을 참조하라.) 그러나 순수한 액체 아세틸렌은 참고 견디기에는 너무나도 위험했고—예고 없이 그리고 분명한 이유 없이 폭굉하는 한탄스러운 경향이 있었다. 아마도 그 유도체 중 일부는 덜 신경질적일지도 몰랐다. 그리고 이는 아세틸렌계를 살펴볼 또 다른 이유였다.

적잖은 사람들이 1950년대 초에 기이하다고 할 정도는 아니지만 다소 유별난 추진 사이클을 고려하고 있었다. 그중에는 램로켓ram rocket이 있었다. 이는 램제트ramjet 내부에 있고 램제트로 둘러싸인, 일반적으로 일원 추진제 로켓이다. 램제트는 대기에 대해 고속이 아니면 작동하지 않으며, 이러한 이유로 로켓이나 다른 수단을 이용하여 가동이 될 수 있도록 부스트해 주어야 한다. 램로켓의 내부 로켓이 장치를 가동 속도까지 도달하게 할 수 있고, 로켓 배기가스가 가연성이며 램제트의 연료로 작용할 수 있다면—자, 그렇다면

점화!

부스터가 필요 없고 비연료소모율specific fuel consumption이 순수 로켓보다 낮은 순항 미사일을 만들어 낼 수 있다. 예를 들어, 일원 추진제 로켓에서 프로파인, 혹은 메틸아세틸렌을 태웠고, 배기가스 생성물은 대부분 메테인과 미분화된 원소 탄소였다고 하자. 그러면 램제트에서 탄소와 메테인을 공기로 태워서 물과 이산화 탄소로 보낼 수 있고, 양쪽 계 모두를 최대한 활용할 수 있다. (에틸렌옥사이드, C_2H_4O는 주요 분해 생성물이 메테인과 일산화 탄소인데, 같은 종류의 사이클에 고려되었다.) 따라서 아세틸렌계는 램로켓에 적합해 보였다.

그리고 마지막으로 아세틸렌계는 석유 피드스톡feed-stock을 크래킹cracking 및 부분 산화함으로써 상당히 쉽게 생산할 수 있다. 아세틸렌계 문제에 대한 NYU와 셸의 접근 방식은 완전히 달랐다. NYU는 아세틸렌족 화합물 수십 가지를 시도한 데 반해, 셸은 두 가지에만 집중한 다음, 그들을 유용한 연료로 만들 첨가제를 찾아 나섰다. 둘 중 하나는 골격 구조 $C\equiv C-C-C-C-C\equiv C$를 가진, 1,6-헵타다이아인이었다. 그리고 나머지 하나는 2-메틸-1-뷰텐-3-아인이었는데, 다르게는 '아이소프로펜일 아세틸렌'이나 '메틸 바이닐 아세틸렌'으로 알려져 있으며, 골격은 $C=\overset{\displaystyle C}{\underset{\displaystyle |}{C}}-C\equiv C$이다. 아세틸렌계의 역사에서 혼란의 원인 중 하나는 그것들을 명명한 시스템의 다양성이다!

셸이 철저히 조사했던 첫 번째 첨가제는 포스포러스 트라이아마이드, $P(NH_2)_3$의 메틸 유도체로, 수소 3개 내지 6개를 메틸 그룹으로 치환한 것이다. 이는 효과가 있었지만, 제대로 된 점화를 위해서는 너무 많은 첨가제가 필요해서 그것들이 혼합물의 주성분이 되었고, 그런데도 폭발성 점화가 흔했다.

그다음에 셸은 1,3,2-다이옥사포스포레인,

$$\overset{1}{O}\diagdown\overset{5}{C}\qquad\overset{2}{P}\diagup\overset{3}{O}\diagup\overset{4}{C}$$

의 유도체를 시도했고, 마침내 2-다이메틸아미노-4-메틸-1,3,2-다이옥사포스포레인으로 정했는데, 이는 보통 그리고 다행스럽게도 '기준 연료 208Reference Fuel 208'로 알려져 있었다. 이번에도 첨가제로서 성공은 아니었지만, 아무것도 섞지 않고 쓰면 여태껏 본 것 중 가장 빨리 자동 점화되는 연료 중 하나였다. 그것은 특별히 독성도 없고 꽤 괜찮은 일꾼과도 같은 연료가 되었을지도 모르지만, 많은 연구가 되기도 전에 사건들로 인해 쓸모없게 되었고, 이제는 거의 잊혔다.

1951년과 1955년 사이에 NYU의 해펠Happell과 마셀Marsel은 약 50가지의 아세틸렌계—탄화수소류, 알코올류, 에터류, 아민류 및 나이트릴류를 조제하고 그 특성을 파악했다. 그것들은 프로파인 혹은 메틸아세틸렌, C—C≡C부터 다중 결합이 자그마치 4개인 다이메틸다이바이닐다이아세틸렌

$$C=\overset{\overset{\textstyle C}{|}}{C}—C≡C—C≡C—\overset{\overset{\textstyle C}{|}}{C}=C$$

같은 것들까지 복잡성이 다양했다. 불포화의 절정은 뷰타인 다이나이트릴, 아니면 다이사이아노아세틸렌, 수소 원자는 전혀 없지만 다행히도 3개의 삼중 결합을 가지고 있었던 N≡C—C≡C—C≡N과 함

점화!

께 찾아왔다. 이것은 추진제로 쓸모없었지만—불안정했다는 것이 우선 한 가지 이유였고, 어는점이 너무 높았다—유명한 이유가 하나 있었다. 실험실 실험에서 그것을 오존으로 태우면서, (늘 위험하게 살기를 좋아한) 템플 대학교의 그로세Grosse 교수는 태양 표면의 온도와 같은 약 6,000K의 정상상태steady state 온도에 도달했다.

대부분까지는 아니더라도 아세틸렌계 다수는 저장 특성이 좋지 않았고, 가만히 두면 타르 혹은 젤로 변하는 경향이 있었다. 또한 대기 노출 시 폭발성 과산화물을 생성하는 경향이 있었다. 그것들 중 다수는 충격에 민감했으며, 약간의 자극이나 아무런 자극이 없이도 폭발적으로 분해되곤 했다. 다이바이닐다이아세틸렌 같은 것은 일어날 곳을 찾는 사고라 해도 과언이 아니었다. 아세틸렌계 중 일부가 로켓에서 성공적으로 연소되긴 했지만(RMI는 프로파인, 메틸바이닐아세틸렌, 메틸다이바이닐아세틸렌, 그리고 다이메틸다이바이닐아세틸렌을 모두 산소로 연소했다), 질산에 적합한 연료는 아닌 것으로 밝혀졌다. 원래 점화 지연 장비였던 고철 더미의 몇몇 주인들이 증명할 수 있고 증명한 것과 같이, 아세틸렌계는 보통 산화제와 접촉하자마자 폭굉했다.

그러나 그중 일부는 일원 추진제 및 첨가제로서의 가능성을 보였고, 에어리덕션컴퍼니Air Reduction Co.는 1953년 중반쯤 이 분야에 진출했는데, 1955년까지 프로파인, 메틸바이닐아세틸렌 및 다이메틸다이바이닐아세틸렌을 상업적으로 생산했다.

아세틸렌계 가운데 일부는 JP-4의 훌륭한 첨가제였다. 1953년 8월에는 RMI가 메틸바이닐아세틸렌이 JP-4에서 10%라는 소량으로도 광범위한 혼합비에 대해 RFNA와의 매끄러운 연소를 유도하고 점화를 크게 향상시킨다는 것을 보여 주었다. 자동 점화 슬러그를 사용한 경우 작동 연료로의 이행이 부드럽고 순조로웠으며, 그 문제라면 아예 시동 슬러그 없이 파우더 스퀴브powder squib만으로도 쉽게 점화할 수 있었다. 다른 몇 가지도 동일한 효과가 있었지만, 이것을 알아냈을 때쯤 아세틸렌계는 역사에 추월당했고, 그만두기 위해 개발한 것밖에는 안 되었다.

호머 폭스Homer Fox와 하워드 보스트Howard Bost는 필립스 페트롤리엄에서 아민 프로그램을 운영했다. 석유와 아민의 관계는 기껏해야 빈약하지만, 아민은 한동안 연료로 사용되었고(트라이에틸아민이 통카에 사용되었다) 좋아 보였으나, 아민이 추진제 용도로 체계적으로 조사된 적은 없었다. 필립스는 아민 프로그램을 계속 진행했고, 무한히 다양한 아민들을 조사했다. 프라이머리(1차), 세컨더리(2차), 터셔리(3차) 아민. 포화 및 불포화 아민, 알릴 및 프로파질 아민. 모노아민, 다이아민, 심지어 트라이아민 및 테트라민까지. 그들은 다른 작용기—하이드록실(OH)기基 및 에터 결합—를 가진 몇 가지를 포함해, 적어도 40가지의 지방족 아민을 합성하고 특성을 파악했을 것임이 틀림없다.

필립스는 터셔리 폴리아민에 집중했다. 이는 충분히 타당했다. 그들은 터셔리 아민이 보통 질산과 자동 점화하는 점을 알고 있었고, 다이- 혹은 트라이- 터셔리 아민은 더욱 그러할 것이라 생각하는 것이 합리적이었다. (그들의 추측은 옳은 것으로 판명되었지만, 필자는 그리스인의 가장 큰 악행이 남색이 아니라 추론이라는 벨E.

T. Bell의 논평이 생각난다.) 그들이 연구한 화합물은 1,2 비스 (다이메틸아미노) 에테인부터, 1,2,3 트리스 (다이메틸아미노) 프로페인 및 테트라키스 (다이메틸아미노메틸) 메테인과 같이 진기한 것들까지 다양했는데, 마지막 것은 각 모서리에 다이메틸아민 그룹이 붙은 네오펜테인 분자로 모습을 그려 볼 수 있다. 그건 그렇고, 그것은 용납할 수 없을 만큼 높은 어는점을 가진 것으로 밝혀졌는데, 이는 해당 분자의 대칭성을 감안할 때 예상할 수 있었던 일이었다. 필자는 몇몇 더 복잡한 아민도 합성되었을 것으로 의심하게 된다. 그것들이 그들이 이미 합성한 것보다 개선된 것이라고 믿을 무슨 이유가 있어서 그런 것이 아니라 실험대 작업자의 기교를 보여 주기 위해 그러지 않았나 하는 것인데, 그는 자기가 그것을 할 수 있다는 것을 입증해 보이고 싶었을 것이다.

정말 힘들게 구른 것은 터셔리 다이아민이었다. 거의 모든 가능한 구조 변경, 그리고 그 결과가 조사되었다. 이렇게 그들은 다음 시리즈에서와 같이 말단기terminal group 변화의 결과를 조사했다.

1,2 비스 (다이메틸, 또는 에틸, 또는 알릴아미노) 에테인. 혹은 다음에서와 같이, 중심 탄화수소 사슬의 길이 변화의 결과를 조사했다.

1,1			메테인
1,2			에테인
1,3	–비스 (다이메틸아미노)		프로페인
1,4			뷰테인
1,6			헥세인

그들은 다음과 같이 아미노 그룹을 이리저리 이동했다.

$\left.\begin{matrix} 1,2 \\ 1,3 \end{matrix}\right\}$ 비스 (다이메틸아미노)-프로페인 및

$\left.\begin{matrix} 1,2 \\ 1,3 \\ 1,4 \end{matrix}\right\}$ 비스 (다이메틸아미노) 뷰테인.

그들은 다음과 같은 시리즈에서 불포화의 영향을 검토했다.

$1,4$ 비스 (다이메틸아미노) $\left\{\begin{matrix} \text{뷰테인} \\ 2 \text{ 뷰텐} \\ 2 \text{ 뷰타인} \end{matrix}\right.$

그리고 그들은 OH기나 에터 결합을 추가하는 것뿐만 아니라, 이런 변화의 상상할 수 있는 모든 순열과 조합을 시도했다.

예상했던 대로 하이드록실기의 도입은 저온에서 지나치게 끈적거리는 화합물을 만들어 냈다. (트라이에탄올아민은 연료로 여겨져 왔는데, 이런 효과의 극단적인 예이며, 따라서 결코 사용되지 않았다.) 말단에 알릴이 붙은 아민도 상당히 끈적거렸고, 공기 중의 산화에 취약했다. 그 외에는 예상했던 대로 그것들은 모두 아주 비슷했고, 또한 예상했던 대로 복잡한 화합물은 단순한 화합물보다 결코 우수하지 않았다.

그것들 중 어느 것도 제트유 첨가제로서 쓸모없었다. 그것들은 연소를 개선하지도 않았고, 압도적인 비율을 제외하고는 제트유를 자동 점화성으로 만들지도 않았다. 그러나 그것들은 아무것도 섞지 않은 연료로는 유망해 보였고, 필립스는 그중 4개의 샘플을 시험

연소를 위해 라이트 항공개발센터Wright Air Development Center, WADC로 보냈다. 그것들은 모두 비스 (다이메틸아미노) 타입, 1,2 에테인, 1,2 및 1,3 프로페인, 1,3-1 뷰텐이었다.

1956년 WADC에서 잭 고든Jack Gordon은 그것들의 특성과 실행 계획을 확인하고, RFNA로 연소했다. 그것들은 좋은 연료였다. 점화는 자동 점화성이며 신속했고, 연소도 좋고 성능도 훌륭했다. 그리고 포화된 것은 적어도 열에 상당히 안정하며 복열 냉각regenerative cooling에 적합했다.

그리고 그것들도 태생부터 뒤떨어진 것이었다.

왜냐하면 이 모든 연구가, 말하자면 왼손으로 한 것이었으니까. 하이드라진이 단연 가장 중요한 것이었다. 그것은 모두가 쓰고자 하는 연료였다. 고성능, 상당한 밀도, 저장성 산화제와 자동 점화— 모든 것을 갖추었다, 거의.

하이드라진의 가격은 높았지만, 화학공업의 본질이 그러했고 그러하건대, 누구나 그것을 대량으로 원했을 때는 가격이 합리적인 숫자로 내릴 것으로 확신할 수 있다. 하이드라진은 촉매 분해에 다소 민감했지만, 탱크 제작에 알맞은 소재를 사용했고, 청결에 상당한 주의를 기울였다면 그 점은 별 문제가 되지 않았다. 하지만 그 어는점—1.5℃—은 전술 미사일에 쓰이게 될 무엇에든 그저 너무 높았다. 군은 그들이 수용할 추진제의 어는점에 대한 명확한 제한을 설정하는 데 대해 정말로 말을 잘 하지 않으려 했지만—필자는 그들이 불가능한 것을 요구하고 나서는 얻을 수 있는 물건에 만족할 것이라는 느낌을 받았다—그들은 마침내 −65°F나 −54℃가 대부분의 목적에 허용될 수 있을 것이라고 결정했다. (하지만 해군은 변덕스럽던 어느 한 시절에 −100°F 이하의 어는점을 요구했다. 본인들이 어떻게 그 온도에서 전쟁을 할 것인지에 대한 명시는 없었다. 필자는 그들이 그 숫자의 이를 데 없는 매끈함에 혹했다고 믿고 싶은 유혹을 받는다.)

그래서 모두들 하이드라진의 어는점을 −54℃로 낮추려고 노력했다. 그것의 다른―좋은―특성에 부정적으로 영향을 주지 않으면서 말이다. 그렇게는 불가능한 것으로 드러났다. 이는 예상할 수도 있었던 일이지만, 그 당시 우리는 모두 기적을 바랐다.

에어로제트, JPL, 메탈렉트로 코퍼레이션Metalectro Corp., NARTS, 해군병기시험장Naval Ordnance Test Station, NOTS, 노스아메리칸 에이비에이션North American Aviation, NAA, 리액션모터스 및 시러큐스 대학교 등 적어도 8개 기관이 이러한 노력에 처음부터 끝까지 참여했다.

첫 번째로 시도된 어는점 강하제depressant는―본의가 아니긴 했지만―물이었다. 하이드라진 수화물은 36%가 물인데, 어는점이 −51.7℃였고, 물을 42% 함유한 혼합물은 −54℃에서 언다. (러시아의 세미신V. I. Semishin은 1938년에 하이드라진-물 상평형도의 일부를 알아냈으며, 이 나라의 모어Mohr와 오드리스Audrieth는 1949년에, 영국의 힐Hill과 서머Summer는 1951년에 그 작업을 끝마쳤다.) 그러나 물은 연료에 극히 나쁜 첨가제였다. 물은 해당 시스템의 에너지학에 하등의 기여하는 바가 없을뿐더러, 물의 질량은 그저 재미 삼아 함께 어울리기에는 성능을 심각하게 저하시킨다.

점화!

암모니아는 그렇게까지 나쁘지는 않았다. 프레더릭스F. Fredericks
는 1913년과 1923년에 하이드라진-암모니아 상평형도에 관해 발
표했으며, 이는 1948년 JPL의 토머스D. D. Thomas에 의해서도 연구
되었다. 암모니아는 물과는 달리, 연료였지만 매우 안정한 화합물
이며, 그 연소열은 썩 바랄 만한 것이 못 된다. 그리고 하이드라진의
어는점을 −54℃로 낮추기 위해서는 암모니아가 61% 가까이 들어
가야 했다! 이는 성능을 급격히 저하시켰을 뿐만 아니라, 연료의 밀
도를 감소시켰고, 그 외에도 그 증기압을 너무 높여서 순수 하이드
라진의 끓는점 +113.5℃ 대신 약 −25℃에서 끓었다. RMI의 데이브
호비츠Dave Horvitz는 1950년에 하이드라진, 물, 암모니아의 삼원 혼
합물을 연구한 바 있지만, 어는점이 그런대로 괜찮을 뿐 아니라 하
이드라진이 많은 부분을 차지하는 어떤 혼합물도 찾을 수 없었다.
물과 암모니아는 답이 아니었다.

RMI가 (1947년에) 연구했던 또 다른 첨가제는 메탄올이었다. 하
이드라진 44%와 알코올 56%를 함유한 혼합물은 −54℃에서 얼고,
그 밖의 물리적 특성도 그런대로 괜찮지만, 아무것도 섞지 않은 하
이드라진보다 상당히 낮은 성능을 냈다. 수년 뒤, 앞으로 설명하게
될 상황하에, 그 혼합물에 대한 관심이 되살아났다.

에어로제트의 돈 암스트롱Don Armstrong은 1948년 여름에 한동
안 대단히 유망해 보였던 무언가를 생각해 냈다. 그는 하이드라진
에 리튬 보로하이드라이드 13% 첨가가 (공융) 어는점이 −49℃인
혼합물을 만들어 낸다는 점을 알게 되었다. 매직 −54℃는 아니지만
그렇다고 해도 대단한 것이었다. 밀도는 1.004에서 약 0.93으로 약

간 감소했지만, 보로하이드라이드 자체가 너무나 고에너지 화합물이기 때문에, 주목할 만한 성능 저하를 예상할 이유가 조금도 없었다. 하지만 아아, 그의 승리는 환상에 불과했다. 얼마간 시간이 흐르고 나서 그 혼합물은 본질적으로 불안정하고, 수소의 꾸준한 방출과 함께 서서히 그리고 멈출 수 없이 분해되는 것으로 밝혀졌다. 그들은 1952년쯤 모든 아이디어를 포기했지만, RMI는 1958년까지도 그것을 검토하고 있었고, 1966년이나 1967년쯤 다른 누군가가 하이드라진을 위한 어는점 강하제로 $LiBH_4$ 사용을 제안하게 될 뿐이었다! 이는 자신의 기술의 역사에 대한 깊고도 우울한 무지를 넘어선 무언가를 나타내는 것일 수 있지만, 필자는 무슨 일인지 도통 모르겠다.

거의 같은 시기에 노스아메리칸의 톰프슨T. L. Thompson은 다른 어는점 첨가제를 생각해 냈는데, 주된 문제점은 열안정성이 형편없기는 했지만 모두의 간담을 서늘하게 했다는 것이었다. 그는 사이안화 수소산, HCN 15%가 하이드라진의 어는점을 −54℃로 낮출 수 있다는 것을 알게 되었다. 그러나 HCN을 생각하는 것만으로도 모두가 경악하여(훨씬 유독한 화합물도 연구해 왔고 연구할 것이며, 그렇다고 해서 그에 대해 특별히 신경 쓴 것도 아니지만) 그 혼합물은 절대 받아들여지지 않았다.

그즈음(1949~1950) NOTS에서 LAR 미사일이 개발되고 있었는데, 캠벨E. D. Campbell과 동료들은 이를 위한 난동難凍 연료—하이드라진 67% 및 싸이오사이안산 암모늄 33%의 혼합물, 어는점 −54℃—를 생각해 냈다. 성능이 다소 저하되었고 증기압이 불편할 정도로 높았지만, 이것은 그래도 감수할 만한 것이었다.

1951년 초 데이브 호비츠는 메탈렉트로코퍼레이션(그가 RMI에서 이직한 곳)에서 하이드라진-아닐린 혼합물을 연구했으며, 어느 점이 −36℃인 공융 조성이 하이드라진을 고작 17% 함유한 것을 알게 되었다. 그런 다음 그는 어는점은 물론 점도도 낮추려고 혼합물에 메틸아민을 첨가하기 시작했고, 마침내 하이드라진-아닐린-메틸아민 혼합물(유감스럽게도 '햄 주스HAM Juice'라 불렸다)을 내놓았는데, −50℃에서 얼었지만, 메틸아민 19.3%와 아닐린 71.6%에 하이드라진은 9.1%밖에 들어 있지 않았다. 이것은 상당히 철저히 연구되고 시험 연소도 되었지만, 이는 사람들이 기대한 해결책은 아니었다. (하지만 육군에서는 1953년에 자신들의 아닐린-푸르푸릴 알코올 코퍼럴 연료에 5%의 하이드라진을 첨가했고, 3년 뒤에는 그 비율을 7%로 높였다.)

가장 철저하게 연구된 첨가제 중 하나는 하이드라진 나이트레이트였다. 하이드라진과 하이드라진 나이트레이트 혼합물의 암모니아 유사체—암모니아에 암모늄 나이트레이트(질산 암모늄)가 들어 있는, 다이버스 용액Divers' solution—가 나온 지 오래되어 아이디어는 충분히 명확했고, 그래서 분명 몇 사람이 거의 동시에 독자적으로 그것을 생각했다. 해군병기연구소Naval Ordnance Laboratory, NOL의 드위긴스Dwiggins와 NARTS의 필자 그룹은 1951년에 동 시스템을 연구했고, NOTS의 코코런J. M. Corcoran과 그 동료들은 1953년 말까지 하이드라진-하이드라진 나이트레이트-물 시스템 전체를 알아냈다. 하이드라진 55%, 하이드라진 나이트레이트 45%를 함유한 혼합물은 −40℃ 이하에서 얼었고, 매직 −54℃는 하이드라진 54%, 나이트레이트 33%, 물 13%를 함유한 혼합물로 달성할 수 있었다. 이는 나쁘지 않지만, 여기에는 늘 그렇듯 한두 가지 함정이 있었다. 혼합물은 저온에서 상당히 끈적거렸고, 거품이 생기는 경향이 있었는데, 이는 펌프식 피드 시스템을 사용한 경우에 문제를 일으킬 수 있었다. 그리고 특히 물의 비율이 낮은, 정말 유용한 혼합물 대부분은 우려스러울 만큼 쉽게 폭굉할 수 있었다. (그리고 건조 하이드라진 나이트레이트는 함부로 다룰 경우 포탑 화재의 매우 그럴듯한 시뮬레이션을 초래할 수 있었다. NARTS 그룹이 알아낸 바이다!) 그러나 일부 혼합물은 일원 추진제로 사용될 수 있었고, 그런 이유로 수년간 광범위하게 연구되었으며, 그중 일부는 액체 장약으로 시도되었다.

NARTS 그룹은 나이트레이트 따위에 만족하지 못해, 1951년 강하제로 하이드라진 퍼클로레이트를 시도했고, 하이드라진 49%, 하이드라진 퍼클로레이트 41.5% 및 물 8.5%를 함유한 혼합물이 −54℃에서 여전히 액체임을 알아냈다. 그러나 그것은 나이트레이트 혼합물이 그러한 것보다 훨씬 더 폭굉할 공산이 컸으며(그것의 열안정성을 조사하려 시도하다가 우리는 실험실 천장에 구멍을 뚫었다), 필자는 하이드라지늄 퍼클로레이트 반수화물hemihydrate(그것이 결정화하는 형태)을 무수염anhydrous salt으로 탈수하려 드는 것이 바람직하지 않다는 것을 알게 되었고, 그 과정에서 거의 머리가 날아갈 뻔했다. 그래서 퍼클로레이트 혼합물이 나이트레이트 혼합물보다 더욱 고에너지이긴 하지만, 그것의 사용은 이론적인 논의

점화!

와 구분되는 구체적인 행동을 위한 문제의 범위를 벗어났다. 그렇기는 하지만 시러큐스 대학교의 워커Walker는 일 년쯤 뒤에 소듐 퍼클로레이트 일수화물monohydrate을 시도해 보았으며, 하이드라진과의 50% 혼합물이 거의 −46℃에서 얼었다는 것을 알아냈다. 어떻게든 그는 죽지 않고 그것을 해냈다.

다양한 그룹이 다른 많은 어는점 강하제를 시도했으나 거의 또는 전혀 성공을 거두지 못했고, 첨가제 접근법이 전혀 진전을 보지 못하리라는 점이 빠르게 분명해지고 있었다. 성능이 망가지든, 머리가 날아갈 공산이 크든 둘 중 하나였다. 사람들 생각에 무언가 새로운 것이 추가되어야 했다.

돌파구를 마련한 것은 해군 프로그램이었다. 1951년 초에 해군항공국의 로켓 분과는 메탈렉트로 및 에어로제트로 하여금 어떤 하이드라진 유도체를 합성하고, 로켓 추진제로서 적합성을 알아내도록 하는 계약을 승인했다. 유도체 3종은 모노메틸하이드라진, 대칭 다이메틸하이드라진 및 비대칭 다이메틸하이드라진이었다. 하이드라진의 구조에 아주 약간의 변경—그리고 당신은 메틸기를 추가하는 것보다 적게 바꾸기가 무척 어렵다—이 그것의 에너지학에 문제가 될 만한 변화를 주지 않으면서도 상당히 괜찮은 어는점을 제공할지 모른다는 기대에서였다.

NARTS에서 필자도 같은 생각을 했고, 모노메틸하이드라진 1파운드—값은 50달러였다—를 어렵게 입수해 하이드라진과의 혼합물을 조사했으며, 연말이 되기 전에 공용 혼합물을, 하이드라진 12%가 들어 있었고 −61℃에서 어는 것이었는데, 주력할 가장 좋은 연료로 추천했다.[3] HNO_3와의 성능이 스트레이트 하이드라진 성능의 약 98%에, 밀도는 나쁘지 않고(0.89), 어는점은 예술이며, 점도도 걱정할 것 없고, 메틸하이드라진이 모¹ 화합물보다 촉매 분해에 약간 더 민감한 것 같긴 했지만, 보관 및 취급에도 특별한 문제를 수반하지 않는 것처럼 보였다.

메탈렉트로와 에어로제트가 자신들이 무언가 좋은 것을 발견해 냈다는 것을 알게 된 데는 그리 오랜 시간이 걸리지 않았다. 대칭 다이메틸하이드라진은 쓰레기인 것으로 드러났지만(어는점이 −8.9℃에 불과했다), 모노메틸하이드라진monomethylhydrazine(이하 MMH로 지칭)은 −52.4℃에서 녹았고 비대칭 다이메틸하이드라진 unsymmetrical dimethylhydrazine, UDMH은 −57.2℃에서 녹았다. 그리고 메탈렉트로의 데이브 호비츠는 60-40 UDMH-MMH 공융 혼합물이 −80℃ 혹은 −112°F에서 비로소 언다는 것을 알아냈고, 이렇게 하여 해군의 신비주의적인 목표를 넘어섰다. 게다가 그것은 점도가 해군의 매직 −100°F에서 50센티푸아즈centipoise에 불과했고, 그래서 그 온도에서 정말로 사용될 수 있었다. 그사이 펜실베이니아 주립대학교의 애스턴Aston과 그 동료들은 치환된 하이드라진의 열역학적 특성(생성열, 열용량, 기화열 등)을 알아냈고, 1953년쯤에는 UDMH 및 MMH에 대한 거의 모든 유용한 정보가 확정되었다.

그것들은 둘 다 멋진 연료였다―그리고 결정해야 할 문제는 어느

---

3 몇 년 전 리액션모터스에서 도입한 MHF-3는 모노메틸하이드라진 86%에 하이드라진 14%이다. 자고로 "하늘 아래 새로운 것은 없다".

것에 집중하느냐였다. 1953년 2월에 하이드라진과 그 유도체 및 응용에 관한 회의가 열렸으며, 이 문제가 아주 자세하고 치열하게 논의되었다. MMH는 UDMH보다 밀도가 조금 더 높았고, 성능도 약간 더 좋았다. 반면에 UDMH는 촉매 분해가 덜 일어나고 열안정성이 너무 좋아서 복열 냉각에 쉽게 사용할 수 있었다. 둘 중 어느 것이든 JP-4의 첨가제로 사용될 수 있었지만, UDMH가 더 잘 용해되며 연료에서 분리되지 않고 더 많은 비율의 물을 용인하곤 했다. 둘다 질산과 자동 점화했지만, UDMH가 더 빨랐다—어쨌든 이것은 하이드라진일 뿐만 아니라, 터셔리 아민이기도 했으니까. 그리고 둘 다 추진제로서 역할을 잘했고, 터셔리 다이아민류 혹은 그 어떤 인이나 황 화합물 혹은 이전의 아닐린 타입 혹은 푸르푸릴 알코올 연료의 성능보다 우수한 성능을 발휘했다. 필자의 MMH-하이드라진 혼합물은 1954년 초에 NARTS에서, UDMH는 WADC에서 거의 동시에, MMH는 얼마 뒤에 그리고 UDMH-MMH 공용 혼합물은 동일한 기관에서 1955년에 연소되었다—전부 적연질산으로 말이다. 그리고 JP-4에 넣은 UDMH는 연소를 부드럽게 하는 데 특효가 있어, UDMH 17%가 들어간 JP-4가 나이키 에이잭스Nike Ajax 미사일의 연료로 결정되었다. 치환된 하이드라진 프로그램은 대성공이었다. 치환된 하이드라진은 다른 모든 저장성 연료를 완전히 구식으로 만들었다.

UDMH에 집중하기로 한 최종 결정은 경제적 이유에서 내려졌다. 치환된 하이드라진에 대한 첫 번째 생산 계약의 두 경쟁사는 메탈렉트로와 푸드 머시너리 앤드 케미컬 코퍼레이션Food Machinery and Chemical Corp., FMC 웨스트바코 클로르-알칼리 사업부Westvaco Chlor-Alkali division였다. 메탈렉트로는 하이드라진 제조를 위한 고전적인 라시히 공정Raschig process의 변경 사용을 제안했는데, 두 가지 하이드라진 중 고객이 어떤 것을 원하는가에 따라, 클로로아민을 모노 또는 다이메틸 아민과 반응시키는 것이었다. 그리고 입찰에서 그들은 주문 규모에 따라 달라지는, 신중하게 계산된 가격 차등제를 제안했다.

웨스트바코는 다른 접근법을 취했다. 그들은 아질산이 다이메틸아민과 반응해 나이트로소다이메틸아민을 생성하는 다른 합성을 사용하는 것을 제안했는데, 나이트로소다이메틸아민은 UDMH로 쉽게 환원될 수 있다. MMH에는 해당 공정을 이용할 수 없으므로, 웨스트바코는 후자를 무시하고 초기 주문에 대한 손실을 받아들일 각오로(어쨌든 FMC 규모의 회사 입장에서는 관련된 비용이 하찮은 것이었다), 메탈렉트로보다 극단적으로 낮은 가격을 써 냈다. 그들은 주문을 따냈고, 메탈렉트로는 판에서 영원히 손을 뗐다. UDMH에 대한 최초의 밀스펙military specification은 1955년 9월에 발표되었다.

하지만 웨스트바코 광고부의 행태는 밀스펙도 못 말렸다. 이들은 성공에 취해 밀스펙이고 뭐고 상표명을 업어 가려 했고, 자사 제품을 '다이마진DIMAZINE—웨스트바코 브랜드 UDMH'라며 직원들 모두가 저 이름으로 불러야 한다고 주장했다. 필자는 웨스트바코의 몇몇 화학자들이 로켓 업계의 여러 기관을 돌며 대단히 수준 높은 청중들로부터 낮 뜨거운 폭소가 쏟아지는 가운데 얼굴이 벌게지면서도 지시를 충실히 따르는 모습에 짠한 생각이 들었는데, 그 청중들은 웨스트바코 UDMH가 올린 매시슨Olin Mathieson이 만든 것이나 다른 누가 만든 것과 전혀 구분이 되지 않는다는 점을 자기가 자기 자신인만큼 잘 알고 있었다.

UDMH를 개선하기 위한 몇 가지 시도들이 있었다. 캘리포니아 리서치의 마이크 피노는 우리가 보았던 것과 같이, 알릴아민을 연구 대상으로 삼았고, 1954년에 이것을 좀 더 밀고 나가 모노 및 비대칭 다이알릴 하이드라진을 내놓았다. 이것들은 흥미로웠지만 UDMH에 비해 특별한 개선이 없었고, 산화 및 중합重合에 민감했다. 그리고 다우 케미컬Dow Chemical 사람들이 얼마 후에 모노프로파질 하이드라진과 비대칭 다이프로파질 하이드라진을 만들어냈다. 이번 역시 개선이 없었고, 둘 다 저온에서 무지하게 끈적였다. 그리고 NOTS에서 UDMH의 산화화학을 연구하던 맥브라이드McBride 및 그의 그룹은 1956년 테트라메틸 테트라젠 $(CH_3)_2N$—$N=N$—$N(CH_3)_2$를 우연히 발견했다. 그러나 UDMH에 비해 성능상의 이점은 사소했고, 어는점이 상당히 높았다.

그리하여 UDMH는 수년간 질산이나 N_2O_4로 태우기에 **가장 좋은** 연료였다. 그러나 설계자들이 그들의 모터에서 성능의 가능한 마지막 1초까지 쥐어짜려고 노력하면서 MMH의 인기가 높아지고 있다. (그것도 이제 밀스펙이 있다!) 그리고 낮은 어는점을 필요로 하지 않는 응용 분야에서는 하이드라진 자체를 스트레이트로 사용하거나 그 유도체 중 하나와 혼합해 사용한다. 타이탄Titan II ICBM은 스팀이 들어오는 땅굴에 들어가 살기 때문에 그 연료가 어는점이 낮을 필요는 없지만, 가능한 최고의 성능을 필요로 **하므로**, 하이드라진이 그 일을 하게 될 가능성이 가장 큰 연료였다. 하지만 하이드라진은 복열 냉각 냉매로 쓰려 하면 폭굉하는 유감스러운 경향이 있기 때문에, 최종적으로 선택된 연료는 하이드라진과 UDMH의 50-50 혼합물이었다. 이를 처음 생각해 낸 에어로제트는 '에어로진 50Aerozine 50'라 부르고, 다른 사람들은 모두 '50-50'라 한다.

요즘은 MAF-3Mixed Amine Fuel-3니 MHF-5Mixed Hydrazine Fuel-5니 하이다인Hydyne이니, 에어로진-50니, 하이드라조이드Hydrazoid N이니, U-DETA니 뭐니 하는 이름의 하이드라진 타입 연료가 주변에 갈피를 잡지 못할 만큼 많다. 그러나 이름이 무엇이든, 연료는 다음 중 두 가지 이상이 섞인 것이다. 즉 하이드라진, MMH, UDMH, 다이에틸렌 트라이아민DETA(밀도를 높이고자 첨가한다), 아세토나이트릴(DETA를 함유한 혼합물의 점도를 낮추고자 첨가한다), 하이드라진 나이트레이트이다. 그리고 한 가지 특수한 응용 분야(서베이어Surveyor의 버니어vernier 모터)를 위해 MMH에 일수화물을 생성하는 데 필요한 만큼 물을 첨가했는데, 그 냉각 특성은 무수 화합물의 그것보다 훨씬 우수했다. 리스트에 들어갈 가능성이 큰 물질은 다우에서 1962년 초에 합성한 에틸렌 다이하이드라진, $H_3N_2C_2H_4N_2H_3$이다. 그 자체로는 별로 쓸모가 없지만—어는점이 12.8℃이다—밀도가 높아(1.09), 밀도 첨가제로 DETA보다 우수할지 모른다.

그래서 이제 설계자들은 원하는 대로 쓸 수 있는 고성능 연료군—믿을 수 있고, 다루기 편하며, 쉽게 구할 수 있는—을 갖게 되었다. 그가 선택하는—혹은 상황에 맞게 구성하는—혼합물은 당면 과제의 구체적인 요구 사항에 따라 다르다. 그리고 그는 그것들이 효과가 있다는 것을 알고 있다. 그것은 어쨌든 진전인 것이다.

4장

…그 짝의 사냥

1945년의 RFNA(적연질산)는 그것과 무엇이든 관련된 모두에게, 순수하고도 변함없는 증오로 미움을 받았다. 거기에는 충분한 이유가 있었다. 우선, RFNA는 부식성이 대단했다. 당신이 RFNA를 알루미늄 드럼에 두면—날씨가 따뜻한 한—딱히 아무 일도 일어나지 않는 것처럼 보인다. 하지만 차가워졌을 때는 끈적끈적한 젤라틴 같은 하얀색 침전물이 발생하여 드럼 바닥에 서서히 가라앉는다. 이 슬러지는 당신이 그것을 연소하려 했을 때 모터의 분무기를 막히게 할 만큼 정말 끈적했다. 사람들은 그것이 일종의 용매화된 알루미늄 나이트레이트라고 추측했지만, 그것을 바라보는 혐오감에 필적하는 것은 그것을 분석하는 어려움뿐이었다.

산을 스테인리스강(SS-347이 가장 잘 견딘다)에 보관하려 하면 결과는 훨씬 더 나빴다. 부식은 알루미늄에서보다 더 빨랐고, 산

점화!

은 기분 나쁜 녹색으로 변했으며 성능은 심각하게 저하되었다. 조성 변화의 규모를 알고 보니 그럴 만도 했다. 1947년 말께 JPL에서는 두 가지 산 분석 결과를 발표했다. 하나는 제조사에서 갓 나온 RFNA 샘플이었는데, 그것을 운송한 드럼을 간신히 씹기 시작했다. 다른 하나는 '오래된' 산 샘플이었는데, SS-347 드럼에 몇 개월을 가만히 있었다. 결과는 웅변적이었다. 그리고 필자 본인의 경험도 어떤 기준이라면, 드럼 바닥에 불가해한 조성의 불용성 물질도 조금 있었다. 그런 산은 비료 제조에는 유용했을지 모르나 추진제로서는 그렇지 않았다.[1]

구성 성분	새로운 산(%)	오래된 산(%)
HNO_3	92.6	73.6
N_2O_4	6.3	11.77
$Fe(NO_3)_3$	.19	8.77
$Cr(NO_3)_3$	.05	2.31
$Ni(NO_3)_2$	.02	.71
H_2O	.83	2.83

그래서 산을 미사일 탱크에 무기한 보관할 수 없었다—그렇지 않으면 탱크가 남아나지 않을 것이다. 산은 발사 직전에 주유해야 했는데, 이는 야전에서 산을 다루어야 한다는 것을 의미했다.

---

1 수준 높은 독자를 위한 주석: 정확한 퍼센티지를 너무 심각하게 받아들이지는 말라. 1947년에는 산 분석이 그리 썩 좋지 않았다. 또한 몇 년 뒤 필자 자신의 실험실에서 (필자로서는 전혀 뜻밖에도) 알게 된 것과 같이, 대부분의 철은 제이철ferric 상태가 아니라 실제로는 제일철ferrous로 나타난다.

이는 단연코 재미있지 않다. RFNA는 피라냐 떼의 게걸스러움으로 피부와 살을 공격한다. (필자의 팔에 한 방울 떨어져서 생긴 흉터가 15년도 더 지난 지금도 남아 있다.) 그리고 RFNA를 쏟아부으면 NO_2 연기가 자욱하게 피어오르는데, 이는 놀라울 만큼 유독한 가스이다. 한 사람이 그 연기를 한 모금 크게 들이마시고 몇 분 동안 쿨럭대다 괜찮다고 우긴다. 그리고 이튿날 길을 나섰다가, 그는 거의 틀림없이 급살을 맞는다.

그래서 추진제 취급 인원은 (지독히 덥고 너무 불편해서 아마 예방하는 것보다 더 많은 사고를 일으키는) 방호복과 안면보호대, 그리고 수시로 방독면이나 양압식 공기호흡기를 착용해야 했다.

RFNA의 대안은 혼합산이었는데, 기본적으로 WFNA에 약 10~17%의 H_2SO_4가 첨가되었다. 그 성능은 RFNA의 성능보다 다소 낮았지만(그토록 안정한 황산과 그 무거운 황 원자는 아무 도움이 되지 않았다), 밀도는 다른 산의 밀도보다 조금 더 좋았으며, 여러 연료와 훌륭히 자동 점화되었다. (필자는 실험실에 구직자가 찾아왔을 때 이 특성을 이용하곤 했다. 눈에 잘 띄지 않는 신호에, 우리 애들 중 하나가 오래된 고무장갑의 손가락을 약 100cc의 혼합산이 담긴 플라스크에 빠뜨린 다음—뒤로 물러서곤 했다. 고무가 잠시 꿈틀대며 부풀어 오른 다음 그에 맞는 쉭 소리와 함께 플라스크에서 로켓 비슷한 장엄한 화염 제트가 솟구쳐 올랐다. 필자는 보통 후보자의 태도로부터 그가 추진제 화학자에 바람직한 신경계를 갖고 있는지 여부를 알 수 있었다.) 혼합산은 물론 그 NO_2 연기를 내뿜지 않았으며, 1949년까지도 모두들 그것이 스테인리스강을 부식시키지 않는다고 확신했다. 그해에 해군은 55갤런 드럼 수백 개와 탱크로리 몇 대를 구입했는데, 전부 SS-347로 비싸게(드럼 1개당 약 120달러) 만든 것이었고, 혼합산을 담도록 고안된 것이었다.

글쎄, 모두가 틀렸다. 혼합산은 스테인리스를 부식시키지 않는다—처음에는. 그러나 유도기induction period 후에 부식이 시작되고 빠른 속도로 진행되는데, 유도기는 분에서 개월까지 다양할 수도 있고, 산 조성과 특히 물의 비율, 온도, 스테인리스강의 과거 이력에 따라, 그리고 짐작건대 달月의 상태에 따라 달라진다. 최종적인 결과는 RFNA 때보다 나쁘다. 산의 품질이 저하되고 드럼이 손상될 뿐 아니라, 걸쭉하고 진하며 회녹색의 혐오스러운 외관, 역겨운 특성 그리고 미스터리한 조성을 가진 슬러지가 생성되어 침전한다. 필자는 바닥에 슬러지 12인치가 빽빽이 들어찬 혼합산 드럼도 보았다. 설상가상으로 드럼이나 탱크로리에 압력이 점점 증가해서 이를 주기적으로 배출해야 했다. 그리고 그때 들이마신 수분이(혼합산은 흡습성이 극히 높다) 부식을 가속화한다. 2년 안에 해군의 값비싼 탱크로리와 드럼은 죄다 폐기 처분되어야 했다.

또 다른 가능성은 백연질산WFNA이었는데, 이는 적어도 쏟아부었을 때 치명적인 NO_2 구름을 발생시키지는 않았다. 그러나 그 어는 점이 받아들일 수 있기에는 너무 높았다. (순수한 HNO_3는 −41.6℃에서, 상용 WFNA는 그보다 몇 도 낮은 온도에서 언다.) WFNA는 RFNA보다 더하지는 않아도 그 못지않게 부식성이 강했고, 많은 연료에 RFNA보다 덜 자동 점화되었다. 그리고 WFNA에게는 또 다른 비책이 있었다. 수년 동안 사람들은 가만히 둔 산 드럼이 서서히 압력이 증가해, 이를 주기적으로 배출해야 한다는 점에 주목했다. 하지만 그들은 이 압력이 드럼 부식의 부산물이라고 추정했고, 그에 대해 별로 생각하지 않았다. 그러나 그때 1950년 초쯤, 그들은 의심하기 시작했다. 그들은 WFNA를 유리 용기에 넣고 (광화학 반응이 결과를 복잡하게 만드는 것을 막기 위해) 어두운 곳에 두었는데, 경악스럽게도 압력 증가가 알루미늄 드럼에서보다도 더 빠르다는 것을 알게 되었다. 질산, 아니면 최소한 WFNA는 본질적으로 불안정하며, 저 혼자 저절로 분해된다. 이는 혐오스러운 상황이었다.

네 번째 가능성은 N_2O_4였다. N_2O_4는 말마따나 독성이 있지만, 야전에서의 취급을 피할 수만 있다면 별 문제가 되지 않았다. 그리고 N_2O_4는 물이 들어가지 않게 하는 한, 사실상 대개의 금속에 부식성이 없었다. 당신은 그것을 알루미늄 혹은 스테인리스에 보관할 필요도 없었다—일반적인 연강mild steel이면 충분했다. 따라서 미사일 탱크는 공장에서 채워질 수 있으며, 운용 인원은 N_2O_4를 보거나 냄새 맡거나 들이마시는 일이 결코 없을 것이다. 그리고 그것은 보관시에 더할 나위 없이 안정했고, 어떤 압력도 차지 않았다. 그러나 그 어는점은 −9.3℃였고, 이는 군이 받아들이지 않을 것이었다.

이와 같이 4가지의 산화제를 사용할 수 있었기 때문에 우리에게 골칫거리가 4세트였다—그리고 우리가 어느 정도 만족스럽게 사용할 수 있는 것은 아무것도 없었다. 이 상황은 '산 전투the battle of the acid'라 불릴 수 있는 것으로 이어졌는데, 약 5년간 계속되었으며 로켓 업계에 있는—그리고 그렇지 않은 사람들도 다수—거의 모든 화학자가 거기에 관여했다.

분명히 모두에게 몫이 돌아가고 남을 만큼 많은 문제가 있었다. 결과적으로 연구는 수십 가지 다른 방향으로, 때로는 모순되는 방향으로 진행되었다. 몇몇 그룹은 WFNA의 어는점을, 합리적인 (혹은 −100°F를 달성하려고 애쓴 경우에는 불합리한) 수치로 낮추기 위한 온갖 첨가제를 이용하여, 직접적으로 공격했다. 벨 에어크래프트Bell Aircraft의 그린우드R. W. Greenwood와 NACA 루이스 비행추진연구소Lewis Flight Propulsion Laboratory, LFPL의 밀러R. O. Miller는 둘 다 질산 암모늄과 동 염의 50% 수용액을, 72% 과염소산(무수물은 다루기가 전적으로 너무 민감했다)과 질산 칼륨 50% 용액(건조 염은 WFNA에 거의 불용성이었다)을 조사했는데, 이것은 WADC에서 제안했다. 그들은 어는점을 원하는 데까지 낮추었지만 견딜 수 없는 대가를 치렀다. 모터에서의 점화는 느린 데다 자주 폭발성이었고, 연소는 거칠고 불만족스러웠다. 그리고 KNO₃ 용액에는 또 다른 약점이 있었는데, 이는 예상치 못했던 것이었다. 그것이 연소되었을 때 배기 흐름에 칼륨 이온 및 유리 전자―실제로는 플라스마―가 고농도로 들어 있었는데, 전파를 미친 듯이 흡수하고 미사일의 레이더 유도를 완전히 불가능하게 하곤 했다. 그린우드는 몇 가지 유기 첨가제를 시도했는데, 그중에 아세트산 무수물과 2,4,6 트라이나이트로페놀도 있었지만 그 접근법은 가망 없는 일이었다. 질산은 결국에는 아세트산 무수물과 반응한다―그리고 트라이나이트로페놀에 대해 말하자면, 추진제에 고폭약을 때려 넣는 것은 그다지 매력적인 생각이 아니다.

캘러리 케미컬 컴퍼니Callery Chemical Co.의 셰크터W. H. Schechter

는 판단력보다는 용감성으로 무수 과염소산을 조사했지만, 감당할 수 있는 첨가제 비율로는 그가 원하는 어는점 강하를 얻을 수 없다는 것을 알게 되었고, 나이트로늄 퍼클로레이트도 시도해 보았다. 그는 이렇다 할 만한 어는점 강하를 얻지 못했고, 혼합물의 안정성은 스트레이트 WFNA의 안정성보다 나빴으며, 그 부식성은 극도로 흉포했다. 그가 시도한 다른 첨가제 하나는, 스탠더드오일 컴퍼니 오브 인디애나의 즐레츠A. Zletz가 했던 것과 같이, 나이트로메테인이었는데, 즐레츠는 에틸 및 2프로필 동족체도 조사했다. 나이트로메테인은 물론 전체 중 최고의 강하제였고, 아무 문제 없이 어는점 −100°F에 도달했지만, 해당 혼합물은 쓸모가 있기에는 너무 민감하고 폭발할 공산이 컸다.

캘리포니아 리서치의 마이크 피노는 아질산 나트륨(효과가 있었지만, WFNA와 서서히 반응하여 질산 나트륨을 생성했는데, 이것이 침전했다)과 코발트 아질산 나트륨을 시도했으며, 동 염 4% 플러스 물 1%가 **무수산**의 어는점을 −65°F로 낮출 수 있다는 사실을 알게 되었지만, 그는 적정량의 물로는 매직 −100°F에 도달할 수 없었다. 그는 언제나 물이 점화 지연에 미치는 (치명적인) 영향을 아주 잘 의식하고 있었기에, 대량의 물이 들어 있는 어떤 시스템도 피했다. 혼합물은 또한 불안정했다. 그래서 그는 또 다른 방침을 취했고, 혼합산으로 할 수 있는 일이 없는지 알아보려 작업에 착수했다. 그는 이미 나이트로실황산, $NOHSO_4$를 사용해 보았고, 그것이 황산보다 더 나은 어는점 강하제이지만, 슬러지를 만들어 내는 데는 더 나쁘다는 것을 알게 되었다. 그다음 그는 알케인설폰산, 특히 메테인설폰산으로 눈을 돌려, 메테인설폰산이 16% 들어간 WFNA가 −59℃가 되어서야 어는 혼합물을 내놓는 것을 알았다. 그러나 그것은 때때로 응고되기 전에 그보다 상당히 낮게 과냉각될 수 있었다. 이것은 유망해 보였다. 이는 그가 당시 고려하고 있던 연료(알릴아민류와 트라이에틸아민의 혼합물)와 좋은 점화를 제공했다. 그 부식성은 WFNA 혹은 일반 혼합산의 부식성과 비슷하거나 그보다 약간 낮았지만, 그것은 한 가지 빛나는 장점이 있었다—슬러지가 생기지 않는 것이다. 유사한 혼합산이 노스아메리칸 에이비에이션에서 거의 동시(1953년)에 조사되었다. 이것은 메테인설폰산 대신에 플루오로설폰산을 사용했으며, 그 특성은 대부분 다른 혼합물의 특성과 매우 유사했다. 그러나 이쯤에는 아무도 관심이 없었다.

많은 사람들은 WFNA의 어는점보다 그것의 점화 지연에 더 관심이 있었다. 그래서 그들은 물이 점화 지연에 미치는 영향을 정확하게 알아내기 위해 얻을 수 있는 가장 건조한 산을 얻으려 했다. 얼라이드 케미컬 앤드 다이 코퍼레이션Allied Chemical and Dye Corp.의 종합화학부General Chemical division가 도움을 줄 수 있고, 줄 것이었다. 그들의 산 증류기 중 하나가 분명 대단히 효율적이어서 물을 1% 미만으로 함유한 산을 생산하곤 했다. 당신이 특별 주문을 넣으면, 보호용 알루미늄 드럼 안에 든 14갤런 유리 카보이carboy로 배송된다. 제품이 도착하면 산의 분해를 늦추기 위해 카보이를 콜드 박스—차가울수록 좋다—에 보관하는 것이 바람직했다.

이 '무수'산을 이용한 연구는 WFNA와의 점화 지연이 그것의 물 함량에 결정적이고 압도적으로 좌우된다는, 남아 있는 일체의 의혹을 불식했다. 다른 것은 아무것도 중요하지 않았다.

당신이 미사일에 산을 채워 넣고 무사히 버튼을 누를 수 있기 전에, 당신의 산에 물이 얼마만큼 들었는지 알아야 한다는 것이 극히 분명해졌다. 야전에 분석화학 실험실을 설치하는 것이 이론적 논의와 구분되는 구체적인 행동을 위한 문제가 아니라는 점도 마찬가지로 분명했다. 그래서 질산 분석을 위한 '현장 분석법'에 대한 절박한 요구가 터져 나왔다. 고객이 원한 것은 물론 문제의 산 샘플을 삽입할 수 있는 (혹은 샘플을 향해 겨누기만 해도 된다면 더 좋고) 작은 블랙박스였다. 그러면 사용 가능한 산이라면 박스에 초록불이, 불가한 것이면 빨간불이 들어오는 것이다.

그와 같은 작은 블랙박스를 구하기는 그리 쉽지 않았다. 그러나 두 사람이 그러한 장치를 발명하려고 했다.

첫 인물은 공군에서 일하는 서던 리서치 인스티튜트Southern Research Institute의 화이트L. White 박사였다. 그의 발상은 간단하며 직접적이었다. 질산에 용해된 물은 근적외선에 흡수선이 있다. 당신은 그저 샘플을 통해 적절한 파장의 IR을 비추고 흡수를 측정하기만 하면 된다. (N_2O_4 함량 측정에는 다른 IR 흡수대를 사용할 수 있다.) 깔끔하고, 간단하다—이는 아무 로켓 정비사나 할 수 있다.

그러나 일은 그렇게 풀리지 않았다. WFNA와 그 연기의 부식성으로 인해 예상되는 어려움이 있었으며(예상보다 더 나빴을 뿐이었다), 둘 다 블랙박스를 썩기 위해 최선을 다했다. 그러나 그때 훨씬 더 당혹스러운 무언가가 나타났다. 화이트는 그가 말할 수 있는 한 물이 전혀 들어 있지 않은, 틀림없는 무수산 샘플을 취했다. 그럼에도 불구하고 IR 흡수대가 아직도 거기 떡하니 찍혀 있었다. 질산은 대부분의 사람들이 생각했던 것보다 좀 더 복잡한 물질인 것 같았다.

질산이 그렇다. 100% 질산—순수한 질산 수소hydrogen nitrate—을 보자. (필자는 당신이 그런 물질을 얻는 일을 어떻게 시작할지의 문제는 검토하지 않겠다.) 그것은 HNO_3로 나타나고는 끝인가? 질산은 그런 것이 결코 아니다. 잉골드Ingold와 휴스Hughes, 더닝Dunning, 그리고 다른 사람들이 1930년대와 1940년대에 수행한 연구는 다음과 같은 평형이 있음을 보여 주었다.

$$2HNO_3 \rightleftarrows NO_2^+ + NO_3^- + H_2O$$

그래서 틀림없는 '무수'산에도 존재하는 약간의—많이는 아니고 약간의—'종種' 물이 있다. 그래서 '분석상의' 물이 사람들이 관심을 갖고 있었던 것이었는데, 그것과 광 흡수 사이의 관계가 선형적이지 않으며, 교정 곡선을 그리려면 수십 개의 산 샘플을 분석해야 한다. 화이트는 교정에 착수했다.

NARTS에서 해군을 위해 일하고 있던 필자는 또 다른 블랙박스 개발자였다. 필자의 방법은 산의 전기 전도도에 기반했다. 당신이 순수pure water를 가져다가 질산을 첨가하기 시작하면, 기묘한 일이 일어난다. 전도도는 처음에 순수의 사실상 영(0)인 전도도에서 증가하여, 약 33% 산에서 브로드 맥시멈의 반응을 보인다. 그런 다음 감소하여 약 97.5% 산에서 미니멈에 도달한 다음, 다시 상승하기 시작하여 당신이 100% HNO_3에 도달할 때도 여전히 증가하고 있다. 설상가상으로 N_2O_4가 NO^+ 및 NO_3^-로 부분적으로 이온화하기 때문에 산에 있는 N_2O_4의 존재도 전도도를 변화시킨다.

한동안 헤맨 후, 1951년 봄에 필자는 다음과 같은 접근 방식을 취했다. 필자라면 산 샘플을 세 파트로 나누겠다. 파트 1은 가만히 두었다. 파트 2에 필자는 소량의 물을, 산 50cc에 2.5cc를 첨가했다. 파트 3는 산 10에 물 30cc로 더욱더 넉넉하게 희석했다. 그리고 나서 필자는 세 파트의 전도도를 측정하고 컨덕턴스 1:컨덕턴스 2, 그리고 컨덕턴스 2:컨덕턴스 3, 이렇게 두 비율을 구했다. (이러한 비율을 취하면 전도도 셀 상수cell-constant가 제거되고 온도 변화의 영향이 감소했다.) 그러면 산의 물 및 N_2O_4 함량을, 이론상으로는 두 비율로부터 추론할 수 있다. 이후에, 물론 서로 다른 그러나 **알려진 조성의 산 샘플 150개가량의 전도도를 측정하여 분석법을 교정**했다.

그런데 당신은 산의 조성을 어떻게 알게 되는가? 물론 분석해서이다. 그것은 누구나 안다. 그래서 아무도 현장 분석법을 교정할 만큼 정확하게 질산을 분석할 수 없다는 사실을 알게 된 것은 블랙박스 개발자에게 다소 충격적이었다.

교정 분석법은 분명 교정된 분석법보다 더 나아야 한다—그런데 질산의 물 함량을 0.1%까지—일상적으로—알아낼 수 있는 사람은 아무도 없다. N_2O_4는 쉬웠다—황산 세륨(IV)을 이용한 적정은 빠르고 정확했다. 그러나 물을 알아내는 직접적인 분석법은 없었다. 당신은 전체 산(HNO_3 플러스 N_2O_4)을 알아낸 다음 N_2O_4를 알아내고, 그리고 나서 차이—대량과 대량 간의 작은 차이—로 물을 구해

점화!

야 한다.

가령 당신의 분석이 N_2O_4 0.76%, 그리고 질산 99.2%, 플러스 혹은 마이너스 0.2%(산을 0.2%까지 확신할 수 있는 실력자다!)로 나왔다고 한다면, 당신의 물 함량은 얼마인가? 0.04%? 마이너스 0.16%? 0.24%? 당신은 어느 쪽인지 정할 수 있다―모르기는 피차 마찬가지이다.

물에 대한 직접적인 분석법을 찾으려는, 하나같이 성공적이지 못한 많은 시도가 있었지만, 필자는 단순 무식하게 가기로 정했고, 고전적인 분석법을 현장 분석법 교정에 사용할 수 있을 때까지 개선하고자 단단히 작정하고 나섰다. 생각할 수 있는 모든 오차의 원인을 조사했는데―고전적인 산 염기 적정이 얼마나 많은 방식으로 잘못될 수 있는지 알게 된 것은 놀라운 일이었다. 1.4노르말 NaOH 5 갤런을 조제하면서, 그 농도를 전량 통틀어 10,000분의 1 이내로 균일하게 하려면 용액을 한 시간 내내 저어야 한다는 것을, 다들 고생을 해 봐야 알지, 아무도 믿지 않았을 것이다. 저장 용액 병에 공기가 들어갈 때 동일한 용액의 트랩trap을 통해 버블링bubbling되어야 한다는 것도 그렇다. 그렇지 않으면 실험실 공기 중의 습기가 NaOH의 상층부를 희석하여 당신의 일을 엉망으로 만들 것이다. 당신이 1.4N 알칼리로 페놀프탈레인 종말점에 도달할 때, 분홍색이 식별할 수 있는 가장 옅은 색조일 때까지 0.1N HCl로 역적정하는 것이 바람직하다(이와 같이 마지막 방울을 분할한다)는 것도 마찬가지이다. 그러나 믿을 수 있는 결과가 필요한 경우 이 모든 예방 조치와 개선이 필요하다.

가장 중요한 개선 사항은 온도조절기가 있어 25℃를 유지하는 특제 정밀 뷰렛의 사용이었다. (1.4N NaOH의 팽창 계수는 잘 알려져 있지 **않았는데**, 설령 그렇다 하더라도 누군가 분명히 그것을 거꾸로 집어넣곤 했다!) 뷰렛은 에밀 그라이너 컴퍼니Emil Greiner Co.에서 필자를 위해 만든 것이며, 이를 위해 납세자들이 개당 75달러를 낸다. 그것들이 어찌나 잘되었는지, 어떤 다른 기관은 필자에게서 하나를 빌렸다가 반납하는 것을 잊어버리는 개탄스러운 버릇이 들었다.[2]

작업은 거의 일 년이 걸렸지만, 이것을 완료하자 산에 들어 있는 물을, **차이**로, 0.025%까지 알아낼 수 있었다. 그리고 분석은 일 년 전의 조악한 분석보다 오래 걸리지도 않았다.

교정은 그다음에는 수월하게 진행되었는데, 완전 무수산이 필요할 때 맞닥뜨리는 어려움만이 일을 복잡하게 만들 뿐이었다. 그러한 물질을 만드는 고전적인 방법은 P_2O_5와 WFNA를 혼합한 다음, 진공하에서 건조 산을 증류해 내는 것이었다. 이것은 지긋지긋하게 성가신 일이었고—세 시간을 작업하면 무수산 10cc를 얻을 수 있다—우리의 경우에는 무수산이 리터로 필요했다. 그래서 노력이나 관심이 전혀 필요하지 않은 간단한 방법을 생각해 냈다. 우리는 큰 플라스크에 100% 황산 약 2L를 넣은 다음, WFNA를 3배쯤 채웠다. 그런 다음 플라스크를 약 40℃로 유지하면서, 플라스크를 통해 건조한 공기를 불어넣고, 배기 흐름에서 최대한 많은 산을 응축하려

---

2 누구라고 말은 안 했지만, 주께서 WADC의 닥 해리스를 벌하실 것이다!

점화!

했다. 우리는 저녁에 장치를 돌리기 시작했고, 다음 날 아침이면 무색투명한 산(N_2O_4가 모두 날아갔음) 1 내지 2L 정도가 냉동 보관되기를 기다리고 있었다. 그것은 99.8% 내지 100%를 초과하는 산으로 분석되곤 했다—마지막 것은 물론 과량의 N_2O_5를 함유한다. 이 방법은 끔찍하게 비효율적이었지만—우리는 배기에 들어 있는 산의 2/3를 손실했다—파운드에 9센트 하는 산인데, 무슨 상관인가?

화이트는 1951년 말에 물과 N_2O_4에 대한 그의 완전한 광학 분석법을 발표했고, 필자는 9개월 뒤에 필자의 전도도 분석법을 발표했다.[3] 두 블랙박스 모두 잘 작동했다. 그리고 나서 자연스럽게 모두가 WFNA에 흥미를 잃었다.

이 시기에 정리된, 질산과 관련된 몇 가지 다른 분석 문제들이 있었다. WADC의 해리스 박사는 RFNA를 위한 독창적인 유리 및 테플론Teflon 샘플 홀더를 설계했는데, 이는 적정 전에 산을 희석할 때 N_2O_4의 손실을 방지하는 것을 가능케 했고, RFNA가 WFNA에서 가능한 것과 동일한 정확도로 분석되게 했다. 그리고 필자는 혼합산과 마이크 피노의 WFNA 및 메테인설폰산 혼합물에 대한 분석을 고안했다. 우리가 필요로 했던 결과를 얻기 위해 내몰렸던 기이한 방편을 보여 줄 수만 있다면, 이것들은 기록할 가치가 있다. 두 경우 모두 개선된 WFNA 분석에서 하는 그대로 N_2O_4와 전체 산을 알아

---

3 약 16개월 후인 1954년 1월, JPL의 데이브 메이슨Dave Mason과 그의 동료들은 또 다른 전도도 분석법을 서술했는데, WFNA뿐만 아니라 RFNA에도 잘되곤 했다. 두 전도도 측정이—아무것도 섞이지 않은 산의 전도도와 KNO_3로 포화된 산의 전도도—둘 다 0℃에서 이루어졌다. 이 두 측정으로부터 N_2O_4와 H_2O를 교정 차트를 이용하여 도출할 수 있었다.

냈는데, 문제는 첨가제 산을 알아내는 것이었다. 혼합산의 경우, 샘플에 들어 있는 질산의 대부분이 폼알데하이드로 파괴되었고, 생성된 폼산은 메탄올과 반응해 폼산메틸로 증발했다. (피어오르는 연기는 예외 없이 불이 붙었고 스펙터클한 푸른 불꽃으로 타올랐다.) 남은 것을 그리고 나서 물과 n-프로판올의 끓는 혼합물에 쏟아 버리고, 아세트산 바륨으로 전도도 적정했다. 이는 이상한 절차처럼 들리지만 효과가 끝내주었고, 누구나 바라는 만큼 정밀한 결과를 제공했다. 마이크 피노의 혼합물은 다르게 처리해야 했다. 질산을 따뜻한 폼산과 반응시켜 파괴하고, 남은 것은 빙초산 매질에서 아세트산에 들어 있는 아세트산 나트륨으로 전위차 적정했다. 전극 하나는 pH 측정에 사용하는 것과 같은 통상적인 유리 전극glass electrode이고, 다른 하나는 아세트산 내에 있는 포화된 염화 리튬을 이용한, 변형된 칼로멜 전극calomel electrode이었다. 이번에도 이상하지만 효과적인 분석이었다. 그리고 이런 분석법들이 잘 풀리자마자 모든 사람이 둘 중 어느 혼합산이든 사용을 중단했다!

여러 면에서 N_2O_4는 산화제로서 질산보다 더 매력적이었다. N_2O_4는 성능이 조금 더 우수했고, 부식 문제도 그렇게 많지 않았다. N_2O_4의 주된 문제점은 물론 어는점이었고, 따라서 몇몇 기관들이 그에 대해 조치를 취하려고 했다. 어는점 강하제의 유력한 후보는 산화 질소, NO였다. 비토르프Wittorf는 보메Baumé와 로베르Roberts가 1919년에 했던 것처럼, 일찍이 1905년에 동 혼합물의 상 거동을 조사했다. 하지만 NO와 N_2O_4의 혼합물은 아무것도 섞지 않은 사산화 질소보다 증기압이 더 높았기에, 몇몇 낙관론자들은 증기압을

점화!

높이지 않고 어는점을 낮추는 첨가제를 찾으려고 노력했다. 이는 하기 꽤 쉬운 것으로 드러났지만—많은 것들이 N_2O_4에 녹는다—용납할 수 없는 대가를 치렀다. JPL의 콜L. G. Cole은 1948년에 모노 및 다이 나이트로벤젠, 피크르산 그리고 질산 메틸 같은 것들을 시도했고, 그의 혼합물을 조사하자마자 그가 극도로 민감하고 신경질적인 고폭약을 떠안았다는 것을 알게 되었다. 3년 후 노스아메리칸의 톰프슨T. L. Thompson은 나이트로메테인, 나이트로에테인, 나이트로프로페인을 시도했으며, 같은 발견을 했다. 캘러리 케미컬 컴퍼니의 콜린스Collins, 루이스Lewis, 셰크터는 테트라나이트로메테인TNM은 물론, 1953년에 이와 같은 나이트로알케인류를 시도했으며, 사산화 질소, 나이트로메테인 및 TNM에 대한 삼원 상태도를 알아냈다. 또다시—고폭약이었다. 거의 동시에 에어로제트의 버킷S. Burket은 그들보다 한술 더 떠서 이들 화합물뿐 아니라 위험하기로 유명한 나이트로폼, 플러스 다이에틸 카보네이트, 다이에틸 옥살레이트, 다이에틸 셀로솔브cellosolve도 시도했다. 그리고 그의 혼합물 역시 일어날 곳을 찾는 재앙에 불과했다. 질소 산화물에 아무 문제 없이 녹을 수 있는 거의 유일한 것은 또 다른 질소 산화물인 것 같았다.

톰프슨은 1951년에 아산화 질소를 시도했으며, N_2O_4에 별로 용해되지 않는다고 발표했는데, 이는 듀폰du Pont의 로커W. W. Rocker에 의해 확인되었다. 그래서 산화 질소여야 했다.[4]

---

4 JPL의 콜은 1948년에 N_2O 41.5%와 나머지는 N_2O_4인 혼합물이 어는점이 −51℃이고 끓는점이 33℃라고 발표했다. 이들 수치는 다른 모든 이의 경험과 너무나도 철저히 모순되어서 완전히 불가해하다.

NO는 N_2O_4에 극히 효과적인 어는점 강하제이다. NO가 압력하에 혹은 저온에서 후자와 결합하여 불안정한 N_2O_3를 생성하는데, 그래서 순수한 N_2O_4와 N_2O_3에 해당하는 조성 간에 공융eutectic이 생기고, 그래서 소량의 NO 첨가가 어는점에 지나치게 큰 영향을 미친다. NOTS(해군병기시험장)의 메이크피스G. R. Makepeace와 그의 동료들은 1948년에 25%의 NO가 사산화 질소의 어는점을 요구되는 −65°F 이하로 낮추고, 30%가 어는점을 매직 −100°F 훨씬 밑으로 떨어뜨린다는 것을 보일 수 있었다. 그러나 160°F에서 후자 혼합물의 증기압은 약 300psi로, 용납할 수 없을 만큼 높았다. 몇몇 연구원들이 이 시스템을 검토했는데, 그중에는 노스아메리칸의 톰프슨과 시의적절하게도 얼라이드 케미컬 앤드 다이 코퍼레이션 질소 사업부Nitrogen Division의 맥고니글T. J. McGonnigle이 있었지만, 최종적인 연구는 JPL과 NOTS에서 나왔다.

1950년에서 1954년 사이 NOTS의 휘태커Whittaker, 스프레이그 Sprague 및 스콜닉Skolnik과 그들의 그룹, 그리고 JPL의 세이지B. H. Sage와 그의 동료들은 알아내는 수고를 할 만한 가치가 있다고 생각되는 발견거리를 하나도 남기지 않은 철저함으로 사산화 질소−산화 질소 시스템을 조사했다. 그들의 세심한 연구는 몇 년 후에 타이탄 II가 그 N_2O_4 산화제와 함께 개발되었을 때 결실을 맺을 것이었다.

몇몇 기관은 여러 가지 연료와 함께 혼합 질소 산화물mixed oxides of nitrogen, MON(MON−25 혹은 MON−30든 무엇이든 숫자는 혼합에 들어간 NO의 비율을 표시한다)을 시도했고, MON으로는 아무것도 섞지 않은 사산화 질소보다 좋은 성능(이론 성능의 높은 비율)을 얻는 것이 더 어렵다는 점을 알게 되었다. NO의 엄청난 속도론적 안정성이 연소 반응을 둔화한 것으로 보였다. 이 이유로, 그리고 그 높은 증기압 때문에 연구자들은 수년간 MON을 외면했다. (어떤 우주 로켓들은 오늘날 MON-10을 사용한다.)[5]

그리고 또 다른 이유가 있었다. RFNA가 길들여진 것이다. 두 가지가 그렇게 했는데, 오하이오 주립대학교와 JPL에서 일련의 세심한 연구를 통해 분해 및 압력 증가 문제를 해결했으며, NARTS에서는 전혀 예상치 못한 돌파구를 통해 부식 문제를 무시해도 될 정도로 줄였다. 이러한 문제가 해결되면 산이 공장에서 미사일에 '포장' 혹은 주유될 수 있으므로, 야전에서 산을 다루지 않아도 되었다. 그리고 그것은 그 유독 가스 문제를 해결했고, 산 화상의 위험을 없앴다.

1951년 초쯤에는 질산의 본질과 거동을 이해할 수 있게 되었다. 질산은 말마따나 극도로 복잡한 시스템이었지만—필자는 그것을 한 물질이라 하기가 무척 어렵다—그래도 그것을 어느 정도 이해할 수 있게 되었다. 1950년 일련의 논문으로 발표된 잉골드C. K. Ingold 교수와 그 동료들의 기념비적인 연구는 시스템에 있는 다양한 종들 사이에 존재하는 평형을 명확히 했고, 같은 해 독일의 프랑크Frank 와 시르머Schirmer는 그 분해를 설명했다. 간단히 말해서, 이것이 그

---

5 그리고 약 0.6%의 NO를 함유하며 투과광으로 녹색인 '그린' N_2O_4가 최근 들어 개발되었다. NO는 타이타늄의 응력 부식stress corrosion을 감소시키는 것으로 보이며, 또한 N_2O_4에 있는 용존 산소를 포집scavenge한다.

들의 연구가 보여 준 것이다.

첫째, 아주 진한 질산에는 평형이 있다.

$$(1) \qquad 2HNO_3 \rightleftarrows H_2NO_3^+ + NO_3^-$$

그러나 $H_2NO_3^+$의 농도는 그 또한 평형 상태에 있으므로, 어느 때라도 극히 낮다.

$$(2) \qquad H_2NO_3^+ \rightleftarrows H_2O + NO_2^+$$

그래서 사실상 다음과 같이 적고,

$$(3) \qquad 2HNO_3 \rightleftarrows NO_2^+ + NO_3^- + H_2O$$

$H_2NO_3^+$를 무시할 수 있다. 묽은 산에서 평형은,

$$(4) \qquad H_2O + HNO_3 \rightleftarrows H_3O^+ + NO_3^-$$

따라서 약 2.5% 미만의 물을 함유한 산에서는 NO_2^+가 주요 양이온이고, 그 이상을 함유하는 산에서는 H_3O^+가 그 역할을 맡는다. 정확히 2.5% 물에서는 둘 중 어느 것도 거의 존재하지 않는데, 이는 그곳에서 관찰된 전기 전도도 최저치를 아주 깔끔하게 설명한다. NO_2^+가 강산에서 활성 산화성 이온인 경우(그리고 필자는 몇 년 뒤에 했던 몇몇 부식 연구 과정에서 그렇다는 것을 입증했다) 물이 점화 지연에 미치는 영향이 분명하다. 식 (3)은 건조 산에 물을 첨가하면 활성 종인 NO_2^+의 농도가 감소함을 보여 준다. NO_3^-의 첨가도 같은 일을 할 것인데—이는 NH_4NO_3를 함유한 산에서 관찰된 좋지

점화!

못한 연소를 설명한다.

나이트로늄(NO_2^+) 이온은 예를 들어 이중 혹은 삼중 결합에 밀집된 전자들과 같은, 연료 분자에 있는 네거티브 사이트에 당연히 끌릴 것이다—이는 점화 지연 단축에 다중 결합이 바람직하다는 것에 관한 루 랩의 말이 옳았음을 보여 주는 데 아주 도움이 된다.

NO_2^+ 이온은 또한 다음 반응으로 강산에서 나이트라이트의 불안정성을 설명한다.

$$NO_2^- + NO_2^+ \rightarrow N_2O_4$$

강산에 N_2O_4가 존재하면, 또 다른 평형 세트가 나타난다.

(5) $\qquad 2NO_2 \rightleftarrows N_2O_4 \rightleftarrows NO^+ + NO_3^-$

이 모든 것의 결과는 (용매화를 무시해도) N_2O_4를 함유한 강산에 적어도 다음 7종이 주목할 만한 양이 있다는 것이다.

HNO_3	NO_2^+
N_2O_4	NO^+
NO_2	그리고
H_2O	NO_3^-

게다가 미량의 H_3O^+ 및 $H_2NO_3^+$도 있을 수 있다. 그리고 그것들은 모두 연동 평형 상태에 있다. 그러나 이것은 압력 상승을 설명하지 못했다. 질산은 다음의 총반응gross reaction으로 분해된다.

(6) $$4HNO_3 \rightarrow 2N_2O_4 + 2H_2O + O_2$$

하지만 어떻게 말인가? 자, 프랑크와 시르머는 시스템에 존재하는 또 하나의 평형과 또 하나의 종이 있음을 보여 주었다.

(7) $$NO_3^- + NO_2^+ \rightleftarrows N_2O_5$$

그리고 N_2O_5는 불안정하며 다음 반응에 의해 분해되는 것으로 잘 알려져 있었다.

(8) $$N_2O_5 \rightarrow N_2O_4 + \tfrac{1}{2}O_2$$

그러면 O_2가 기본적으로 질산에 불용이므로, 기포로 빠져나오고 압력이 증가하며 산은 NO_2로 인해 붉게 변한다.

이를 어떻게 해야 할까? 두 가지 가능한 접근 방식이 있었다. 식 (6)은 대번에 알 수 있는 접근 방식을 제안한다. 식의 오른쪽에 있는 종의 농도를(혹은 산소의 경우 압력을) 증가시키고, 평형을 강제로 되돌린다. 당신의 WFNA 위에 산소를 그저 두텁게 까는 것만으로는 도움이 되지 않는다는 것이 곧 분명해졌다. 평형 산소 압력은 너무 높았다. 필자는 실제로 로켓 정비사들이 드럼의 부푼 정도를 측정하여 분해되는 WFNA에서 발생한 산소 압력을 알아내려 애쓰는 머리카락이 쭈뼛해지는 광경을 본 적이 있고—보고는 소스라치게 놀랐다! 제로 얼리지zero ullage(탱크에 눈에 띄게 비어 있는 공간이 없음)에서 100% 산에 대한 평형 산소 압력은 160°F에서 70기압을 훨씬 넘는 것으로 드러났다. 아무도 그런 폭탄으로 작업하고 싶어

하지 않는다.

평형 산소 압력을 낮추려면, 당신은 분명히 N_2O_4나 물 농도를 혹은 둘 다를 증가시켜야만 한다. WFNA와 무수산은 확실히 아웃이었다.

N_2O_4 50%까지 그리고 H_2O 10% 내외까지—또한 실온에서 120℃까지, 관심 조성 범위 전체에 대해 질산-N_2O_4-H_2O 시스템의 상 거동과 평형 압력 및 조성을 매핑mapping하는 영웅적인 과업을 맡은—그리고 완수한—것은 JPL의 메이슨D. M. Mason 및 그 팀원들과 오하이오 주립대학교의 케이Kay 및 그의 그룹이었다. 이들 그룹이 일을 마쳤을 때쯤에는(1955년까지 모든 연구가 발표되었다) 질산에 대해 알 만한 가치가 있는, 정확히 밝혀지지 않은 것은 아무것도 없었다. 열역학, 분해, 이온학, 상 특성, 운반 성질, 모든 것 말이다. 그런 비참한 물질을 연구 대상으로 하는 데 따르는 어려움을 고려할 때, 그 업적은 영웅적이라고 해도 타당할 것이다.

그리고 그것은 성공했다. 160°F(71℃)에서도 그럭저럭 괜찮은 분해 압력(100psi보다 상당히 낮다)을 가진 RFNA를 섞어 만들 수 있었다. 제너럴 케미컬 컴퍼니General Chemical Co.는 N_2O_4 23%와 H_2O 2%를 함유한 것을 내놓은 데 반해, JPL 혼합물은, 그쪽에서 SFNAStable Fuming Nitric Acid(안정 발연질산)라고 부르는데, 각각 14%와 2.5%를 함유했다.

HNO_3-N_2O_4-H_2O 혼합물의 어는점도 곧 관심 범위 전체에 대해 매핑되었다. LFPL(루이스 비행추진연구소)의 밀러R. O. Miller, JPL의 엘버럼G. W. Elverum, WADC의 잭 고든Jack Gordon 등이 이 일에 관

여했는데, 1955년까지 완료되었다.

그들의 결과가 아주 잘 일치하지는 않았지만(혼합물은 자주 과냉각되었으며, 필자가 언급했듯이 RFNA는 세상에서 분석하기 가장 쉬운 것이 아니다), 그것들은 모두 제너럴 케미컬 컴퍼니 혼합물뿐만 아니라 JPL의 SFNA도 −65°F 아래에서 동결되었음을 보여 주었다. 이 무렵 해군이 느긋하게 즐기기로 결정하고 그들의 신비주의적 −100°F 요구를 철회하자, 너 나 할 것 없이 크게 안도의 깊은 한숨을 내쉬었다. 한 가지 과제는 끝낸 것이다!

부식 문제에 대한 해결책은—생각하고 보니—간단한 것으로 드러났다. 1951년 봄에 NARTS의 우리는 WFNA에 의한 18-8 스테인리스강, 구체적으로는 SS-347의 부식에 대해 흥미를 갖고—조사하고—있었다. 에릭 로Eric Rau는, 필자와 함께한 지 몇 달밖에 되지 않았는데(화학 연구실은 지난 여름이 되어서야 제대로 돌아가기 시작했다), 스테인리스강에 입힌 플루오라이드가 스테인리스를 산으로부터 보호할 수 있을지도 모른다고 생각했다. (그가 왜 그렇게 생각했는지 필자에게 묻지 마시라!) 그래서 그는 얼라이드 케미컬 앤드 다이의 제너럴 케미컬 컴퍼니 사업부에서 일하는 친구를 설득해, 우리의 SS-347 샘플 스트립을 몇 개 가져가 플랜트의 한 부분에서 다른 부분으로 HF를 이송하는 파이프라인 중 하나에 며칠간 그대로 두게 했다. 그런 다음 에릭은 이들 샘플의 내식성을 시험했고, 그것들이 처리되지 않은 스테인리스 못지않게 심하게 부식된 점을 알게 되었다. **그러나** 이 부식은 지연되었으며, 분명 하루 이틀이 지날 때까지 시작되지 않았다. 추론은 (1) 플루오라이드 코팅이 보호성이지만, (2) WFNA에서 오래가지 못한다는 것이었다. 그는 그렇다면 WFNA에 약간의 HF를 넣어 플루오라이드 코팅이 자가 치유되도록 하는 것이 가능할지 모르겠다고 생각했다. 하지만 우리 실험실에 있는 유일한 HF는 그 산의 일반적인 50% 수용액이었으며, 에릭은 본인의 WFNA에 물을 일절 첨가하고 싶지 않았다. 그래서 필자는 그에게 암모늄 바이플루오라이드, $NH_4F \cdot HF$를 써 보라고 추천했는데, 그것은 어쨌든 2/3 이상이 HF이고 다루기도 훨씬 쉽다. 게다가 우리에게는 아무도 사용하지 않는 암모늄 바이플루오라이드가 있었다. 그는 그것을 써 보았는데, 꿈인지 생시인지 그것이 효과가 있었다—우리의 가장 터무니없는 기대를 넘어서는 효능으로 말이다. 그것을 몇 주간 가지고 놀며 시간을 보냈는데, 산에 있는 0.5%의 HF는 어떻게 들어가 있든지 간에 스테인리스의 부식 속도를 10배 이상 낮추었고 0.5% 이상은 상황을 눈에 띄게 개선하지 못했다는 것을 보여 주었다. 우리는 이 결과를 1951년 7월 1일자 분기 보고서에 발표했지만, NARTS는 그때 개소한 지 2년밖에 안 되어 보아하니 아무도 우리 보고서를 읽으려 들지 않았다.

그러나 10월 10~12일 펜타곤에서 질산 문제를 전문으로 다루기 위한 회의가 있었는데, 산업계, 정부 및 군에서 온 추진제 지향적 인사들이 150명가량 참석했다. 필자가 갔고, 우리 그룹의 밀턴 시어 박사('엉클 밀티')도 갔는데, 11일 오후에 그가 에릭의 발견을 발표했다. 행사를 (우리에게) 정말 기분 좋게 한 것은 바로 그날 오전 다른 논문을 논의하는 중에 벨 에어크래프트의 그린우드R. W. Greenwood가 WFNA의 어는점 강하제로 암모늄 바이플루오라이드를 써 보았다고 말한 것이었고, 그런 다음 세 편의 논문 뒤에 노스아메리칸 에이비에이션의 톰프슨이 R.F.N.A.의 어는점 강하제로 무수 HF뿐만 아니라 수용액도 사용한 것에 관해 발표한 것이었다. 그리고 그 두 사람 다 부식 억제 효과를 완전히 놓친 것이었다!

그러자 너도나도—노스아메리칸, JPL, 웬만한 데는 거의 다—한 몫 끼려고 뛰어들었다. (우리는 이미 거기에 있었다.) 나중에 알고 보니, HF는 SS-347의 부식을 줄이는 것보다 알루미늄의 부식을 억제하는 데 훨씬 더 효과적이었다. 부식 억제는 WFNA에서 그런 것 못지않게 RFNA에서도 우수했다. 그리고 그것은 액체상에서뿐만 아니라 기체상에서도 효과적이었는데, 이경우 금속이 액면 위의 산 증기 속에 있었다.

그러나 HF가 알루미늄 및 18-8 스테인리스강에 대한 좋은 억제제이기는 했지만, 어디에나 효과적이지는 않았다. HF는 니켈이나 크로뮴의 부식에는 특별히 영향을 미치지 않은 반면, 탄탈럼에서 부식 속도를 2,000배, 타이타늄의 부식 속도를 8,000배 증가시켰다.

그 당시 타이타늄에 대한 관심이 많았고, 많은 로켓 엔지니어들이 그것을 쓰고 싶어 했기 때문에 RFNA에 대한 내식성 문제를 등한시할 수 없었다. 그러나 이러한 부식 연구는 생각지도 못했던 사고로 인해 중단되었다. 1953년 12월 29일 에드워드 공군기지의 기술자 한 명이 RFNA에 담긴 타이타늄 샘플 세트를 살피고 있었는데, 바로 그때 아무런 징조도 없이 그것들 중 하나 이상이 폭팽하여, 그를 묵사발을 만들고 산과 비산 유리를 뒤집어씌웠으며, 방을 NO_2로 가득 채웠다. 그 기술자는, 아마 그로서는 다행스럽게도 의식을 회복하지 못한 채 질식으로 사망했다.

예상대로 엄청난 대소동이 있었고, JPL은 무슨 일이 일어났는지 알아내기 위해 조사에 착수했다. 리튼하우스J. B. Rittenhouse와 그 동료들은 사실들을 찾아냈고, 1956년쯤 그들은 거의 확실히 알고 있었다. 초기 입계 부식intergranular corrosion은 (주로) 금속성 타이타늄의 미세한 흑색 분말을 만들어 냈다. 그리고 이것은 질산에 젖었을 때 나이트로글리세린이나 풀민산 수은만큼 민감했다. (추진 반응driving reaction은 물론 TiO_2의 생성이었다.) 타이타늄 합금이 전부 다 이런 식으로 행동하지는 않지만, 추진제 업계 사람들에 관한 한 그 금속은 수년간 미움을 사고도 남을 만했다.

타이타늄 대실패에도 불구하고 로켓 업계는 이제 쓸 만한 질산을 갖게 되었으니, WFNA와 RFNA에 대한 밀스펙을 다시 작성하는 것이 적절해 보였다.

1954년에, 그러니까 군과 산업계를 대표하는 그룹이 공군의 후원 하에 딱 그것을 하러 모였다. 필자는 해군 대표자 중 한 명으로 그곳에 있었다.

여러 사용자들은 아직 14% RFNA와 22% RFNA의 상대적 장점을 두고 논쟁을 벌였고, 일부는 여전히 WFNA를 좋아했다. 화학공업계는 무엇이든 흔쾌히 찬성하지 않을 이유가 없었다—"젠장, 이런 산이나 저런 산이나 만들기는 다 쉽다니까—그냥 원하는 것이 무엇인지 말만 해요!" 그래서 우리는 모두를 만족시킬 유일한 사양을 작성하기로 결정했다. 우리는 WFNA와 RFNA라는 용어를 공식적으로 폐기했고 자그마치 4종의 질산을 기술했는데, 이를 '제I, II,

Ⅲ, Ⅳ종 질산'처럼 놀랍도록 진부하게 표기했다. 이것들은 말하는 순서대로 명목상 0%, 7%, 14%, 21% N_2O_4를 함유했다. HF 억제 산을 원한다면 Ⅰ-A나 Ⅲ-A, 아니면 무엇이든 요청하고, 그러면 당신의 산은 0.6% HF를 함유할 것이다.

부식 억제는 너무나 예상 밖의—비록 간단하긴 했지만—비결이라 한동안 비밀에 부쳐지는 것이 당연한 일이었으므로, 필자는 공개적으로 발표된 스펙에 억제제의 특성을 묘사하는 것에 반대했다. 필자는 정보 계통에 아는 친구들이 있었고, 그들에게 철의 장막 저편에 그 비결이 알려져 있는지 여부를 조용히 알아봐 달라 부탁했다. 답변은 놀라운 속도로 돌아왔는데, 저쪽에서는 아직 모르며, 실은 소련의 HF 생산에 차질이 생겨 책임자가 시베리아에서 휴가를 보내고 있다고 했다. 그래서 필자는 극렬하게 그리고 상세히 이의를 제기했지만, 칼자루는 공군이 쥐고 있었고 필자의 이의는 기각되었다. 그리고 스펙이 발표되었을 때, 비밀은 영원히 탄로가 났다.

스펙에는 산 분석을 위한 절차들이 포함되어 있었다. 분석 절차는 HF에 대한 것 외에는 통상적이었는데, HF 분석은 플루오라이드 이온에 의한 지르코늄-알리자린 염료의 표백을 포함하는 복잡하고 까다로운 광학 분석법이었다. 필자는 필자의 연구실에서 그와 관계되는 것을 일절 거부했으며, 수고도 지능도 아무것도 필요 없는 간단한—단세포적이라고까지는 할 수 없지만—테스트를 급조했다. 당신은 폴리에틸렌 비커에 1부피의 산과 2부피의 물을 넣고, 연질 유리관에 밀봉하여 무게를 잰 자석 교반자를 그 속에 빠뜨린다. 그런 다음 그것이 밤새도록 돌아가게 놓아두고 교반자의 무게를 다시

잰다. 당신이 알려진 농도의 HF를 함유한 산으로 그 특정 유리 하나를 교정했다면, 그것이 당신에게 필요한 전부였다. 정확도는 목적에 부합하고도 남을 만큼 좋았다.

JPL의 데이브 메이슨은 HF를 추정하기 위한 또 다른 신속 간편 분석법을 내놓았다—거의 필자 것만큼 간단하고, 훨씬 빨랐다. 그것은 비색법이었는데, 플루오라이드 이온이 자주색 페릭 살리실레이트에 미치는 표백 효과에 좌우되었다.

나중에 밝혀진 것처럼, III-A종은 다른 것들을 서서히 몰아냈고 현재 **가장 중요한** 질산 산화제이다.[6] 엔지니어들은 그것을 IRFNA, 억제 적연질산Inhibited Red Fuming Nitric Acid이라고 하는데, 현재 엔지니어 집단 중에 다른 종류가 있긴 했다는 것도—혹은 '억제'가 의미하는 것을—알고 있는 사람은 거의 없다. 수년 전에 필자는 로켓 엔지니어라고 하는 자가 HF가 하나도 **들어가지 않은** RFNA로 스테인리스강 탱크를 채우는—그러고는 그의 산이 왜 녹색으로 변했는지 의아해하는—것을 보았다.

언급할 가치가 있는 유일한 다른 종류의 산은 '최고밀도 질산Maximum Density Nitric Acid'이다. 최고밀도 질산은 밀도가 극히 중요하고 어는점 요건은 별로 엄격하지 않은 응용 분야를 위해 에어로제트가 제안한 것이었다. 이것은 N_2O_4 44%를 함유하며, 밀도가 1.63이다. 일단 만족스러운 산을 찾자, 그 분석에 대한 관심은 영으로 떨어졌다. III-A는 UDMH와 너무나 부드럽게 자동 점화했고, 약간의 물

---

6 단 하나의 중요 모터—뱅가드Vanguard 및 소어 에이블Thor Able의 2단용—가 I-A 종 산(IWFNA)을 사용했는데, 그것을 UDMH로 태웠다.

은 거의 아무 영향을 주지 않았으며, 물을 먹지 않게 밀봉 상태로 보관할 수 있는데—그리고 HF가 들어간 산은 부식을 전혀 걱정할 것 없었다—그럼 왜 신경을 쓰는가? 가끔씩 구매하는 구매 대리인은 간혹 드럼을 분석할지 모르지만, 일반적인 관례는 제조사의 분석을 믿고—산을 탱크에 때려 넣고—발사하는 것이다. 그래도 잘 된다.

오늘날의 상황은, 그러니까, 이러하다. 전술 미사일의 경우, 추진제의 어는점이 중요한데, IRFNA III-A종이 산화제이다. 추력 47,000파운드의 랜스Lance가, 연료는 UDMH인데, 그 예시이며, 불펍Bullpup도 그러한데, UDMH, DETA 및 아세토나이트릴의 혼합물을 태운다. 우주에서는, 벨Bell의 대단히 믿을 만한, 추력 16,000파운드의 아제나Agena 모터가 또한 UDMH와 함께 IRFNA를 사용한다.

전략 미사일의 경우, 강화—및 난방이 되는—사일로에서 발사되는데, 다소 나은 성능을 가진, N_2O_4가 사용되는 산화제이다. 타이탄 II는 물론 미국의 ICBM 중에 가장 크며, 그 1단은 N_2O_4와 50-50 하이드라진-UDMH 혼합물을 사용하는, 추력 215,000파운드 모터 두 발로 추진된다.

21,500파운드 아폴로 기계선 엔진Apollo service engine부터, 이것도 50-50를 사용하는데, 아래로는 자세 제어에 사용되는 아주 작은 1파운드 추력기에 이르기까지, 다른 많은 N_2O_4 모터가 우주에서 사용된다. 연료는 하나같이 하이드라진 아니면 하이드라진 혼합물이다. 그리고 사용자들은 그 성능과 신뢰성에 만족스러워할 근거가 있다.

점화!

화학자들, 그리고 엔지니어들도 마찬가지인데, 그것을 다시 겪을 필요가 없다.

후기

1955년 5월 23일과 24일, 펜타곤에서 액체 추진제에 관한 또 다른 심포지엄이 열렸다. 1951년 10월 회의가 주로 어려움에 집중된 것이었다면, 1955년 5월 회의는 싸워 의기양양하게 승리한 일련의 전투를 설명하는 자리였다.

가장 재미있었던 대목은 ONR(해군연구청)의 버나드 혼스타인 Bernard Hornstein이 MMH 및 UDMH의 개발에 대해 이야기한 것, 그리고 노스아메리칸의 그린필드S. P. Greenfield가 NALARNorth American Liquid Aircraft Rocket의 우여곡절에 대해 이야기한 것이었다.

NALAR는 직경 2.75″의 공군용 공대공 미사일이었다. 요구 사항은 개략적이었다. 액체 추진제는 자동 점화성이어야 했다. 추진제는 또한 미사일을 완전 주유한 채 발사 가능 상태로 5년 동안 보관할 수 있도록 사전 주유 후에 밀봉이 가능해야 했다. 그리고 추진제는 −65°F에서 +165°F까지 어떤 온도에서나 작동해야 했다. 노스아메리칸은 1950년 7월에 개발을 시작했다.

그들이 시도한 첫 번째 산화제는 RFNA, N_2O_4 18%짜리였다. 처음부터 그들은 압력 증가, 그리고 부식과 씨름했다. 그러나 좋은 점화와 부드러운 연소를 얻고자 그들은 그것을 다음의 물질들로 연소했다.

	테레빈유
그리고	데칼린
그리고	2나이트로프로페인 플러스 10~20% 테레빈유
그리고	아이소프로판올
그리고	에탄올
그리고	뷰틸메르캅탄
그리고	톨루엔
그리고	알킬 싸이오포스파이트류
그리고	아무 진전이 없었다.

그런 다음 그들은 산화제를 MON-30, 즉 N_2O_4 70%, NO 30%로 바꾸고, 다음의 물질들로 부드러운 점화와 부드러운 연소에 대한 탐구를 재개했다.

	테레빈유
그리고	뷰틸메르캅탄
그리고	하이드라진
그리고	아이소프로판올
그리고	톨루엔
그리고	2메틸 퓨란
그리고	메탄올

그리고	항공 가솔린
그리고	테레빈유 플러스 20~30% 2메틸 퓨란
그리고	뷰틸메르캅탄 플러스 20~30% 2메틸 퓨란
그리고	아이소프로판올 플러스 30% 테레빈유
그리고	메탄올 플러스 20~25% 2메틸 퓨란
그리고	메탄올 플러스 30~40% 하이드라진
그리고	알킬 싸이오포스파이트류
그리고	테레빈유 플러스 알킬 싸이오포스파이트류
그리고	JP-4 플러스 알킬 싸이오포스파이트류
그리고	JP-4 플러스 10~30% 자일리딘
그리고	보통 거친 연소가 뒤따르는 잇따른 폭발성 시동을 달성했다.

이 무렵 1953년 봄이 도래했고, 엔지니어들은 질산 부식 억제에 HF의 용도를 알게 되었다. (이 효과가 2년 전에 발견된 점, 그리고 노스아메리칸 당사의 화학자들이 적어도 일 년 동안 HF를 연구 대상으로 삼아 왔다는 점은 어딘가 의사소통이 부족했다는 것을, 그것이 아니라면 아마 엔지니어들이 글을 읽지 않는다는 것을 시사한다!)

그럼에도 불구하고 그들은 아마 **기시감**을 느끼며, 테레빈유와— 그러나 이번에는 억제—RFNA로 돌아왔다. 점화를 개선하고자 그들은 테레빈유에, 일명 기준 연료 208로 불리는, 2-다이메틸아미노-4-메틸-1,3,2-다이옥사포스포레인을 20%까지 첨가했다. 그

때 공군이, 여러분도 기억하겠지만 이 모든 비용을 대고 있었는데, RF-208을 UDMH로 대체할 것을 제안했다. 그들은 그렇게 했고, 결과가 너무 좋아서 테레빈유는 어찌 되든 말든 스트레이트 UDMH로 갔다.

그들이 오늘날의 일반적인 역마役馬 UDMH-IRFNA 조합에 도달하는 데 4년이 걸렸지만, 그래도 그들은 마침내 도달했다. 그리고 최근에는 약 12년 동안 방치되어 있던 NALAR 미사일을 선반에서 끌어내어 발사했다. 그래도 멀쩡히 작동했다. 하이퍼골과 그 짝패가 붙잡혀 길들여진 것이다. (음악 소리와 함께 해피엔딩을 맞는다.)

점화!

5장

과산
—언제나 들러리

    과산화 수소는 결코 성공해 본 적이 없는 산화제라 할 수 있다. (최소한 아직은 아니다.) 사람들이 관심이 없어서 그런 것이 아니다. 관심은 이 나라 사람들도 있었을 뿐 아니라 영국에서는 그보다 더하였다. 대다수 연료에 대한 성능은 질산의 성능과 비슷했고, 밀도 역시 그러했으며, 어떤 면에서는 다른 산화제보다 우수했다. 우선, 유독 가스가 없으며 질산이 하는 것처럼 피부를 씹지 않았다. 당신에게 과산화 수소가 튀었는데 씻다가 너무 오랜 시간을 지체하지 않았다면, 당신이 받은 모든 손상은 지속적인 가려움증, 피부가 도자기처럼 새하얗게 탈색되는 것뿐이다—새살이 날 때까지 그런 식으로 있는다. 그리고 과산화 수소는 질산이 하는 것처럼 금속을 부식시키지 않았다.

    그러나(추진제 사업은 늘 그렇듯 '그러나'가 많았다) 100% H_2O_2

의 어는점은 물의 어는점보다 고작 반 도 낮을 뿐이었다. (물론 85%
나 90%짜리는 1940년대에 구할 수 있는 최상품이었는데, 어는점
이 더 나았지만, 그저 어는점을 개선하기 위해 추진제를 비활성 물
질로 희석하는 것은 추진에 관심 있는 사람들의 마음을 사로잡는
과정이 아니다!) 그리고 그것은 불안정했다.

과산화 수소는 식 $H_2O_2 \rightarrow H_2O + \frac{1}{2}O_2$에 따라, **열을 발생하며** 분
해된다. 물론 WFNA 역시 분해되지만, 발열성으로 분해되지는 **않
는다.** 이 차이는 결정적이다. 이는 과산 분해가 자체적으로 가속화
된다는 것을 의미했다. 당신에게 열을 밖으로 빨아낼 효율적인 수
단이 없는 과산 탱크가 있다고 하자. 당신의 과산은 어떤 이유에서
인지 분해되기 시작한다. 이 분해는 열을 발생하는데, 열이 나머지
과산을 데우고, 과산은 그러면 당연히 더 빨리 분해되기 시작해―
더 많은 열을 발생한다. 그리하여 그 모든 것이 상황에 따라 어마어
마한 쉭 혹은 뻥 소리와 함께 몽땅 다 날아가고 과열 증기와 뜨거운
산소가 일대를 뒤덮을 때까지 분해가 계속해서 가면 갈수록 빨라
진다.

그리고 우선 당황스럽게 할 만큼 많은 것들이 분해를 시작할 수
있다. 대부분의 전이 금속류(Fe, Cu, Ag, Co 등)와 그 화합물, 유기
화합물 다수(모직 정장에 튄 과산은 착용자를 네로Nero의 정원 장
식에 알맞은, 타오르는 횃불로 바꿔 놓을 수 있다), 애매한 조성에
보편적인 출처의 일상적인 먼지, OH 이온. 무작위로 물질명을 대
보라. 그 물질이 과산 분해를 촉진할 가능성이 반반(혹은 그 이상)
이다.

예를 들어, 스테네이트 및 포스페이트처럼 과산에 미량 첨가할 수 있고 어떤 전이 금속 이온의 촉매 순환을 중단시켜 과산을 약간 안정화할 수 있는 어떤 물질들이 있었지만, 그 유용성과 효능은 엄격히 제한되었다. 그리고 그것들은 당신이 그 물질을 촉매 분해하려 할 때 문제를 일으켰다. 유일하게 할 수 있는 일은 과산을 분해를 촉진하지 않는 무언가(고순도 알루미늄이 최선이었다)로 만든 탱크에 보관하고, 이를 깨끗하게 유지하는 것이었다. 요구되는 청결은 그저 외과적 수준이 아니었다—그것은 레위기 율법이었다. 과산을 담을 알루미늄 탱크를 준비하는 것만으로도 하나의 프로젝트였으며, 며칠이 걸릴 수 있는 즐거운 의식 절차였다. 스크러빙scrubbing, 알칼리 세척, 산 세척, 플러싱flushing, 묽은 과산으로 패시베이션passivation—과정은 쉬지 않고 계속되었다. 그런데 그것이 성공적으로 완료되었을 때조차, 과산은 **여전히** 서서히 분해되곤 했다. 폭주 연쇄반응이 일어나게 할 만큼은 아니지만, 밀폐된 탱크에 산소 압력이 차게, 그래서 사전 주유해 밀봉하는 것을 불가능하게 하기에는 충분했다. 그리고 추진제 탱크에 귀를 대고 '꿀렁'—한참 있다—'꿀렁'거리는 소리를 듣는 것은 신경이 곤두서는 경험이다. 그러한 경험 이후 (특히) 필자를 포함한 많은 사람들이 과산을 미심쩍은 눈초리로 바라보고, 보고도 모른 체하는 경향을 보였다.

자, 1945년 초에 우리는 약 80~85%짜리 독일제 과산을 다량 입수했다. 이 가운데 일부는 영국으로 넘어갔다. 영국인들은 산화제로서의 과산과 독일의 과산 생산 공정에 큰 관심을 보였다. 같은 해 그들은 과산 분해를 위해 과망가니즈산 칼슘 용액을 쓰고, 푸르푸랄을 연료로 하여 과산을 모터에서 연소했으며, 수년간 과산과 다양한(주로 탄화수소) 연료를 연구 대상으로 했다.

나머지는 이 나라에 들어왔다. 그러나 독일제 과산은 (안정제로서) 상당량의 소듐 스테네이트를 함유했으며 실험 연구에 썩 알맞은 것이 아니었다. 그래서 해군은 버펄로 일렉트로케미컬 컴퍼니 Buffalo Electrochemical Co., BECCO와 거래를 체결했는데, BECCO는 이제 막 고농도 과산 생산에 들어간 참이었다. 해군이 독일제 과산 대부분을 BECCO로 돌리면, BECCO는 이를 2 내지 4% 구강 청결제 또는 헤어 블리치(이 경우 안정제가 도움이 되었다)로 희석했으며, 해군에 동등한 양의 안정제가 없는 90%짜리 새 물건을 제공했다. 그러면 해군은 이것을 현장에 있는 다양한 연구자들에게 분배했다.

JPL은 이 나라에서 과산을 진지하게 검토한 최초의 기관 중 하나였다. 1944년 말부터 1948년까지 그들은 87~100% 과산과 메탄올, 케로신, 하이드라진, 에틸렌 다이아민을 포함한 다양한 연료를 사용하여 문제를 풀어 나갔다. 하이드라진만 과산과 자동 점화성이었다. 다른 조합은 모두 파이로테크닉pyrotechnic 점화기로 시동해야 했다. 이 기간 동안 그들이 조사한 매우 이상한 조합 하나는 과산, 그리고 스트레이트든, 아니면 나이트로에테인 35%나 메탄올 30%를 포함한 것이든, 나이트로메테인이었다. 이상한 점 하나는 매우 낮은 O/F 비였는데, 0.1에서 0.5 정도로 되어 있었다. (하이드라진을 연료로 하면 약 2.0일 것이다! 연료에 들어 있는 대량의 산소가 낮은 O/F를 설명한다.)

다른 기관들, 그중 MIT와 GE 및 M. W. 켈로그 컴퍼니는 과산을 다양한 농도의 하이드라진—54~100%까지—으로 태웠으며, 켈로 그는 심지어 독일인들이 했던 것처럼 과산을 $K_3Cu(CN)_4$ 촉매가 들어간 하이드라진으로 태워 보기도 했다.

점화와 연소 안정성에 약간의 어려움이 있었지만, 대체로 모든 사람이 과산에서 꽤 괜찮은 성능을 얻어 냈다. 하지만 그 어는점이 어려운 문제라서 대부분 기관이 산화제에 다소 흥미를 잃었다.

해군만 빼고. 바로 그때 해군 장성들은 자식 같은 항모에 질산을 싣고 다닐 생각에 발버둥치고 비명을 지르며 그들의 금몰 장식된 점심도 거부했다. 그들은 또한 전함을 A 지점에서 B 지점으로 이동하는 데 돛보다 증기가 나을지도 모른다는 것이 처음 제안된 그 날 이후로 한 번도 보인 적 없는 확고한 고집으로 완강히 버티고 나섰다.

그리하여 NOTS(해군병기시험장)가 과산화 수소와 제트유에 기반한 그런대로 괜찮은 저온 거동을 가진 '무독성' 추진제 시스템 개발을 강요받았다.

아무도 이용하지 않는, 많은 정보를 구할 수 있었다. 마스Maas와 그의 동료들은 1920년대에 과산화 수소를 두루두루 빠짐없이 조사했으며, 소금부터 수크로스에 이르기까지 온갖 종류의 것들을 과산화 수소에 녹였다. 그리고 이런 것 중 다수가 훌륭한 어는점 강하제였다. 예를 들어, 암모니아 9.5%는 −40℃에서 어는 공융물을 생성했고, 59%를 함유한 혼합물은 −54℃에서 얼었다. (그 사이, 33%에서는 화합물 NH_4OOH였는데, 약 25℃에서 녹았다.) 그리고 메탄올 45%를 함유한 것은 −40℃에서 얼었다. 그러나 이러한 혼합물에는 한 가지 사소한 결점이 있었는데, 그것들은 민감하고 극렬한 폭발물이었다.

앞서 언급한 바와 같이 영국인들은 과산에 관심이 대단했고, 윌섬애비에 있는 ERDEExplosive Research and Development Establishment (폭발물 연구 및 개발 기관)의 와이즈먼Wiseman은 1948년에 질산 암모늄AN이 좋은 어는점 강하제이며 과산을 고폭약으로 만들지 않았다고 언급했다. 그래서 NOTS팀(메이크피스G. R. Makepeace와 다이어G. M. Dyer)은 과산−AN−물 계의 관련 부분을 매핑하고, −54℃ 이상에서 얼지 않는 혼합물을 내놓았다. 그것은 과산 55%, 질산 암모늄 25%, 물 20%였다. 그들은 1951년 초에 그것을 JP−1을 이용해 성공적으로 연소했지만, 성능은 인상적이지 않았다. 다른 과산−AN 혼합물들은 NOTS에서, 조금 후에는 NARTS에서 연소되었다. 그사이에 BECCO의 비스니에프스키L. V. Wisniewski는 과산에 에틸렌 글리콜, 다이에틸렌 글리콜, 테트라하이드로퓨란과 같은 것들을 첨가하고 있었다. 이러한 혼합물들은 일원 추진제로 고안되었지만 −40℃에서 얼었고, RMI는 이들을 가솔린 및 JP−4용 산화제로 시도하여 그저 그런 성공을 거두었다. +10℃ 미만에서 RMI는 그 혼합물들을 도저히 불을 붙일 수가 없었다. 게다가 그것들은 위험할 정도로 폭발하기 쉬웠다.

그래서 사용할 수 있는 유일한 난동難凍 과산 혼합물은 질산 암모늄을 함유한 것이었다―그리고 그것들은 심각한 한계가 있었다. 그중 하나는 과산에 AN을 첨가하면 불안정성이 너무 높아져 분무기

점화!

에서 폭꾕할 공산이 있으며, 당신이 그것을 복열 냉각에 사용하려 했다면 거의 확실히 폭발해 모터를 함께 앗아 간다는 것이었다.

과산화 수소 시스템의 점화, 특히 가솔린이나 제트유를 태우는 것의 점화는 항상 골칫거리였다. 어떤 경우에는 모터 런 시작 시 추진제와 함께 과망가니즈산 칼슘 용액을 분무했지만, 이는 상황을 더 복잡하게 하는 곤란한 문제였다. (MIT에서 한) 일부 시험에서는 소량의 촉매(질산 코발트(II))를 과산에 녹였지만, 이는 과산의 안정성을 낮추었다. 연료는 o−톨루이딘이 몇 퍼센트 포함된 케로신이었다. 자동 점화성 혹은 쉽게 점화되는 시동 슬러그(보통 하이드라진, 때로는 촉매 함유)로 연료의 점화를 유도해 볼 수도 있다. 어떤 경우에는 고에너지 고체 추진제 파이로테크닉 점화기가 사용되었다. 아마도 가장 신뢰할 수 있고, 이런 이유로 가장 안전한 기술은 독립된 촉매실에서 과산의 일부나 전부를 분해해 뜨거운 생성물을 주 연소실로 보내고, 거기에 연료를 (그리고 만약 있다면 남은 산화제도) 분무하는 것이었다. (은사로 만든 철망을 여러 겹 겹친 것이 효과적인 촉매 어레이였다.) NARTS는 주 연소실에 촉매실이 포함된 모터를 설계하고 연소했다.

과산에 관한 해군 연구 대부분은 미사일을 향한 것이 아니라, 전투기의 '초성능super performance'—일순간 폭발적인 속력을 내기 위해 가동할 수 있는 보조 로켓 추진 유닛—이라는 것을 향한 것이었다. 조종사가 미그기 6대가 뒤에 바짝 붙은 것을 발견했을 때 혼비백산하여 빨리 여길 뜨자(get the hell out of here)로 알려진 기동을 수행할 수 있도록 말이다. 제트유인 이유는 아주 분명했다. 조종사가 이미 그것을 기내에 가지고 있기 때문에 기체에 산화제 탱크만 추가하면 되었다.

그러나 여기서 상황을 복잡하게 만드는 예기치 못한 문제가 나타났다. 과산은 항공모함 선내의 알루미늄 탱크에 보관될 예정이었다. 그런데 그때 갑자기 과산에 들어 있는 미량의 클로라이드가 전자를 알루미늄에 특히 부식성이 되게 한다는 것이 밝혀졌다. 당신이 엄청나게 많은 양의 바닷물을 깔고 앉아 있을 때 미량의 클로라이드가 **아무것에도** 들어가지 않게 하는 방법은, 해결책이 완전히 분명하지 않은 문제였다.

그리고 총오염gross pollution 문제가 상존했다. 누군가 (사고든 무엇이든) 기름때 묻은 렌치를 선창에 있는 90% 과산 10,000갤런에 빠뜨렸다고 해 보자. 무슨 일이 일어나겠으며―함은 생존할 수 있겠는가? 사람들이 이 문제를 어찌나 우려했던지, 『허레이쇼 혼블로어 함장Captain Horatio Hornblower』을 읽고 있는 것이 분명한 로켓 분과의 한 관리가 (워싱턴에서 안일하게) NARTS의 우리더러 직접 10,000갤런들이 탱크를 만들어 90% 과산을 가득 채운 다음―맹세하건대 정말로―쥐 한 마리를 빠뜨리기를 원했다. (그는 쥐의 성별은 명시하지 않았다.) 우리 시험장 책임자가 그로 하여금 본인 지시를 과산 시험관 하나와 쥐 꼬리 1/4인치로 규모를 축소하도록 설득해 내는 데는 상당한 어려움이 있었다.

항모 제독들은―그럴 만한 이유가 충분하지만―화재를 극도로 두려워한다. 그것은 그들이 산과 자동 점화성 연료를 싫어하는 까닭 중 하나였다.

　　　　　　　　　　　　　　　점화!

갑판에서 파손된 미사일은—혹은 연료와 산이 한데 모이는 어떤 종류의 선상 사고든—필연적으로 화재를 일으킬 것이다. 반면에 그들은 제트유가 과산과 섞이지 않을뿐더러, 아무것도 하지 않고 단지 그 위에 떠 있을 것으로 판단했다. 그리고 만약 어떻게든 불이 붙었다면 큰 문제 없이—아마 거품으로—끄는 것이 가능할지도 모른다.

그래서 NARTS의 우리가 해 보았다. 커다란 팬에 과산 몇 드럼(드럼당 약 55갤런)을 쏟아붓고, 그 위에 JP-4 한두 드럼을 띄운 다음 전체에 불을 댕겼다. 결과는 시시했다. JP는 가끔씩 군데군데 불길이 오르거나 쉬익 하는 소리를 내며 조용히 탔다. 그리고 소방서장이 그 부하들과 함께 거품 소화 장비를 가지고 접근해 들어가 아무 소란 없이 전체를 껐다. 훈련 끝.

그날 주께서 우리—소방관들, 구경꾼 수십 명, 그리고 필자—머리에 손을 얹으셨다.

왜냐하면 우리가—그리고 다른 사람들이—(다행히도 더 작은 규모로) 다시 해 보았을 때 결과가 달랐기 때문이다. 제트유는 처음에는 조용히 타다가 불길을 날름거리고, 그러는 빈도가 잦아진다. (이제 뛰기 시작해야 할 때이다.) 그리고 JP 층이 얇아지는 동안 아래 있는 과산이 따뜻해지고 끓어올라 분해되기 시작하며, 위에 놓인 연료에 산소와 과산 증기가 스며든다. 그런 다음 고막을 찢는 듯한 극도의 격렬함으로 송두리째 폭굉한다.

고위 장성들이 시연을 한두 번 참관했을 때, 반응은 "내 항모에는 안 돼!"였고 그것으로 끝이었다.

슈퍼-P(초성능) 프로젝트는 여러 가지 이유로 중단되었지만, 팬-버닝 테스트가 최종 결정에 전혀 영향을 미치지 않은 것은 아니었다.

산과 UDMH의 대량 유출 영향에 대한 실제 시험이 이루어졌을 때, 그 결과가 예상과 달리 결국에는 그렇게 무섭지 않았다는 점을 언급하는 것은 재미있다. 큰 불길이 일긴 했지만, 두 추진제가 반응성이 너무 커서 액체 대부분이 실제로 섞여 폭발하는 일이 없었을 뿐더러, 오히려 갈라섰다. 그래서 불길은 곧 끝났고, 보통 물—사정을 감안해 볼 때, 변변찮은—로 상황을 통제하기에 충분했다. 그래서 산-UDMH 추진 미사일은 어쨌든 최종적으로 항모의 탄약고에 입성했다.

하지만 과산은 그렇지 않았다. 과산에 관한 연구는 몇 년 동안 계속되었고, 영국인들은 과산-JP 조합에 맞추어 로켓 추진 항공기와 미사일 한두 가지를 설계하고 제작했지만 그것이 거의 다였다. 한 10년 동안 과산은 산화제로서 거의 역할을 하지 않았다. (일원 추진제 과산은 또 다른 이야기이다.)

지난 몇 년간 더 높은 농도(당신은 이제 98%짜리도 구입할 수 있다)도 나왔으며, 그것들은 90% 물질보다 약간 더 안정적인 것 같지만, 제조사들이 탐닉하는 요란한 선전은 들러리를 시집보내지 못했다. 과산은 어차피 안 되는 거였다.

점화!

6장

할로젠과 정치적인 문제들
그리고 심우주

이 모든 일들이 벌어지는 동안 과산이나 산 혹은 사산화 질소가 저장성 산화제의 최첨단이었는지 확신하지 못하는 이들이 많았고, 좀 더 강력한 무언가를 찾을 수 없는지 역시 마찬가지였다. 산소-기반 산화제는 아주 좋지만, 플루오린을 함유한 것은 인상적인 강펀치를 닐릴 수 있을 것 같았다. 그래서 모두 저장성 산화제로 쓸 수 있는 쉽게 분해되는 플루오린 화합물을 물색하기 시작했다.

여기서 '쉽게 분해되는'이 가장 중요한 구절이다. 대부분의 플루오린 화합물은 상당히 최종적이다—너무 최종적이라 플루오린으로 태운 원소의 재로 생각할 수 있고, 추진제로서 전혀 쓸모없다. 플루오린은 질소나 산소, 혹은 다른 할로젠과 결합했을 때만 다른 것을 태울 수 있다고 여겨진다. 그리고 1945년에는 이러한 원소들을 가진 플루오린 화합물이 그리 많이 알려지지 않았다.

OF$_2$가 알려져 있었지만, 제조가 어렵고 끓는점이 너무 낮아서 극저온으로 간주해야 했다. O$_2$F$_2$도 보고되었지만 실온에서 불안정했다. NF$_3$는 알려져 있었지만 저장성으로는 끓는점이 너무 낮았다. ONF와 O$_2$NF 둘 다 끓는점이 낮았고 웬만한 압력으로는 상온에서 액체 상태로 유지될 수 없었다. 몇 년 후, 임의로 저장성 추진제는 증기압이 71℃(160°F)에서 500psia를 넘지 않아야 한다고 명시되었다. 플루오린 나이트레이트 및 퍼클로레이트, FNO$_3$와 FClO$_4$는 잘 알려져 있었지만, 둘 다 민감하고 위험한 폭발물이었다. 후자의 경우 "가열 또는 냉각 즉시, 얼거나 녹는 즉시, 증발 또는 응결 즉시, 그리고 때때로 뚜렷한 이유 없이" 자주 폭굉한다고 보고되었다.

그 결과 할로젠 플루오라이드가 남았다. IF$_5$와 IF$_7$ 둘 다 0℃ 이상에서 녹았고, 그 무거운 아이오딘 원자를 가지고 다니는 생각은 매력적이지 않았다. BrF는 불안정했다. BrF$_3$ 및 BrF$_5$는 알려져 있었다. 만약 이 둘 중 어느 하나를 사용한다면, 더 많은 플루오린을 지녔기 때문에 펜타플루오라이드가 분명히 더 나은 선택이다. ClF는 저비등성이었고, 플루오린이 충분치 않았다. 그 결과 ClF$_3$가, 그리고 꼭 필요하다면 혹은 밀도가 지극히 중요하다면, 아마 BrF$_5$가 남았다. (BrF$_5$는 25℃에서 밀도가 2.466이다.)

그것이 다였다. 하지만 JPL은 1947년에 F$_2$O$_7$ 같은 있을 법하지 않은 것들을 아쉬운 듯 꿈꿨고, 하쇼 케미컬 컴퍼니Harshaw Chemical Co.는 1949년과 1950년에 HClF$_6$ 및 ArF$_4$[1] 같은 것들을 합성하려 상

---

[1] 아르곤 플루오라이드, 아마 ArF$_2$가 **정말로** 존재한다는 것이 최근에 밝혀졌지만, 그것은 극저온에서를 제외하고는 불안정하다.

당한 시간과 돈을 들였지만, 당연히 (나중에 깨닫고 하는 말이지만) 아무 진전이 없었다. 그들은 **그래도** OF_2의 합성 및 특성에 대해 많은 것을 알게 되었다.

그래서 CIF_3여야 했다. 오토 루프Otto Ruff가 (위에 나온 화합물 대부분도 그가 발견했다시피) 1930년에 그 물질을 발견했고, 독일인들이 전쟁 중에 그것으로 약간의 연구를 했던 터라 그에 대해 상당히 많은 것이 알려져 있었다. 맨해튼 계획으로 촉발된 플루오린 화학의 개화로 인해 이 나라에서 연구를 하게 되었고, 그중에서도 오크리지Oak Ridge 사람들은 1940년대 말과 1950년대 초에 그것을 철저하게 조사했다. 그래서 로켓 쪽 사람들이 CIF_3를 하기 시작했을 때 그것은 결코 알 수 없는 것이 아니었다.

클로린 트라이플루오라이드, CIF_3, 혹은 엔지니어들이 그렇게 부르겠다고 고집하는 대로 'CTF'는 무색 기체, 녹색을 띤 액체, 아니면 흰색 고체이다. 그것은 12℃에서 끓고 (그래서 소소한 압력으로 상온에서 액체 상태를 유지할 수 있다) 편리한 −76℃에서 언다. 밀도도 상당해서 실온에서 약 1.81이다.

CIF_3는 아마 현존하는 가장 격렬한—플루오린 자체보다도 훨씬 격렬한—플루오린화제이기도 할 것이다. 기체 플루오린은 물론 액체 CIF_3보다 훨씬 묽고, 액체 플루오린은 너무 차가워서 활성이 크게 떨어진다.

이 모든 것이 상당히 학문적이고 무해한 것처럼 들리지만, 그 물질을 다루는 문제로 바꾸면 결과는 대단히 충격적이다. CIF_3는 물론 극도로 유독하지만, 그것은 문제의 가장 하찮은 부분이다. CIF_3

는 알려진 모든 연료와 자동 점화하며, 너무 빨리 자동 점화해서 점화 지연이 관찰된 적이 없다. 그것은 석면, 모래, 물—물과는 폭발적으로 반응한다—은 말할 것도 없고, 예를 들어 옷감, 나무, 시험 엔지니어 같은 것들과도 자동 점화한다. 알루미늄의 보이지 않는 산화 피막이 알루미늄을 공기 중에서 전소되지 않도록 보호하는 것과 꼭 같이, 금속 대부분을 보호하는 불용성 메탈 플루오라이드의 얇은 막이 생기기 때문에 ClF_3는 몇몇 일반 구조 금속—강철, 구리, 알루미늄 등—에 보관될 수 있다. 그러나 만약 이 코팅이 녹거나 문질러 벗겨지고 다시 생성될 기회가 없을 경우, 작업자는 금속-플루오린 화재 대응 문제에 직면하게 된다. 이 상황을 처리하기 위해 필자는 언제나 좋은 러닝화 한 켤레를 추천해 왔다. 그리고 설령 불이 나지 않는다 해도, 클로린 트라이플루오라이드가 유출되면 결과는 충분히 파국적일 수 있다. 제너럴 케미컬 컴퍼니에서 대규모 유출로 알게 되었듯이 말이다. 그쪽 영업 사원들은 그 문제에 대해 상의하는 데 정말 말을 아꼈고, 필자가 RFNA를 듀폰에서 사겠다고 위협하고 나서야 그들 중 한 명이 자세한 내용을 제공했다.

이 사건은 그들이 루이지애나주 슈리브포트에 있는 본인들의 시설에서 처음으로 CTF 1톤짜리 강철 실린더를 선적하기 위해 준비하던 중에 발생했다. 내용물을 채우기 쉽도록 실린더를 드라이아이스로 냉각했는데, 냉기가 분명히 강철을 취화embrittlement한 것 같다. 왜냐하면 그들이 실린더를 돌리 위로 움직이던 중, 실린더가 쪼개져 바닥에 클로린 트라이플루오라이드 1톤을 쏟아 버렸기 때문이다. 그것은 콘크리트 12인치를 씹고 들어가 밑에 있는 자갈에 3

피트 깊이의 구덩이를 파고, 시야에 들어오는 모든 것을 부식시키는 가스로 그곳을 가득 채웠으며, 전반적으로 완전 엉망으로 만들었다. 민방위가 출동해 인근 주민을 소개하기 시작했으며, 다소 순화된 표현으로 사태가 진정되기 전까지 한바탕 난리가 났다. 기적적으로 아무도 죽지 않았지만, 사상자가 하나—실린더가 쪼개지던 때 흔들리지 않게 균형을 잡고 있었던 사람—있었다. 그는 약 5백 피트 떨어진 곳에서 발견되었는데, 거기서 그는 마하 2에 도달했고 심장마비로 멈추었을 때에도 여전히 속도를 올리고 있었다.

이 에피소드는 로켓 쪽 사람들이 CTF를 연구 대상으로 삼기 시작했을 당시에는 아직 미래의 일이었지만, 그럼에도 불구하고 그들은 죽어라 겁낼 만큼 상식이 있어, 킹코브라 치과 진료에 적절한 정도의 주의를 기울여 진행했다. 그리고 그들은 그 주의를 후회할 이유가 전혀 없었다. 그 물질은 한결같이 그 이름값을 했다.

벨 에어크래프트의 버트 에이브럼슨Bert Abramson은 1948년 봄에 하이드라진을 연료로 사용하여 그것을 연소했고, NACA(미국 항공 자문위원회)와 노스아메리칸은 이듬해 방금 그들이 한 대로 따라 했으며, NARTS는 1951년에 그것을 암모니아뿐만 아니라 하이드라진으로도 태웠다.

결과는 훌륭했으나 어려움은 정말 짜증났다. 점화는 멋졌다—너무 매끄러워서 호스를 트는 것 같았다. 성능은 높았으며—이론값에 매우 가까웠다. 그리고 반응이 너무 빨라서 놀랍도록 작은 연소실에서 태울 수 있었다. 그러나, 당신의 하드웨어가 더러웠고, 피드 라인 내부 어딘가에 기름때나 그리스가 묻었다면, 상술한 피드 라인은 점화되어 스스로를 교묘하게 재가 되게 만들곤 했다. 개스킷과 오링은 일반적으로 금속이어야 했다. 어떤 유기물도 발화를 저지할 수 없었다. 테플론은 정적 조건에서는 견뎠지만, CTF가 어떤 속도로라도 그 위를 흐르면 설령 발화되지 않더라도 마치 뜨거운 물에 있는 설탕처럼 쓸려 나가곤 했다. 그래서 이음매는 가능한 언제나 용접해야 했고, 용접 상태도 양호해야 했다. 용접부에 에워싸인 슬래그는 해 볼 것도 없이 반응해 화재를 촉발할 수 있다. 그래서 용접을 하고, 검사하고 매끄럽게 연마하고 다시 또 검사해야 했고, 그런 다음 CTF를 시스템에 넣을 엄두를 내기 전에 모든 배관 속을 말끔히 씻어 내고 패시베이션passivation해야 했다. 처음에는 물로 씻어 내고 라인을 질소로 불어 건조시켰다. 그런 다음 미량의 기름이나 그리스를 잡아내기 위해 에틸렌 트라이클로라이드로 씻어 냈고, 또 한 번의 질소 블로 다운blow down이 뒤따랐다. 그런 다음 플러싱flushing이 놓쳤을지도 모를 무엇이든 잡아내기 위해 시스템 속에 기체 CTF를 넣어 몇 시간 동안 그대로 두었으며, 그제야 비로소 액체 클로린 트라이플루오라이드를 추진제 라인으로 들일 수 있었다.

진정한 난관이 시작된 것은 그 물질이 모터에 들어갔을 때였다. 왜냐하면 클로린 트라이플루오라이드 모터가 4,000K에 가까운 연소실 온도에서 작동하는데, 그 온도에서는 분무기와 노즐 목이 쓸려 나가는 개탄스러운 경향이 있고, 그것들을 만드는 재료가 상당한 노련함으로 선택되지 않는 한, 그리고 설계가 아주 좋지 않는 한, 모터가 오래가지 않을 것이기 때문이다. 추진제 쪽 사람들은 그 성능 때문에 CTF를 좋아했고, 엔지니어들은 CTF가 모터에 너무 험하게 굴고 다루기가 정말 비참했기 때문에 그놈의 것을 싫어했다. CTF를 감당하는 법을 배워야 하긴 했지만, 엔지니어들은 배우는 과정을 할 수 있는 한 미루었다. 고객들이 IRFNA−UDMH에서 짜 낼 수 있는 것보다 더 나은 성능을 요구함에 따라, CTF가 훨씬 집중적인 대규모 시험 대상이 된 것은 최근의 일이다.

브로민 펜타플루오라이드, BrF_5는 끓는점(40.5℃)이 조금 더 높은 것 외에는 취급 특성에 관한 한 ClF_3와 매우 유사하다. 이상하게도 BrF_5는 제 성능을 내지 못하는 것 같았고, BrF_5로 테스트 스탠드에서 그 이론 성능의 상당 부분을 얻어 내는 것은 CTF로 그렇게 하는 것보다 훨씬 어렵다. 이유는 아무도 모른다.

추진제 화학 관련 일을 하는 우리 중 몇 명에게 게임 아주 초반부터 분명했던 것이 ClF_3에 맞는 이용 가능한 연료가 정말로 전혀 없었다는 것이었다. 암모니아의 성능은 너무 낮았고, 하이드라진은 성능과 밀도가 훌륭했지만 너무 높은 온도에서 얼었다. 그리고 다른 것은 모두 탄소가 들어 있었다. 그러면 플루오린 타입 산화제와는 좋지 않다. (성능 관련 장 참조.) 이는 성능을 저하시키고, 눈에 잘 띄는 자욱한 배기가스 흐름을 만들어 낸다. 그래서 1958년 후반에 벨의 톰 라인하르트Tom Reinhardt, RMI의 스탠 태넌바움Stan Tannenbaum 및 NARTS의 필자는 서로 모르게 그에 관해 무언가 하려고 했다. 그리고 비슷한 문제를 가진 화학자들은 비슷한 해결책을 낼 가능성이 높기 때문에, 우리는 대동소이한 방법으로 일을 시작했다. 스탠과 톰은 MMH, CH_6N_2로 시작하는 것이 가장 좋다고 생각했는데, 이는 하이드라진과 거의 최고로 비슷한 것이었고, 그런 다음 시스템 내에 단일 탄소를 CO로 태우는 데 필요한 산소를 집어넣었다. 이를 위해 그들은 물 1몰과 MMH 1몰을 혼합하여 COH_8N_2에 상응하는 혼합물을 얻었다. 이것을 CTF로 태웠을 때 탄소와 산소는 CO로 갔고, 수소는 타서 HCl과 HF가 되었다. 물을 분해하는 과정에서 상당한 에너지가 낭비되었으므로 성능은 하이드라진에 다소 못 미쳤지만, 그럼에도 암모니아보다 나았다. 그리고 그들은 어는점을 −54℃ 이상으로 올리지 않으면서도 혼합물에 상당량의 하이드라진(MMH 1몰당 0.85몰)을 첨가할 수 있다는 점을 알아냈다. 벨 에어로시스템스Bell Aerosystems에서는 지금 그 혼합물을 BAF-1185라고 부른다.

필자도 MMH로 시작했다. 그러나 필자는 우리가 하이드라진 나이트레이트, $N_2H_5NO_3$로 했던 모든 연구를 기억했기에, 그것을 필자의 산소 운반체로 사용하여 그것 1몰에 MMH 3몰을 섞었다. 그리고 필자는 필자의 어는점을 망치지 않으면서도 혼합체에 한두 몰의 스트레이트 하이드라진을 첨가할 수 있다는 점을 알게 되었다. 필자는 그것이 하이드라진에 비해 어떨지 알아보기 위해 성능 계산을 해 보고 싶었다. 그래서 MMH와 하이드라진 나이트레이트의 생성열을 알아보려고 RMI의 잭 고든에게 전화를 했다. 그는 걸어 다니는 열역학 데이터 요약본이(었)고, 따라서 필자는 그 수치가 그의 혀끝에 맴돌고 있다는 것이 그리 놀랍지 않았다. 하지만 필자의 잠재의식은 나중에 참고할 수 있도록 그 사실을 정리해 두었다.

아무튼 필자가 성능 계산을 해 보니, 결과가 좋아 보였다—스트레이트 하이드라진의 성능의 약 95%에, 어는점 문제도 없었다. 그래서 우리는 그 물질을 상당량 조제하여 혹독하게 취조했고, 할 수 있는 한 잘 특징지었는데, 상당히 철저했다. 우리는 그것에 대해 카드-갭 테스트card-gap test[2]를 했고, 그것이 그 안에 든 모든 산화성 염에도 불구하고 충격에 상당히 둔감하다는 점을 알게 되었다. 그것은 문제에 대한 상당히 괜찮은 해결책인 것 같았다. 그래서 우리는 거기에 '하이드라조이드Hydrazoid N'이라고 코드명을 붙이고, 엔지니어들이 필요로 할 때를 대비해 그것을 선반에 집어넣어 두었다.

그러던 어느 날, 스탠 태넌바움으로부터 전화가 왔다. "존, 카드-갭 좀 해 줄 수 있어?" (RMI에는 그것들을 할 수 있는 장비가 없었고, RMI와 필자의 팀은 언제나 편안한, 사전 준비 없이 즉흥적인, 높은 분들이 모르면 문제가 되지 않을 것이니 서류 작업은 잊어버리려 하는 식의 관계였으므로, 필자는 그 요청이 놀랍지 않았다.)

"그럼, 되고말고, 스탠. 내가 폭파해 줬으면 하는 게 뭔데?"

그는 잠시 머뭇거리더니, 말했다. "사유 정보라서 말하기 곤란한데…."

---

2 카드-갭 테스트는 잠재적인 폭발성 액체의 충격 민감도를 알아내는 데 사용된다. 밑바닥을 얇은 테플론 시트로 밀봉한 3″ 길이의 1″ 강관에 들어 있는 문제의 액체 샘플 40cc 아래에서 50g짜리 테트릴(고폭약) 블록이 폭굉한다. 액체가 폭굉하면 그 위에 있는, 3/8″ 보일러 판으로 된 입증판에 구멍을 뚫는다. 액체의 감도는 0.01″ 두께의 셀룰로스아세테이트 원반인 '카드'의 장수로 측정되는데, 카드는 샘플이 순폭하지 않도록 테트릴과 샘플 사이에 층층이 쌓여 있어야 한다. 제로 카드는 비교적 둔감하다는 뜻이고, 백 장은 관여된 건 전체를 잊어버리는 것이 좋다는 뜻이다. 상상할 수 있는 일이지만, 이 테스트는 다소 시끄러운 편이라 인가에서, 아니면 적어도 본인의 민원을 관철하는 인간들로부터 어느 정도 거리를 두고 수행하는 것이 가장 좋다.

"(—삐—)까는 소리 하지 마, 스탠," 필자가 친근하게 말을 가로막았다. "내가 우리 쪽 사람들한테 안에 뭐가 들었는지도 모르는 걸 폭파하라고 시킬 것으로 믿는다면 자네 머리에 돌이 든 거야."

긴 침묵이 흘렀다. 내가 그렇게 나올 줄 몰랐다는 말인가. 그때, "좋아, 약간의 산화성 물질을 포함한 치환된 하이드라진인데…" 그가 말했다.

"말하지 말아 봐, 스탠," 필자가 끼어들었다. 필자의 잠재의식이 모든 조각을 짜 맞추었다. "내가 말해 줄게. 자네 MMH 3몰에 하이드라진 나이트레이트 1몰 그리고—"

"누가 얘기했어?" 그가 못 믿겠다는 듯이 따져 물었다.

주여, 용서하소서. 하지만 이런 대사를 하지 않을 수 없었다. "오, 내 스파이는 어디에나 있는걸," 하고 필자는 대수롭지 않게 대답했다. "그리고 하여간 제로 카드에서 불폭이야." 그리고 끊었다.

하지만 2분 후 필자는 다시 전화해 워싱턴에 있는 로켓 분과 사람들과 통화하면서, 그들에게 RMI의 MHF-1과 NARTS의 하이드라조이드가 같은 것이었고, 스탠 태넌바움과 필자가 동시에 같은 해결책을 독자적으로 내놓은 것이며, 아무도 누구에게서 어떤 것도 훔치지 않았다고 알리고 있었다. 그런 소문은 시작되기 전에 싹을 밟아야 한다!

수년 뒤(1961년), 하이드라진 나이트레이트가 좋았다면 하이드라진 퍼클로레이트는 틀림없이 더 좋을 것으로 생각하여, 필자는 이것저것 모아 하이드라조이드 P를 만들었는데, 이는 후자, $N_2H_5ClO_4$ 1몰, MMH 4몰, 그리고 스트레이트 하이드라진 4몰로

점화!

구성되었다. 이것은 하이드라진 그 자체 성능의 98%에 달하는 성능에 다소 높은 밀도를 가져 하이드라조이드 N보다 확실히 우수했다. 그것을 만들다가, 필자는 하이드라진 퍼클로레이트에 대한 이전의 경험이 생각나서 하이드라진 퍼클로레이트를 단 한 번도 건조 염으로 분리하지 않고 이용하는 방법을 알아냈는데, 하이드라진 퍼클로레이트를 건조 염으로 분리하는 것은 기억하겠지만 피해야 할 절차이다. 대신에 필자는 하이드라진에 맞는 양의 과염소산 암모늄(아주 안전하고 다루기 쉽다)을 첨가했고, 치환되어 나온 암모니아를 질소 흐름으로 불어 날려 보냈다. 그다음에 필자는 MMH를 첨가했고, 그러면 준비가 다 끝난 것이었다. 혼합물은 71℃에서 스테인리스강에 다소 부식을 일으키는 것으로 드러났는데(하이드라진에서의 하이드라진 퍼클로레이트는 강산이다), 그것이 유출되었을 때의 거동은 엔지니어들을 겁먹게 하는 것이었다. 땅바닥에 깔려 있을 때 불이 붙으면, 한동안 조용히 타다가 그다음에 하이드라진 퍼클로레이트가 더 농축되면서 격렬하게 폭광하곤 했다. (하이드라조이드 N, 혹은 어떤 유사 혼합물도 나중에 알고 보니 똑같이 그랬다.)

연소율을 아주 높여서 연소가 기체가 아닌 액체상에서 일어나게 된다면 퍼클로레이트는 결코 농축될 기회가 없을 것이고, 그러면 문제가 쉽게 처리될 수도 있을 것 같았다. 필자는 물론 어떤 금속 산화물 및 이온이 하이드라진 분해를 촉진한다는 것을 알고 있었지만, 연소 조건하를 제외하고는 이러한 일이 일어나는 것을 원하지 않았다. 해결책은 금속 이온을 일종의 보호 구조로 감싸는 것 같았는데, 이는 연소 온도에서 벗겨질 것이었다. 그래서 필자는 우리 애들 중 한 명을 시켜 그가 창고에서 찾을 수 있는 모든 금속 이온의 아세틸아세토네이트 착물을 만들게 했다.

그는 12개쯤 내놓았고, 우리는 그것들을 시험해 보았다. 그것들 중 일부는 아무것도 하지 않았다. 다른 것들은 용액에 들어가자마자 하이드라조이드 P를 분해하기 시작했다. 하지만 니켈 아세틸아세토네이트는 역할을 정말 잘해 주었다. 그것은 실온에서나 보관 중에는 아무것도 하지 않았다. 하지만 반 퍼센트 정도는 공기 중에서든 우리가 그 물질을 일원 추진제로서 압력하에 태울 때든 하이드라조이드 P 연소를 엄청나게 가속화했다. 그러나 우리가 야외에서 연소 시험했을 때는 결과가 그리 좋지 않았다. 하이드라조이드 연소에 불확실한 요인이 들어왔고, 매번 폭굉하는 대신 그것은 대략 세 번에 한 번꼴로 폭굉했다. 그래서 엔지니어들은 여전히 그것을 두려워했다.

이 또한 애석한 일이다. 왜냐하면 니켈 착물은 연료에 특유의 아름다운 자줏빛을 띠게 했고, 왜 그런지 모르겠지만 필자는 항상 자주색 추진제를 원했기 때문이다!

ClF_3를 위한 다른 연료들도 개발되었지만, 그것들은 대체로 필자가 설명한 것과 상당히 유사하며, 그 안에 들어 있는 탄소는 혼합물에 어떻게든 산소를 첨가하여 CO로 상쇄시킨다. 전반적으로, 문제가 아주 잘 관리되고 있다고 볼 수 있다. 유출된 이후의 폭굉 위험은 테스트 스탠드에서는 중요하지만 사전 주유 후 밀봉된 미사일에서는 중요하지 않다.

CTF에 관한 예비 연구가 진행되고, 사람들이 그것을 위한 좋은 연료를 찾아내려 애쓰는 동안, 그들은 염소 산화물과 그 유도체에 대해서도 매우 열심히 검토하고 있었다. +63.4kcal/mol의 흡열 생성열을 가진 Cl_2O_7은 1950년대 초에 알려진 가장 강력한 액체 산화제 중 하나였으며, 예비 계산은 그것이 수많은 연료와 놀랄 만큼 높은 성능을 낼 것이라는 점을 보여 주었다. 그러나 그것은 약간의 결점이 있었는데—아주 경미한 자극에 혹은 아무런 자극 없이도 격렬하게 폭굉하곤 했다. 처음부터 끝까지 적어도 5곳의 연구소가 그것을 길들이기 위해 노력했지만 전혀 성공하지 못했다. 접근법은 그것을 둔감하게 하거나 안정시킬 첨가물을 찾는 것이었고—올린 매시슨Olin Mathieson 한 군데서만 70여 종을 시도했다—참담한 실패였다.

처음에는 밀접한 관계에 있는 과염소산이 더욱 유력한 후보인 것 같았다. 그 생성열은 적어도 발열이었고, 그런즉 그 산은 원소로 분해되는 경향을 거의 보이지 않을 것이다. 그러나 100% 과염소산은 질산과 마찬가지로 보이는 그대로가 전부는 아니다. 농축된 산에는 평형이 존재한다.

$$3HClO_4 \rightleftarrows Cl_2O_7 + H_3OClO_4$$

그래서 언제나 문제를 일으키려고 기다리고 있는 매우 민감한 산화물이 약간은 존재한다. 그리고 그것이 과염소산에 기폭제로 작용하면 후자는 원소가 아니라 염소, 산소, 그리고 H_2O로 분해되어, 누구나 무서워 죽을 지경이 되게 할 만한 에너지를 방출한다.

필자는 이 사실을 곰곰이 생각해 보다가 방안이 떠올랐다. 과염

소산의 구조는 H—O—Cl=O로 쓸 수 있다. 자, HO 그룹이 F로 대

$$\text{O} \atop \| $$

체되어, F—Cl=O를 내놓게 되면, 그 물질은 무엇으로 분해될 수

있는가? 생성 과정에서 많은 에너지를 방출할 분명한 생성물은 물론 없었고, 그 화합물은 틀림없이 상당히 안정할 것이다. 그리고 그것은 기가 막힌 산화제일 것이다.

그렇게 1954년 어느 봄날, 당시 NARTS의 수석 엔지니어인 톰 라인하르트, 펜솔트 케미컬스Pennsalt Chemicals의 연구소장 존 골John Gall 박사와 필자는 필자 연구실에 있는 탁자에 둘러앉아 한담을 나누며 추진제 전반에 대해 논의하고 있었다. 존은 우리에게 NF_3를 팔아 보려고 애썼는데, 우리는 끓는점이 −129℃인 것에는 관심이 없었다. 그러다가 필자는 이 과염소산의 가상적인 유도체라는 주제를 꺼냈고, 그것이 아마 저비등성일 것이지만, 너무 낮아서 상온에서 가압 액체로 보관할 수 없지는 않을 것이라는 필자의 추측을 덧붙였다. 그것이 '주위의 단단한 전자껍질 때문에' 화학적으로 상당히 비활성일 것이라는 추가적인 추측도 덧붙였다. 그리고 나서 필자는 "존, 얘 좀 만들어 줄 수 있어?"라고 물어보았다.

상당한 자기만족으로 한 그의 답은 회의를 파하기에—그리고 새 회의를 시작하기에—충분했다. "그건 이미 만들어졌고, 그 특성은 자네가 예측한 대로야. 그리고 그저 우연의 일치로 우리가 그걸 발

견한 사람을 막 고용했어.”

　필자의 ‘와’ 하는 기쁨의 함성에 반 마일 떨어져 있는 소방서 개가 퍼뜩 깨어났다—그리고 그것이 퍼클로릴 플루오라이드 프로그램의 시작이었다. 1951년 독일의 몇몇 연구원들이 염소산 나트륨, $NaClO_3$를 플루오린 가스로 처리해 플루오린화 나트륨 및 그들이 식별하지 못한 다양한 미확인 기체 생성물을 얻은 것으로 보인다—그러나 그중 하나는 돌이켜 보면 분명 퍼클로릴 플루오라이드였을 것이다. 그리고 나서 1952년에 오스트리아의 엥겔브레히트Engel-brecht 및 아츠방거Atzwanger는 과염소산 나트륨을 무수 플루오린화 수소산, HF에 녹이고, 필자 생각에는 주로 어떻게 되나 보려고 용액을 전기분해했다. 그들은 관련된 기체를 포집하고 그것들을 가려내 그중에서 퍼클로릴 플루오라이드를 분리했다. 수소, 플루오린 그리고 몇몇 다른 품목들이 다 같이 섞여 있었기 때문에 폭발로 골머리를 앓았지만, 그들은 그 과정에서 어떻게든 살아남았다. (엥겔브레히트는 정말로 타고나기를 미쳤다고 할 정도로 대담했다. 그의 또 다른 위업 중 하나는 분말 알루미늄을 기체 플루오린으로 태우는 무시무시한 절단 토치의 개발이었다. 그는 부적절하게 통제된 재앙을 암시하는 불꽃, 화염, 가스의 지옥도가 펼쳐지는 가운데, 그것으로 콘크리트 블록을 가를 수 있었다.) 필자는 그 발견에 대한 보고서를 놓쳤지만(그것은 필자가 평소에 보지 못했던 오스트리아의 한 학술지에 실렸다) 펜솔트는 분명 그렇지 않았고, 엥겔브레히트가 딱 그들의 직원으로 쓰고 싶은 부류의 사람이라고 결정했다.

　6월에 BuAer(해군항공국)는 NARTS가 퍼클로릴 플루오라이드를 조사하도록 승인했으며, 펜솔트는 10월에—엥겔브레히트의 제법으로 어렵게 만든—퍼클로릴 플루오라이드 33g을 우리에게 보냈다. 그리고 나서 우리가 그 물질을 특징짓기 위해 노력하는 동안, 그들은 그것을 만드는 더 간단한 방법을 찾기 시작했다. 그들 연구소의 바르트–베른알프Barth-Wehrenalp 박사는 그것을 상당히 쉽고 저렴하게 만들 수 있는 합성을 찾아—그리고 특허를—냈다. 합성은 $KClO_4 + (과량)HSO_3F \rightarrow KHSO_4 + FClO_3$ 반응으로 작용했는데, 보기보다 간단해 보인다. 아무도 반응 메커니즘을 제대로 이해하지 못한다.

우리가 그것을 특징짓는 동안 펜솔트는 똑같은 일을 하고, 그들의 결과를 우리에게 전달했으며, 몇 달 안에 우리는 그것에 대해 알고 싶은 거의 모든 것을 알게 되었다. 그 팀과 함께 일하는 것은 즐거웠다. 필자가 어느 날 전화를 걸어 가령 온도에 따른 점도를 요청하면, 그들은 일주일 이내로 측정하여(그리고 자체 증기압하에 액체의 점도를 측정하는 것은 결코 쉽지 않다) 결과를 필자에게 전달하곤 했다.

1955년에 우리는 모터 작업을 할 준비가 되었고, 펜솔트는 우리에게 퍼클로릴 플루오라이드 10파운드를 운송—더 정확히 말하면 도수 운반—했다. (새로운 공정이 아직 준비되지 않았기 때문에 그것은 이전 공정으로 제조되었고, 파운드당 540달러가 들었다. 우리는 신경 쓰지 않았다. 우리는 그것이 천 달러가 들 것으로 예상했다!)

그것 10파운드로 우리는 작은 모터 시험을 할 수 있었고(연료는

MMH였다), 우리 손에 아주 좋은 산화제가 있다는 것을 알게 되었다. MMH에 대한 퍼클로릴 플루오라이드의 성능은 하이드라진에 대한 ClF₃의 성능에 아주 근접했고, 어는점 문제도 하등 걱정할 것이 없었다. 퍼클로릴 플루오라이드는 MMH와 자동 점화했지만 시동이 폭발성이어서[3] 우리는 RFNA 시동 슬러그를 썼다. 나중에 바르트-베른알프는 퍼클로릴 플루오라이드에 소량의 클로릴 플루오라이드, ClO₂F를 시험 삼아 섞어 보았고, 그 방식으로 자동 점화를 얻었다.[4] 그러나 로켓 정비사를 기쁘게 한 것은, 그것이 엥겔브레히트가 말한 것처럼 "당신이 퍼클로릴 플루오라이드 통에 발등을 찧"지 않는 한 그에 다치려야 다칠 수 없다는 점에서 다른 모든 산화제와 달랐다는 점이었다. 그 독성은 놀라울 만큼 낮았고, 가연성 물질이든 사람 살갗이든 공격하지 않았으며, 당신에게 불을 지르지 않았다. 사실 그것은 더불어 살기 정말 즐거웠다.

퍼클로릴 플루오라이드를 최종적으로 죽인 것은 상온에서의 밀도가 CTF의 1.809와 비교해 1.411로 상당히 낮고, 임계 온도가 95℃에 불과해 매우 높은 팽창계수를 갖는다는 점이었다. 그 부피는 25℃에서 71℃ 사이에서 20% 증가할 것이라, 당신의 탱크는 항상 오버사이즈여야 했다. 그러나 퍼클로릴 플루오라이드는 CTF와

---

3 액체 퍼클로릴 플루오라이드는 액체 아민류, 하이드라진류 또는 암모니아와 반응하는 것으로 보이며, $FClO_3 + H_2N—R \rightarrow HF + O_3Cl—NH—R$ 퍼클로라마이드 타입 화합물은 놀라울 만큼 격렬한 폭발성이다. 이런 이유로 폭발성 시동한다.
4 클로릴 플루오라이드, ClO_2F는 1942년에 슈미츠Schmitz 및 슈마허Schumacher에 의해 처음 보고되었다. 클로릴 플루오라이드는 반응성이 문란하기 그지없으며, ClF_3의 보관을 비교적 간단하게 하는 메탈 플루오라이드 보호막을 분명히 녹이기 때문에, 모든 Cl-O-F 화합물 중 보관하기가 가장 어렵다.

같은 할로젠 일색인 산화제와 완전히 혼화하며, 그러한 산화제가 탄소 함유 연료를 태우는 것을 돕도록 후자에 첨가될 수 있는데, 탄소 함유 연료를 태우려면 산소가 필요하다. 이는 아마 퍼클로릴 플루오라이드의 향후 역할이 될 것이다.

PFperchloryl fluoride(보안을 위해 그리고 엔지니어들을 존중하여 그렇게 불렀는데, 보아하니 단어 '퍼클로릴'을 전혀 발음하지 못하는 것 같았다)를 조사하는 동안 그다음 후보도 막 등장하려는 참이었다. 몇몇 연구소는 이때 ClF_3보다 나은 성능을 가진 저장성 산화제를 내놓으려 했고, 1957년에 롬 앤드 하스Rohm and Haas의 콜번Colburn과 케네디Kennedy는 나이트로젠 트라이플루오라이드[5]를 450℃에서 구리 터닝 스크랩copper turnings과 반응시켜 $2NF_3 + Cu \rightarrow CuF_2 + N_2F_4$ 반응으로 N_2F_4를 만들어 냈다.

무언가 신기한 것이 나타나자 추진제 커뮤니티는 환호성과 함께 전면 행동에 돌입했다. 연구는 두 방향으로 진행되었는데—하나는 그 이름으로 불리던,[6] 하이드라진 테트라플루오라이드의 합성법을 개선하는 것이고, 다른 하나는 그것의 물리적 특성과 화학적 성질

---

5 NF_3를 만들기는 충분히 까다롭다. NF_3는 흑연전극을 사용하여, 용융 암모늄 바이플루오라이드를 전기분해하여 만든다. 전극들은 흑연이어야 하며—니켈을 사용하면 NF_3를 전혀 얻지 못한다—수율은 흑연을 제조한 사람에 따라 다르다. 필자에게 이유를 묻지 마시길.

6 N_2F_4는 무기화합물이며, 무기화학 명명 규칙에 따라 N_2O_4를 '다이나이트로젠 테트록사이드'라 일컫는 것으로 엄밀히 미루어 '다이나이트로젠 테트라플루오라이드'로 명명되었어야 했다. 대신에 그것은 유기화학 명명 규칙에 의해, 하이드라진 유도체로 명명되었다. 유기화학자들이 무기물을 명명하려 들고, 무기화학자들이 유기물 명명을 엉망진창으로 만들면서, 이런 일은 항상 일어났다!

을 알아내는 것이다.

롬 앤드 하스는 NF_3를 하고많은 것들 중에 고온의 비소와 반응시킨 것을 생각하면 이상하다고는 할 수 없지만, 다소 난해한 합성을 내놓았다. 스타우퍼 케미컬Stauffer Chemical은 제어가 쉬운 반응에서 NF_3를 고온의 유동화된 탄소와 반응시켰지만, 이는 제거가 거의 불가능한 대량의 C_2F_6로 극도로 오염된 생성물을 내놓았다. 듀폰Du Pont은 완전히 다른 합성을 개발했는데, 여기서는 NF_3와 NO를 니켈 플로우 튜브에서 $600°C$로 반응시켜 N_2F_4와 NOF를 생성한다. 다른 합성은 다이플루오로아민, HNF_2를 통하는 경로를 취했는데, 이는 유레아를 수용액에서 기체 플루오린과 반응시켜 F_2NCONH_2를 생성한 다음, 이것을 고온의 황산으로 가수분해해 HNF_2를 유리시켜 만들었다. 최종 단계는 다이플루오로아민을 N_2F_4로 산화시키는 것이었다. 캘러리 케미컬 컴퍼니는 강알칼리 용액에서 차아염소산 나트륨으로 이것을 수행했다. 롬 앤드 하스뿐 아니라 에어로제트도 산 용액에서 철(III) 이온으로 이것을 했다. 듀폰 공정, 그리고 HNF_2-루트 합성이 오늘날 사용되는 것들이다.

(HNF$_2$ 자체를 산화제로 사용하고자 하는 바람이 있었지만—그 끓는점은 $-23.6°C$이고 밀도는 1.4 이상이다—너무 격렬한 폭발성이어서 그 아이디어는 결코 크게 성공하지 못했다. 그것을 중간체로 사용할 때는 가스로 해서 즉시 다 써 버리는 것이 절차이다.)

다이나이트로젠테트라플루오라이드는 하이드라진과 같은 연료에 대해 높은 이론 성능을 갖는 확실한 고에너지 산화제였다. (NBS National Bureau of Standards의 마란츠Marantz와 그의 그룹은 정확한 계산이 이루어질 수 있도록 그 생성열을 곧 알아냈고) 에어로제트가 1962년에 그것을 하이드라진으로 그리고 펜타보레인으로 태웠을 때, 그들은 이론 성능의 95~98%를 측정했다. 그리고 그것은—끓는점에서 1.397로—밀도가 상당히 좋았다. 하지만 그 끓는점은 −73℃였고,[7] 이는 그것을 저장성 추진제 부류에서 제외시켰다.

그리고 이 점은 '우주용 저장성 추진제' 개념으로 이어졌다. 기억하다시피 1957년은 스푸트니크Sputnik 1호의 해였고, 그때 대중은 이 우주여행이라는 공상과학소설의 바보짓에 아무튼 무언가 있을지도 모른다는 것을 갑작스럽게 깨달았다. 우주와 약간이라도 관련이 있는 것은 무엇이든 대단히 잘 팔리게 되었는데, 군이 N_2F_4를 미사일에 쓸 수 없다면, 아마도 우주 기관(NACA, 후에 NASA)이 우주에서 쓸 수 있을 것이다. 어쨌든 우주의 고진공은 꽤 좋은 단열재로, 당신은 사실상 우주 크기의 이용 가능한 듀어 플라스크가 있다면 저비등성 액체를 장시간 저장할 수 있다. 우주용 저장성의 끓는점에 대해 임의의 상한(−150℃)이 정해졌지만, 관례는 당신이 팔고 싶은 추진제를 포함하도록 한도를 늘리는 것이다. −144.8℃에서 끓는 OF_2는 우주용 저장성으로 간주되지만, 당신이 그것의 이상적인 파트너인 −161.5℃에서 끓는 메테인, CH_4도 우주용 저장성이라

---

7 이 끓는점은 많은 사람들에게 뜻밖이었는데, 그들은 그것이 하이드라진의 끓는점 근처, 혹은 약 100℃일 것으로 예상했다. 그러나 우리 중 일부는 NF_3의 끓는점이 CF_4의 끓는점과 매우 가깝다는 점에 주목했고, 이런 이유로 N_2F_4의 끓는점이 C_2F_6의 끓는점과 그리 멀지 않을 것으로 예상했는데, C_2F_6의 끓는점은 −79℃이다. 그래서 우리 중 일부는 별 기대를 하지 않았기 때문에, 적어도 실망은 하지 않았다.

고 하고 싶다면, 아무도 대놓고 불평하지 않을 것이다.

NF_3는 상당한 비활성 물질이며 화학적 특성이 별로 복잡하지 않지만, N_2F_4는 특히 풍부하고 흥미로운 화학적 특성을 가진 전혀 다른 문제인 것으로 드러났다. 추진제 쪽 사람들은 진취적이지 않은 추진제를 다루는 것을 훨씬 더 선호했기 때문에 이 신개발품에 결코 크게 기뻐하지 않았는데, 그런 추진제는 사람들이 그것을 태울 시간을 낼 때까지 탱크에서 아무것도 하지 않고 가만히 있는다.

N_2F_4는 정확한 조건에 대체로 크게 좌우되며, 미량의 물이나 질소 산화물에, 반응기의 재료에, 그리고 실험자가 생각할 수 있는 (혹은 없는) 다른 모든 것에 자주 영향을 받는 반응으로, 물과 반응하여 HF와 다양한 질소 산화물을 생성하고, 산화 질소와 반응하여 불안정하고 선명한 색깔(자주색)의 F_2NNO를 생성하며, 갈피를 잡을 수 없을 정도로 많은 산소 함유 화합물과 반응하여 NF_3, NOF, N_2 및 갖은 질소 산화물을 생성한다. N_2F_4의 반응 중 많은 것들은, N_2O_4가 꼭 항상 $2NO_2$로 부분적으로 해리되듯이, N_2F_4가 언제나 2NF로 부분적으로 해리된다는 점, 그리고 해리의 정도가 온도가 높을수록 증가한다는 점에서 비롯된다. 이것이 이를테면 Cl_2와 같은 할로젠이 거동하는 방식이며, N_2F_4는 유사 할로젠pseudohalogen으로 간주될 수 있다. 롬 앤드 하스의 니더하우저Niederhauser는 N_2F_4가 이중 결합에 첨가 반응할 것이라고 그렇게 생각했고, N_2F_4를 기체상에서 에틸렌과 반응시켜 $F_2NCH_2CH_2NF_2$를 내놓았다. 반응은 일반적인 것으로 밝혀졌고 많은 일들을 야기했는데, 그중 일부를 일원 추진제에 관한 장에서 서술할 것이다.

N$_2$F$_4$의 취급 및 특성에 대해서는 현재 상당히 잘 알려져 있으며, N$_2$F$_4$는 부인할 수 없는 고성능 산화제이지만, 추진제로서 그 향후 역할을 가늠하기는 어렵다. N$_2$F$_4$는 어떤 군사 용도로도 사용되지 않을 것이며, 대형 부스터에는 액체 산소가 더 좋고 더 싸다. N$_2$F$_4$는 결국 심우주 임무에서 어떤 용도를 **찾을지 모른다**. 토성 궤도선은 궤도 진입을 위한 연소를 하기까지 수년간 관성 비행coasting을 해야 할 것이며, 우주 공간이 제공하는 단열로도 액체 산소를 그렇게 오래 보관하는 것은 어려울지 모른다. 그리고 N$_2$O$_4$는 아마도 꽁꽁 얼어붙었을 것이다.

케네디와 콜번이 다이나이트로젠 테트라플루오라이드를 발견했을 때 그들은 자신들이 무얼 찾고 있는지 알고 있었다. 그러나 그다음 산화제는 다른 것을 찾던 사람들에 의해 발견되었다.

1960년 초에 공군 계약으로 무장한 로켓다인Rocketdyne의 에밀 로턴Emil Lawton 박사는 당시로서는 훌륭해 보이는 발상을 가지고 있었던 것 같다. 클로린 트라이플루오라이드와 다이플루오로아민을 다음과 같이 반응시키는 것이었다.

$$ClF_3 + 3HNF_2 \rightarrow 3HF + Cl(NF_2)_3$$

그는 도널드 필리포비치Donald Pilipovich 박사 '플립Flip'에게 일을 맡겼다. 플립은 금속 진공 라인을 손수 제작하여 작업에 착수했다. 그러나 그는 원했던 것을 얻지 못했다. 그는 대부분 ClNF$_2$에 추가로 소량의 '컴파운드Compound X'를 얻었다. 컴파운드 X는 질량분석기에서 강한 NF$_2$O$^+$ 피크를 보였는데, 문제는 산소의 출처였다. 조사 결과, 그는 자신이 쓰고 있던 클로린 트라이플루오라이드가 $FClO_2$와 ClO_2에 심하게 오염된 것을 알게 되었다.

그사이 같은 그룹의 월터 마야Walter Maya 박사는 플루오린과 산소의 혼합물에 전기 방전을 가해 O_2F_2를 만들고 있었다. 그리고 그의 라인에 우연히 약간의 공기가 들어가 그 또한 컴파운드 X를 내놓았다.

플립이 당시에 다른 일에 묶여 있었으므로, 마야가 컴파운드 X 문제를 넘겨받았다. 그는 공기와 플루오린의 혼합물에서 전기 방전이 X를 제공할 것이지만, 산소와 NF_3의 혼합물에서 방전이 훨씬 더 낫다는 점을 알게 되었다. 그들 분석 그룹의 바살러뮤 터플리 Bartholomew Tuffly 박사는 NF_3에서 X를 분리하기 위해 겔화된 플루오로카본 가스 크로마토그래프 칼럼을 발명했고, 그 질량 스펙트럼과 분자량은 그것을 ONF_3 아니면 오랫동안 찾던 F_2NOF로 분명하게 식별했다.

그동안에 얼라이드 케미컬 내 그룹인 폭스W. B. Fox, 매켄지J. S. Mackenzie, 밴더쿡N. Vandercook 박사들은 OF_2의 NF_3와의 전기 방전 반응을 연구하고 있었으며, 1959년 중반께 불순물이 섞인 혼합물의 IR 스펙트럼을 측정했지만 그들의 생성물을 식별하지 못했다. 두 그룹은 1961년 1월경에 결과 및 스펙트럼을 비교해 보았고, 그들에게 동일한 화합물이 있다는 것을 알게 되었다. 핵자기공명NMR 분광법은 그것이 F_2NOF가 아니라 ONF_3였다는 것을 보여 주었다.

그리고 이 이야기의 교훈은 당신이 새로운 화합물을 찾을 때 혼합물에 항상 전기 방전을 해 볼 만하다는 것이다. 어떻게 될지 아무도 모른다. 정말 별의별 일이 다 일어날 수 있다.

빌 폭스 그룹은 ONF_3가 ONF의 광화학 플루오린화로 합성될 수 있고, NO의 화염 플루오린화에 이은 급랭fast quench으로 합성될 수 있다는 것을 곧 알게 되었다. 마지막 합성은 비교적 대규모 생산에 가장 적합하다.

얼마 후 필자는 큰 회의 중 하나에서 추진제 합성에 관한 회의의 의장을 맡았고, 프로그램에서 로켓다인뿐 아니라 얼라이드도 ONF_3에 대해 발표하는 것을 발견했다. 필자는 그들이 동 화합물의 화학 결합에 대한 해석이 크게 다르다는 것을 알고 있었기에, 잘하면 싸움을 붙일 수 있겠다 싶어 두 논문이 연달아 발표되도록 프로그램을 재배열했다. 하지만 운이 없었다—둘 다 너무 점잖았다. 아쉽게도.

수년 뒤, 또 다른 회의에서는 더욱 흥미로운 결과가 나왔다. 1966년 6월 앤아버에서 플루오린 화학에 관한 심포지엄이 개최되었는데, 논문 중 한 편은 브리티시컬럼비아 대학교의 닐 바틀릿Neil Bartlett 교수가 쓴 것으로, ONF_3의 발견 및 특성에 관한 것이 될 터였다. 플루오린 화학의 거장이자 OIF_5 및 제논 플루오라이드류의 발견자인 바틀릿은 물론 로켓다인과 얼라이드의 기밀 연구에 대해 들어 본 적이 없었다. 그러나 사전 프로그램을 본 빌 폭스는 그 화합물에 대한 본인의 보고서를 서둘러 기밀 해제했고, 몇몇 합성 방법, 그리고 동 화합물의 거의 모든 흥미로운 특성을 서술하는 바틀릿의 논문 직후에 발표했다. 빌은 바틀릿이 바보처럼 보이지 않게 하려고 최선을 다했고, 바틀릿은 씩 웃으면서 대수롭지 않게 넘겼

점화!

지만—"뭐, 처음부터 다시 해 보죠(well, back to the old vacuum rack)"(역자주: "Well, back to the old drawing board"를 패러디한 것이며, 배큐엄 랙은 유리 및 스테인리스강 튜브가 수많은 밸브로 그물망처럼 연결된 실험 설비를 지칭함)—이 사건은 응용 연구와 목적이 분명한 연구에 대한, 목적이 불분명한 '순수' 연구의 지적 (및 도덕적) 우월성을 확신하는 상아탑 부류가 주목해야 하는 대단한 일이다.

동 화합물은 나이트로젠 옥사이드트라이플루오라이드, 나이트로실 트라이플루오라이드 그리고 트라이플루오로아민 옥사이드로 불렸다. 첫 번째가 아마 나을 것이다. ONF_3는 −87.5℃에서 끓고, 그 온도에서 밀도가 1,547이다. ONF_3는 다이나이트로젠 테트라플루오라이드보다 화학적으로 활성이 훨씬 낮으며, 이러한 이유로 취급하기가 훨씬 용이하다. ONF_3는 대부분의 금속에서 안정하며, 물이나 알칼리, 혹은 400℃에서도 유리나 석영과 그저 매우 느리게 반응할 뿐이다. 이러한 점에서 ONF_3는 퍼클로릴 플루오라이드와 매우 유사한데, 퍼클로릴 플루오라이드는 조밀하고 대칭적인 비슷한 사면체 구조를 가졌으며, 반응성이 큰 전자가 없다. ONF_3는 플루오린화된 올레핀과 반응하여 $C-O-NF_2$ 구조를, SbF_5와 반응하여 흥미로운 염인 $ONF_2^+SbF_6^-$를 생성한다.

산화제로서 ONF_3의 잠재력은 N_2F_4의 잠재력과 비슷한 것으로 보이며, 심우주 임무에 유용할 것이다.

심우주에서만 작동하도록 설계된 로켓 모터는 일반적으로 비교적 낮은 연소실 압력을 갖도록—150psia 이하—설계되며, 해면 고도에서 사용하도록 설계된 모터의 경우보다 추진제 분무에 에너지가 덜 드는데, 해면 고도용 모터의 연소실 압력은 보통 약 1,000psia이다. (몇 년 안에 아마 2,500이 될 것이다!) 그리고 심우주 모터의 낮은 분무 압력 요건에 대해, 일부 '우주용 저장성'이 특히 잘 맞는 것 같다. 관성 비행 기간 동안, 그것들은 그 정상 끓는점normal boiling point 미만으로 유지될 수 있다. 그러다가 그것들을 사용할 시간이 다가오면 해당 모터의 낮은 연소실 압력보다 그 증기압이 훨씬 높을 것인 온도까지 가열하기 위해 작은 에너지원(소형 전기 가열 코일이나 그와 비슷한 것)을 쓸 수 있는데, 그러면 꼭 에어로졸 스프레이가 자체 증기압으로 배출되는 것처럼 그 자체가 분무 압력원이 될 수 있다. 예전부터 알려져 있었던 나이트릴 플루오라이드, FNO_2는 물론 다이나이트로젠 테트라플루오라이드, 나이트로젠 옥사이드트라이플루오라이드도 이런 류의 용도에 특히 적합한 것 같다. 에어로제트는 1963년에 비슷한 종류의 연구를 많이 했고, 완전한 성공을 거두었다.

'우주용 저장성' 한 쌍을 선택할 때는 공통 액체 (온도) 범위를 갖는 연료와 산화제를 선택하는 것이 좋다. 그것들을 몇 개월 동안 계속되는 임무 중에 나란히 보관하면, 단열재가 아무리 좋아도 그들의 온도가 서로 점점 더 가까워진다. 그리고 둘이 수렴하는 온도가 한 추진제는 고체이고 다른 하나는 기체인 온도라면, 그것들이 일하러 갈 때가 되어 어려움이 있을 것이다. 마찬가지로 자가 가압 분무 방식을 사용할 경우, 둘의 증기압이 서로 엇비슷하면 설계 문제가 단순화된다. 그래서 설계자가 끓는점이 $-87.5℃$인 ONF_3를 사

점화!

용할 생각이라면, 에테인이, 끓는점이 −88.6℃이므로, 연료로 좋은 선택이 될 것이다.

두 가지 우주용 저장성 시스템이 상당히 집중적으로 연구되었다. RMI와 JPL은 1963년쯤을 시작으로, 그리고 1969년까지 계속해서 다이보레인−OF_2 시스템을 고안한 반면, NASA 자체는 물론 NASA와 계약을 맺은 프랫 앤드 휘트니Pratt & Whitney, 로켓다인, 톰프슨 라모 울드리지Thompson Ramo Wooldridge Inc., TRW도 그들의 역량을 OF_2와 경질 탄화수소류(메테인, 에테인, 프로페인, 1−뷰텐 및 이것들의 여러 가지 혼합물)에 집중했다. (그들은 모터 작업 대부분에 산소와 플루오린의 혼합물을 OF_2의 상당히 저렴한 대용품으로 사용했다.) 모든 탄화수소가 좋은 연료였지만, 메테인은 최상의 성능을 가졌을 뿐만 아니라 증발transpiration이든 복열regenerative이든 냉각재로서 타의 추종을 불허했다. OF_2−메테인 조합은 극히 유망한 조합이다. (1930년에 나온 빙클러Winkler의 연료가 진가를 발휘하기까지 오랜 시간이 걸렸다!)

필자가 보안에 저촉되지 않는 범위 안에서 말할 수 있는 산화제 이야기의 마지막 부분은 '컴파운드 A'에 대한 파란만장한 스토리이다. 필자가 여느 때보다 상세히 적는다면 이유는 간단하다. 'A'의 발견은 아마 추진제를 업으로 삼은 화학자들의 지금까지의 가장 중요한 업적일 것이고, 이야기가 잘 기록되어 있으며, 그들이 극복해야 했던, 기술적인 것이 아니라, 관료주의적이고 사적인 장애물을 감탄스러울 만큼 분명히 보여 준다.

월터 마야는 1960~1961년에 전기 방전 실험을 하는 동안(그는

NF$_3$를 그렇게, 다른 누구도 할 수 없었던 방식으로 만들었고, N$_3$F$_5$ 같은 것들을 얻으려 애썼다) 적외선에서 각각 13.7과 14.3미크론의 흡수대를 갖는 미량의 화합물 2종을 가끔 얻었다. 그리고 편의상 그것들을 '컴파운드 A'와 '컴파운드 B'라고 불렀다. 그 시점에 그가 다른 일에 묶여 있었던 탓에, 로턴은 한스 바우어Hans Bauer 박사에게 그것들을 식별하는 문제를 맡겼다. 작업이 지지부진했지만 바우어는 마침내 질량 분석에 필요한 만큼의 A를 얻었다. 그리고 그 안에 염소가 들어 있다는 것을 알게 되었다. 기구에 질소와 플루오린만 집어넣었기 때문에 이는 약간의 설명을 요했는데, 기구의 스톱콕 stopcock에 쓰인 클로로트라이플루오로하이드로카본(Kel–F) 그리스가 반응에 개입된 것 같았다. 로턴은 바우어(그의 뜻에 크게 반하여)로 하여금 시스템에 약간의 염소를 넣게 했는데, 'A'를 만드는 데 염소와 플루오린만 필요하다는 것이 곧 분명해졌다. 이러한 사실로 보아, 더욱이 'A'가 미량의 물과 반응하여 FClO$_2$를 생성한다는 점으로 보아, 그리고 IR 스펙트럼으로 보아 로턴은 1961년 9월에 제출한 보고서에 'A'가 ClF$_5$라고 제언했다. 바로 그때 로켓다인의 계약(고등연구계획국ARPA이 후원하고 해군연구청ONR이 모니터링했다)이 해지되었다.

수백 마일 떨어진 텍사스에서 로켓다인 고체추진제사업부 누군가가 ARPA 프로그램과 관련해 바보 같은 보안 실수를 한 모양인데, ARPA의 진 목Jean Mock 박사는 문책으로 무언가를 해야겠다고 생각했다. 게다가 그는 로턴의 상사인 밥 톰프슨Bob Thompson 박사에게 말하기를, "로턴이 자기가 ClF$_5$를 만들었다고 주장하는데, 말도

점화!

안 되는 소리다."라고 했다. 그래서 그 프로젝트는 반년 동안 계류 되어 있었다.

그러다 1962년 3월쯤 톰프슨 박사는 회사 연구개발 자금 약간을 어렵게 모아 로턴에게 그가 원하는 것은 무엇이든 하는 화학자 두 명을 석 달간 붙여 주겠노라고 말했다. 마야가 일을 다시 맡아 데이 브 시핸Dave Sheehan의 도움으로 대략적인 분자량을 구하는 데 필 요한 'A'를 간신히 만들어 냈다. 그것은—계산된 값 130.5와 비교하 여—127이었다.

이 정보로 무장한 로턴은 ARPA로 돌아가 목의 대리代理인 딕 홀 츠먼Dick Holzmann에게 통사정을 했다. 홀츠먼은 그를 사무실 밖으 로 내쫓았다. 이때가 1962년 중반이었다.

이때 로턴에게 공군 연구 프로그램이 있었고, 그는 필사적인 심 정으로 그들의 프로그램—그리고 돈—을 이용해 문제를 해결하기 로 결심했다. 문제는 공군 프로그램이 할로젠 간 화합물에 관한 연 구를 허락하지 않았다는 것이었지만, 그는 분명 성공하면 모든 것 이 용서될 것이라고 생각했던 것 같다. (구 스페인 왕립육군에는 명 령에 불복하여 싸운 전투에 승리한 장군에게 수여하는 훈장이 있었 다. 물론 **패했다면**, 그는 총살이었다.) 필리포비치는 그때까지 로턴 의 책임 과학자였는데, 그는 딕 윌슨Dick Wilson에게 일을 맡겼다. 그 리고 일주일 안에 그는 열과 압력을 요하는 다음과 같은 네 가지 반 응 모두를 생각해 냈다.

$$ClF_3 + F_2 \rightarrow ClF_5$$

$$\text{ClF} + 2\text{F}_2 \rightarrow \text{ClF}_5$$

$$\text{Cl}_2 + 5\text{F}_2 \rightarrow 2\text{ClF}_5$$

$$\text{CsClF}_4 + \text{F}_2 \rightarrow \text{CsF} + \text{ClF}_5$$

다음 문제는 이 모든 것을 공군에 전부 해명하는 것이었다. 쉽지 않았다. 로켓다인의 보고서가 1963년 1월에 에드워즈 공군기지에 도착하자 아주 그냥 (삐-)판이 되었다. 돈 맥그레거Don McGregor는 로턴의 프로그램을 모니터링하고 있었는데, 완전히 격분해서 그를 죽이고 싶었다—천천히. 포러스트 '우디' 포브스Forrest "Woody" Forbes는 그에게 메달이라도 주고 싶었다. 한바탕 대소동이 벌어졌고, 사람들이 이 자리에서 저 자리로 옮겨 앉았으며, 사태가 진정되기까지 몇 주가 걸렸다. 로턴은 죄 사함을 받았고, 딕 홀츠먼이 ARPA를 대표해 너그럽게 사과하고 로턴에게 새 계약을 주면서 추진제 업계에는 상대적인 평화가 찾아들었다. 그리고 몇 주 후에 필자가 ClF$_5$의 발견 소식을 들었을 때(코드명인 컴파운드 'A'가 보안상의 이유로 수년간 유지되었다), 필자는 에밀에게 "축하한다, 새꺄! 내가 직접 했더라면 좋았을 텐데!"로 시작되는 편지를 보냈다. 그는 과히 자랑스러웠는지 로켓다인의 모든 사람들에게 그 편지를 보여 주었다.

ClF$_5$는 ClF$_3$와 매우 유사하지만, 주어진 연료에 대해 성능이 약 20초가량 낮다. 그것은 $-13.6℃$에서 끓고, $25℃$에서 밀도가 1.735이다. 그리고 CTF 사용 및 취급을 위해 개발된 모든 기법은 새로운 산화제에 변함없이 적용될 수 있다. 추진제 커뮤니티가 열광적이었다고 말하는 것은 터무니없이 절제된 표현일 것이다.

그들의 ARPA 계약 건에서 로켓다인 그룹은 딕 윌슨의 대단한 실험 기술에 힘입어 '플로록스Florox'를 내놓았다. 하지만 그것은 아직 기밀이고, 필자는 곤경에 처하지 않고는 그에 대해 말할 수 없다.[8] 하지만 아무도 아직 $OClF_5$라는 것을 내놓지는 못했는데, 있을 수 있는 거의 궁극적인 저장성 산화제일 것이기 때문에 필자는 그것을 '컴파운드 오메가Compound Omega'라고 이름 지었다. $OClF_5$는 이를테면 모노메틸 하이드라진, CH_6N_2와 같이 탄소를 함유한 연료에 특히 유용할 것인데, 그것과 몰 대 몰로 반응하여—어떤 열역학자의 마음도 녹이는 배기가스종 세트—$5HF + HCl + CO + N_2$를 생성할 것이다. 로턴과 회사는 그것을 얻으려 애썼고, 아마 여전히 얻으려 애쓰고 있을 것이다. 필자 그룹의 샘 해시먼Sam Hashman 박사와 조 스미스Joe Smith는 그것을 3년 넘게 찾았는데, 처녀를 달에 제물로 바치는 것 외에(심각한 원자재 부족이 그것을 지연시켰다) 알려진 모든 합성 기법을 썼지만 전혀 운이 없었다. 누군가 어느 때고 정녕 오메가를 합성한다면, 그것은 아마 닐 바틀릿 아니면 로턴 그룹에 있는 누군가일 것이다.

혼합물을 의도한 연료에 맞추어 조정하는 혼합 산화제로 많은 연

---

8 에밀 로턴은 1970년 말에 한 프랑스인이 플로록스를 독자적으로 보고한 이후 그것이 기밀 해제되었다고, 최근(1971년 9월)에 필자에게 알려 주었다. 그것은 $OClF_3$이며, Cl_2O 아니면 하고많은 것들 중에 클로린 나이트레이트, $ClONO_2$를 플루오린화해 만든다. 그것은 끓는점이 30.6°C이며, 1.852라는 높은 밀도를 갖는다. 그리고 그것은 산소를 함유하기 때문에, 예를 들어 UDMH와 같은 탄소 함유 연료와 함께 사용할 수 있다.

구가 수행되었다. 우선 한 곳으로 NOTS(해군병기시험장)는 1962년에 ClF_3, $FClO_3$, N_2F_4의 혼합물인 '트라이플록스Triflox'로 실험했고, 또 다른 곳으로 펜솔트는 ClF_3와 $FClO_3$로 구성된 '할록스Halox'를 조사했다. 이런 연유로 필자가 보기에 MMH를 태우는 데는 ClF_5와 $FClO_3$의 적절한 혼합물이 하늘의 별 따기인 오메가에 거의 못지 않게 좋을 수 있다.

N_2F_4를 첨가해 ClF_5의 성능을 업그레이드하려는 시도는 (강철 압력 용기에 저장된) 액체 혼합물의 증기압이 심상치 않은 방식으로 증가하기 시작하면서 갑작스레 끝이 났다. 두 산화제가 다음과 같이 반응한 것으로 보인다.

$$ClF_5 + N_2F_4 \rightarrow ClF_3 + 2NF_3$$

그리고 그것에 대해 할 수 있는 일이라고는 아예 아무것도 없었다.

아, 그렇지, '컴파운드 B'에 대해서도. 여기에는 슬픈 사연이 있다. 그것은 질량분석기의 텅스텐 필라멘트에서 나온 것이 분명한 텅스텐 헥사플루오라이드—WF_6—로 밝혀졌다. 로턴도 모든 것을 다 가질 수는 없는 법이다!

7장

성능

　필자가 수많은 정선된(바라는 바) 말로써 '성능'에 대해 이야기해 왔으니, 이 시점에서 그 단어를 정확히 무슨 뜻으로 한 말인지 설명해도 나쁘지 않겠다는 생각이 든다.

　로켓 모터의 목적은 추력―힘―을 내는 것이다. 로켓 모터는 추력을 내기 위해 가스 흐름을 고속으로 배출한다. 그리고 추력은, 이를테면 kg/s를 단위로 하는, 가스가 배출되는 유량, 그리고 그것이 튀어나가는 **속도**, 이렇게 두 가지 요소에 좌우된다. 유량에 속도를 곱하면 추력을 얻는다. 따라서 kg/s×m/s를 하게 되면 뉴턴Newton을 단위로 하는 추력이 나온다. (즉 당신이 상식이 있는 사람이고 MKS 국제단위계로 작업한다면 말이다.) 추력을 늘리고자 한다면 질량 유량mass flow을 늘리거나(더 큰 모터를 만들거나) 제트 속도를 높이면 되는데, 이는 일반적으로 더 나은 추진제 조합을 찾는 것을 뜻한다. 추진제 조합의 성능은 요컨대 그것이 만들어 내는 제트 속도이다.

간혹 로켓 업계에 있지 않은 일반인이, 예를 들면 새턴Saturn V 로켓의 '파워일률'가 얼마냐고 묻곤 한다. 파워는 로켓학에서 그다지 유용한 개념이 아닌데, 당신이 기체에 전달하려 하는 것은 운동량이고, 이는 추력 곱하기 그것을 가한 시간에 비례하기 때문이다. 하지만 파워를 열 또는 화학 에너지가 배기 흐름에서 운동에너지로 전환되는 비율로 정의할 경우에는 의미 있는 수치를 끌어낼 수 있다. 주어진 질량의 배기가스의 운동에너지(즉 지구나 달 또는 화성이 아니라, 로켓에 대한)는 $Mc^2/2$이며, 여기서 M은 질량, c는 속도(다시 말하지만, 로켓에 대한)이다. 그리고 파워, 혹은 에너지 전환율은 $\dot{M}c^2/2$이며, 여기서 $\dot{M}$은 질량 유량—이를테면 kg/s—이다. 그런데 위에서 보다시피 $\dot{M}c = F$, 추력이다. 그래서 이를 하나로 조합하면, 파워 = $Fc/2$. 더없이 간단하다. 이제 새턴 V 이야기로 넘어가 보자.

새턴 V의 추력은 7,500,000파운드힘pound-force이다. 그러니까 질량이 아닌데, 그 차이가 중요하다. 이는 33.36×10^6뉴턴에 상응한다. (1파운드포스 = 4.448뉴턴이며, 뉴턴은 힘의 MKS 단위이다. 이것이 MKS의 좋은 점이다. 질량과 힘 간에 혼동이 없다!) 새턴 엔진의 정확한 배출 속도가 얼마인지 기억나지는 않지만, 2,500m/s에서 크게 벗어나지 않을 것이다. 그래서 33.36×10^6에 2.5×10^3을 곱하고 2로 나누면 파워가 와트watt 단위로 깔끔하게 나온다.

그리고 그렇게 계산된 파워는,

　　　　　　　　　　　　　　　　　　점화!

$$41.7 \times 10^9 \text{와트}$$

또는 $$41.7 \times 10^6 \text{킬로와트}$$

또는 $$41.7 \times 10^3 \text{메가와트}$$

이는 약 5천6백만 마력hp에 달한다. 비교를 하면, 세계 최강의 항모 엔터프라이즈Enterprise함의 원자로 출력이 약 300,000hp이다. 그리고 엔진으로 유입하는 추진제와 노즐로 배출되는 배기가스의 질량 유량은 1초에 약 15톤이다. 화학반응기의 처리량으로 생각하면—모터도 반응기이다—수치가 인상적이다.

지금까지는 모든 것이 간단했다. 그러나 이제 일이 조금 까다로워지기 시작한다. 왜냐하면 '주어진 추진제 쌍을 확정된 연소실 압력으로 연소해 노즐을 통해 적절히 팽창시켰을 때, 그로부터 얻을 수 있는 배출 속도 c를 어떻게 계산하겠는가?' 하는 의문이 생기니까. 위에서 본 것과 같이, 주어진 질량의 배기가스의 에너지는 $E = Mc^2/2$이다. 이를 재배열하면, $c = (2E/M)^{1/2}$이다. 모터에 분무되는 추진제는 전부 다 배기가스로 나오므로(그러기를 바란다!), 저 방정식에 있는 'M'은 우리가 살펴보는 배기가스의 질량을 만들어 낸 추진제의 질량이기도 하다. 그러나 E는 팽창 전 배기가스의 열에너지 H와 같지 않다. 그래서 실은 $c = (2H/M \times \eta)^{1/2}$이며, 여기서 η는 열에너지에서 운동에너지로의 변환 효율이다. 그리고 η는 연소실 압력에, 배기 압력에, 그리고 연소실에서 팽창하지 않은 채로 있는 동안뿐만 아니라 팽창 중에 변화하면서도, 배기가스의 성질에 좌우된다.

그러므로 우리는 분명히 연소실에 있는 가스의 화학적 조성을 알아야 한다. 그것이 첫 번째 단계이다. 그런데 단순한 화학량론을 사용해서는 그것을 얻을 수 없다. 당신이 연소실에 수소 2몰과 산소 1몰을 집어넣는다고 해서 물 2몰이 나오지를 **않는다**. 거기에 물론 H_2O가 있기는 하다. 그러나 높은 온도로 인해 해리 또한 많을 것이기에, 존재하는 다른 종들은 H, H_2, O, O_2 및 OH일 것이다. 모두 6종인데, 당신은 이들이 어떤 비율로 발생할지 선험적으로 알 수 없다. 그리고 6개의 미지수를 풀려면 6개의 방정식이 필요하다.

이들 중 둘은 간단하다. 첫 번째는 수소와 산소 간의 원자비에서 유도되며, 모든 수소 함유 종의 부분압력에 각각에 들어 있는 수소 원자의 수를 개별적으로 곱한 것의 합을, 모든 산소 함유 종의 부분압력에 **각각**에 들어 있는 산소 원자의 수를 개별적으로 곱한 것의 합으로 모두 나누면, 당신이 이미 결정한 어떤 값이라는 것을 간단히 명시하는데, 이 경우에는 2이다. 두 번째 방정식은 존재하는 모든 종의 부분압력의 합이 당신이 선택한 연소실 압력과 같아야 한다는 것을 명시한다. 나머지 4개의 방정식은 $(H)^2/(H_2) = K_1$ 형태의 평형 방정식인데 여기서 (H)와 (H_2)는 해당 종의 부분압력을 나타내며, K_1은 연소실 온도에서 그들 간의 평형상수이다. 이는 매우 간단한 경우이다. 다른 원소의 수와 가능한 종의 가짓수가 늘어나면서 상황은 기하급수적으로 나빠진다. 탄소, 수소, 산소 및 질소가 들어 있는 시스템에서 당신은 15종 혹은 그 이상을 고려해야 할 수도 있다. 그리고 당신이 가령 붕소나 알루미늄을 조금, 그리고 아마 약간의 염소와 플루오린을 던져 넣는다면—도저히 상상이 안 된다!

점화!

그러나 당신은 그 일에 매여(명심하라, 필자는 당신에게 이것을 하라고 **요구하지** 않았다!) 계속 진행한다―아니면 컴퓨터 이전의 불행한 시절에 그렇게 했거나 말이다. 맨 먼저, 당신은 연소실 온도를 추측한다. (경험은 여기서 많은 도움이 된다!) 그런 다음 당신이 선택한 온도에 대한 적절한 평형상수를 찾아본다. 헌신적이고 자학적인 석학들은 이것들을 알아내고 편집하는 데 여러 해를 보냈다. 당신의 방정식이 이제 당신 앞에서 풀리기를 기다리고 있다. 이것을 곧바로 할 수 있는 경우는 좀처럼 드물다. 그래서 당신은 혼합물의 주성분일 것으로 생각하는 것의 부분압력을 추측하고(이번에도 경험은 큰 도움이 된다) 그로부터 나머지를 계산한다. 당신은 그것들을 전부 더하고, 그것들이 미리 정한 연소실 압력과 일치하는지 본다. 그것들은 물론 맞지 않고, 그러면 당신은 돌아가서 처음의 추측을 재조정하고 다시 시도해 본다. 하고 또 하고. 그러면 결국 당신의 모든 종이 평형에 있고, 수소 대 산소 등등의 정확한 비율이 나오며, 그것들의 합계가 정확한 연소실 압력이 된다.

다음으로, 당신은 당신 추진제에서 나온 이들 종이 생성 과정에서 냈을 것인 열의 양을 계산하고, 그 수치를 당신이 택한 연소실 온도까지 연소 생성물을 데우는 데 필요할 것인 열과 비교한다. (위의 그 헌신적인 석학들이 필요한 생성열과 열용량을 그들의 모음집에 수록해 두었다.) 그리고 당연히 두 수치가 일치하지 않으므로, 당신은 원점으로 되돌아가 다른 연소실 온도를 추측한다. 계속 그런 식이다.

그러나 모든 일에는 끝이 있는 법이라 결국 당신의 열(엔탈피)이 모두 균형을 이루고, 평형이 모두 일치하며, 연소실 압력이 앞뒤가 맞고, 정확한 원소 비율이 나온다. 요컨대, 당신은 연소실 환경을 안다.

이튿날 아침에(위에 서술한 과정이 아마 하루 종일 걸렸을 것이다) 당신은 결정을 내려야 한다. 동결 평형 계산을 할 것인가, 아니면 이동 평형 계산을 할 것인가? 첫 번째라면, 당신은 가스가 노즐에서 팽창 및 냉각되는 동안 그 조성 및 열용량이 변함없이 유지된다고 상정한다. 후자의 경우, 당신은 가스가 냉각 및 팽창하는 동안 변화하는 압력과 온도에 따라 종 간의 평형이 이동하며, 따라서 배기가스의 조성도 열용량도 연소실에 있었던 것과 동일하지 않다고 상정한다. 첫 번째 상정은 모든 반응 속도가 영(0)이고, 두 번째 상정은 그것들이 무한대라는 표현이나 마찬가지인데, 두 상정 모두 명백한 거짓이다.

당신이 보수적인 수치를 원한다면, 동결 평형 계산을 택하면 된다. (동결 평형 계산은 이동 평형 계산보다 낮은 값이 나온다.) 그리고 당신은 연소실 계산에서 나온 데이터를 아래의 경악스러운 공식에 대입한다.

$$c = \left\{ 2 \frac{R\gamma}{\gamma - 1} \frac{Tc}{\overline{M}} \left[1 - \left(\frac{Pe}{Pc} \right)^{\frac{\gamma - 1}{\gamma}} \right] \right\}^{1/2}$$

여기서 R은 보편기체상수, γ는 연소실 기체들의 비열비ratio of specific heat, C_p/C_v이다. $\overline{M}$는 그것들의 평균 분자량이다. Tc는 연소실 온도이다. Pe 및 Pc는 각각 배기 압력 및 연소실 압력이다. 이 공

점화!

식은 엉망인 것처럼 보이고, 엉망이지만 다음과 같이 단순화될 수 있다.

$$c = [2H/M]^{1/2}\left[1-\left(\frac{Pe}{Pc}\right)^{R/Cp}\right]^{1/2}$$

여기서 H는 존재하는 모든 종의 엔탈피의 총합이다. (제로 엔탈피의 기준 상태는 절대영도인 이상 기체로 간주된다.) 'M'은 물론 그것들을 만들어 낸 추진제의 질량이다. 그리고 효율 η는 다음과 같다.

$$1-\left(\frac{Pe}{Pc}\right)^{R/Cp}$$

당신이 낙관적으로—그리고 힘이 넘친다고—느낀다면 이동 평형 계산을 한다. 이는 기체 조성이 팽창 과정에서 변할 것이지만, 엔트로피는 그렇지 않을 것이라는 상정에 기반한다. 따라서 다음 단계는 연소실에 존재하는 모든 종의 엔트로피를 합산하고, 그 수치를 잊지 않을 종잇조각에 적어 두는 것이다. (엔트로피도 모음집에 있다.) 그런 다음 당신은 당신이 정한 배기 압력에서 배기 온도를 추측한다. 그리고 나서 당신은 연소실 조성을 알아냈던 그대로 배기가스의 조성을 알아낸다. 그리고 거기서의 엔트로피를 합산해 그것을 연소실 엔트로피와 비교한다. 그리고 다른 배기 온도를 해 보고, 계속 그런 식이다. 마침내 배기 환경이 나오면, 당신은 거기서의 단위 질량당 엔탈피를 계산할 수 있다. 그리고 나서 마지막으로,

$$c = \left[\frac{2(H_c - H_e)}{M}\right]^{1/2}, \ \eta = 2(H_c - H_e)/H_c.$$

고체 및 액체 배기 생성물은 발생 시에 과정을 다소 복잡하게 하지만, 대강의 개념은 위와 같다. 그에 대해서는 하등의 복잡할 것이 없지만, 실제로 하는 것은 못 견디게 지루한 일이다. 그런데도 필자는 성능 계산을 20년째 하면서도 아직 제정신인 듯한 사람들을 알고 있다!

'정확한' 성능 계산에 수반하는 시간과 노동에는 상당히 예측 가능한 두 가지 결과가 있었다. 첫 번째는 다 **된** 계산을 누구든 손에 넣기만 하면 순금(이동 평형 계산은 '백금'으로 정정한다)처럼 아끼고, 여기저기 돌리고, 편집하고, 감추어 두었다는 것이다. 두 번째 결과는 너도나도 근사법, 혹은 간편법을 필요로 하고 있었다는 것이다. 그리고 이들 방법은 상당히 다양하게 마련되어 있었다.

이 중 가장 정교한 것은 다양한 추진제 조합의 연소 생성물에 대한 몰리에 선도Mollier chart 형태를 취했다. 이것들은 보통 엔탈피 대 엔트로피를 그려 놓은 그래프였으며, 등온선 및 등압선이 도표를 가로지르고 있었다. 대표적인 도표 세트는 제트유와 다양한 비율의 산소의 연소 생성물에 관한 것일 것이다. 다른 것으로는 90% 과산의 분해 생성물에 대한 것이나 다양한 O/F비에서 암모니아와 산소에 대한 것도 있다. 일부는 좀 더 일반적이었는데, 탄소, 산소, 수소 및 질소 원자로 규정되어 있는 혼합물에 적용되며, 어떤 추진제가 관여했는지 명시하지 않았다. 이들 도표는 사용하기 쉬웠으며 서둘러 결과를 내주었지만, 이것들은 당신이 염두에 둔 **바로 그** 조합에

점화!

좀처럼 적용되는 법이 없었다. 그것들은 그리기도 아주 어려웠는데, 흔히 있는 일이었지만, 수십 가지 계산을 해야 했다. 연소 현상에 경험이 풍부한 광산국Bureau of Mines은 이 분야의 선도자였다.

MIT(매사추세츠 공과대학교)의 호텔Hottel, 새터필드Satterfield, 윌리엄스Williams는 1949년에 좀 더 일반적이지만 충분한 정보를 주기에는 다소 부족한 방법을 개발했다. 이것은 CHON 시스템 내에서 사실상 어떤 조합에도 사용될 수 있었지만, 이를 300psia 외의 연소실 압력이나 14.7 외의 배기 압력에 사용하는 것은 복잡하고 지저분한 과정이었다. 필자는 나중에 그 방법을 수정하고 간소화했으며, 다른 원소에 대한 대비책을 마련해 1955년에 'NARTS 성능 계산법NARTS Method of Performance Calculation'으로 발표했다.

이러한 것들, 그리고 도표로 된 유사한 방법들은 기본적으로 정확하게 계산된 시스템 간의 내삽을 포함하고 있으며, 이동 평형 계산 결과에 대한 상당히 좋은 근삿값을 제공했다.

다른 근사법 그룹은 대체로 동결 평형 계산 결과와 비슷한 결과를 제공했으며, 방정식 $c = (2H/M \times \eta)^{1/2}$에 기초했다. 통상적인 절차는 (해리가 아예 없었다는 것처럼) 사소한 생성물을 일체 무시하여 H를 알아내는 것이었다. CHON 시스템에서의 생성물은 CO_2, H_2O, CO, H_2, N_2로 추정되었다. 일단 수성가스 평형water-gas equilibrium을 알아내면(이는 가령 2,000K, 혹은 작업자 기분 내키는 대로—그것은 별로 중요치 않았다—와 같은 임의의 온도에서의 평형상수를 이용해 수행되었다)[1] H는 간단한 산수로 알아낼 수 있었다. η에 관해서라면, 약간의 경험으로도 상당히 잘 추측할 수 있고,

당신의 추측에 제곱근을 취하면 어떤 오차도 반으로 줄어들 것이다! 혹은 당신이 멋을 부리고 싶다면, 연소실 온도일 것으로 생각하는 온도 부근에서 기체들의 평균 C_p를 알아낼 수 있고, 그것을 효율 항에 집어넣을 수 있다. 톰 라인하르트의 1947년 방법은 C_p 대온도뿐 아니라, 다양한 배기가스에 대한 온도 대 엔탈피 곡선도 포함했다. 당신은 엔탈피로부터 온도를, 그 온도로부터 C_p를 알아냈다. 온도는, 물론, 해리를 무시했기 때문에 너무 높았다. 10년 후 필자는 이 방법을 수정했는데, 곡선을 없애고, 전체 온도 범위에 대해 평균한 R/C_p을 구하는 빠르고 쉬운 방법을 고안했으며, 그것과 압력비로부터 η를 계산하기 위한 노모그래프nomograph를 제공했다. 그것은 NQD—NARTS Quick and Dirty—법NARTS 간편법으로 불렸다. 그 방법은 믿기 어려울 정도로 잘되었는데, 완전 이동 평형 계산에 1% 내외로 일치하는 결과를 냈다(필자는 평균한 R/C_p이 거기에 도움이 되었다고 생각한다). 그리고 당신은 15분 안에 계산을 할 수 있다. 그것은 또한 상상할 수 있는 가장 단순한—사실은 가장 단세포적인—생성물 세트를 상정했을 때에도 효과 만점이었다. 그리고 그것은 적응력이 있었다. 언젠가 캘러리 케미컬 컴퍼니 사람이 왔다가 필자에게 BN 시스템에 대해 처음 이야기했을 때, 필자는 그 점을 알게 되었다. 이 시스템에서 배기 생성물은 수소와 고체 BN이다. 그가 그것에 대해 이야기할 동안 필자는 테이블을 끌어다 놓고,

---

1 O_2 하나, H_2 하나, 그리고 C 하나가 반응하는 경우를 생각해 보라. 반응이 H_2O +CO로 진행되는 경우, 성능은 반응이 CO_2와 H_2로 진행되었을 때의 성능에서 고작 2.5% 달라질 것이다. 그리고 이것은 가능한 최악의 경우이다!

점화!

탄소 원자 둘(흑연)이 마치 BN 분자 중 하나인 것처럼 군다고 가정하고 빠른 추산을 했다. 그러자 정확하게 들어맞았다. 필자의 값은 그가 복잡한 기계 연산으로 얻은 값의 반 퍼센트 이내였다. 이 방법의 유일한 문제는 필자가 결코 필자 몫의 사본을 남겨 둘 수 없다는 것이다. 어떤 사람이 늘 마지막 남은 한 부를 뜯어 가서 말인데, 50부쯤 더 뽑아야 할 모양이다.

그 외에도 개발된 근사법이 늦게는 1963년까지도 일부 있었지만, 그것들은 모두 필자가 설명한 방법과 유사했다. 그러나 속산법의 시대는 끝났다—정말 다행스럽게도!—완전 수계산이 그렇듯이 말이다.

컴퓨터는 1950년대 초에 가담하기 시작했지만, 처음에는 다소 제한적이었던 그 능력을 최대한 활용하려면 상당한 화학적 식견이 필요했다. 벨 에어로시스템스 사람들은 플루오린을 산화제로, 하이드라진 및 메탄올의 혼합물을 연료로 고려하고 있었으며, 성능 계산을 필요로 했다. 프로그래머는 그 많은 원소를 다룰 수 없다고 항의했고, 톰 라인하르트는 "탄소랑 산소는 CO로 갈 거니까, 자네는 그저 그 박스 안에 사는 조그만 사람에게 그것을 질소와 똑같이 취급하라고 알려 주면 돼." 하고 응수했다. 상황 종료.

열역학 데이터 모음들이 천공 카드에 다 있고, 이제는 다목적 프로그램들이 10여 개 원소들을 다룰 수 있는데, 테이프에 있어서, 일이 이전보다 훨씬 간단하다. 하지만 화학적인 식견은 아직 유용하다. 출력물 해석에 있어 약간의 상식이 그렇듯이 말이다. 첫 번째의 예로서, Al_2O_3 추정 구조로부터 계산된 기체 Al_2O_3의 열역학 데이터를 이용해 알루미늄을 함유한 시스템에 관해 수년간 계산이 이루어졌다. 그런데 결과가 실험 성능과 썩 일치하지 않았다. 그러자 사려 깊지 못한 연구원이 기체 Al_2O_3는 존재하지 않는다는 것을 입증해 보였다. 다들 얼굴이 벌게졌다. 두 번째의 예로서, 이를테면 배기 흐름에 고체 탄소를 대량으로 만들어 내는 추진제 조합의 경우를 생각해 보라. 기계는 탄소가 배기가스의 기체 부분과 완전한 열적 및 역학적 평형 상태에 있다는 상정하에 자신의 계산을 수행한다. 약간의 상식은 이것이 그렇지 않으리라는 것을 시사하는데, 열전달은 무한히 빠른 과정이 아니기 때문에 탄소가 아마 주변 가스보다 상당히 뜨겁게 배출될 것이다. 그래서 당신은 출력물을 상당히 비관적으로 바라본다—그리고 의사를 밝히기 전에 실험 결과를 기다린다.

최근 수년간 고체에서 기체로의 열전달 같은 것을 고려하고, 팽창 중의 배기 조성 변화의 실제 속도를 감안할 프로그램을 개발하려는 시도에 많은 노력이 투입되었다. 이것들은 동결 혹은 이동 평형 프로그램과 대조적으로, '속도kinetic' 프로그램으로 불리고 있는데, 오직 대형 컴퓨터만이 이들을 가능하게 한다. 그것들에 딱 하나 문제가 있다. 믿을 만한 속도 데이터가 정직한 시의원만큼이나 구하기 어렵다는 것이다—그리고 당신이 의문의 데이터를 기계에 넣으면, 저쪽 끝에서 의문의 결과가 나온다. 컴퓨터하는 친구들이 말하듯, "쓰레기를 넣으면—쓰레기가 나온다."

그리고 컴퓨터로 작업하는 것에 관해 당황스럽게 하는 것이 하나 있다—컴퓨터는 당신에게 말대답할 공산이 다분하다. 당신이 포트

점화!

란FORTRAN 언어에 사소한 실수를 하면—이를테면 잘못된 열에 문자를 넣거나 쉼표를 누락하면—360IBM System/360는 급정지하고 '잘못된 형식ILLEGAL FORMAT' 혹은 '알 수 없는 문제UNKNOWN PROBLEM' 혹은 프로그램 작성자가 그날 아침에 정말로 기분이 더러웠다면, "왜 이래, 멍청아? 못 읽어?"와 같은 무례한 발언들을 출력한다. 컴퓨터를 자주 쓰는 사람은 누구나 가끔 맹랑한 주관을 도끼로 찍어 버리고 싶은 격정에 사로잡히곤 했다.

초창기 연구자들이 그러한 용어로 기재하기는 했지만, 로켓 성능을 보통 배출 속도와 관련해 나타내지는 않는다. 대신에 그것을 '비추력specific impulse'으로 나타내는데, 배출 속도를 표준 중력가속도인 9.8m/s^2 또는 32.2ft/s^2로 나눈 것이다. 이 관행은 200 내지 400 정도의 범위에서 편리한 크기의 숫자를 제공하기는 하지만, 터무니없는 것까지는 아니더라도 다소 우회적인 정의에 이르렀다. 가장 흔한 정의가 비추력은 추진제의 **중량** 유량으로 나눈 추력이라는 것인데, 이는 초 단위로 나온다. 방정식에 중력가속도를 집어넣어서 그렇게 되었지만, 로켓의 성능을, 지구를 벗어나는 것이 전업인데, 그 행성의 지표 중력가속도에 관해 명시하는 것이 우스꽝스러운 절차는 아니더라도 필자에게는 편협한 지역주의로 보인다. (독일인들은 제2차 세계대전 중에 훨씬 더 우스꽝스러운 성능 지표인 '비추진제 소모량specific propellant consumption'을 사용했는데, 비추력의 역수였다. 이것은 심지어 편리한 크기의 숫자를 만들어 내는 장점마저 없어, 0.00426/s 같은 것을 내놓았다.)

아마 비추력에 대한 가장 좋은 사고방식은 m/s나 ft/s가 아닌,

9.8 m(또는 32.2ft)/s 단위로 나타내는 속도로서일 것이다. 그 방식으로 당신은 질량 유량 개념을 유지하는데, 이는 어디에나 **적절하고**, 한 특정 행성의 국지적 특성에 좌우되지 않으며, 그와 동시에 유럽 및 미국 엔지니어들이 서로를 이해하게 한다. Is=250이라고 들으면 유럽인들은 9.8을 곱해 m/s로 배출 속도를 구하는데, 미국인들은 32.2로 그렇게 하면 ft/s로 나온다. (미국은 도대체 **언제** MKS로 전환할 것인가?!)

필자는 성능이 무엇인지 이야기했고, 당신이 그 계산을 시작하는 방법도 설명했다. 그러나 이제 당신에게 괜찮은 성능을 제공할 추진제 조합을 고르는 실질적인 문제가 남아 있다. 여기서 속도 방정식 $c=(2H/M)^{1/2}[1-(Pe/Pc)^{R/Cp}]^{1/2}$로 돌아가서 H/M 항과 효율 항을 따로따로 숙고해 보는 것이 도움이 될 것이다. 분명히 당신은 H/M를 가능한 한 크게 하고 싶다. 그리고 이것을 하기 위해서는 당신이 연기를 바라는 배기가스를 고려하는 것이 도움이 된다. 연소 생성물 분자가 기여한 에너지는 25℃에서 그들 원소로부터 그 분자의 생성열 플러스, 그것의 절대영도 이상의 감열sensible heat(매우 작은 항목이다) **마이너스**, 그것을 생성한 추진제를 25℃에서 원소로 분해하는 데 필요한 에너지와 같다. 이 마지막 항은 대체로 첫 번째 항보다 훨씬 작다. 그렇지 않았다면 우리에게는 쓸 만한 추진제가 없었을 것이다. 그리고 가끔씩은 마이너스이기도 한데, 하이드라진 1몰이 수소와 질소로 분해되면 우리는 보너스로 약 12kcal를 얻는다. 하지만 중요한 항목은 생성물 분자의 생성열이다. 우리는 그것이 가능한 한 컸으면 한다. 그리고 분명히 H/M를 극대화하려면, 우리

점화!

는 M을 최소화해야 한다. 그래서 좋은 에너지 항을 얻으려면, 높은 생성열과 낮은 분자량을 가진 배기 분자가 필요하다.

지금까지는 괜찮았다. 하지만 이제 효율 항을 살펴보자. 분명히 그것을 가능한 한 1.0에 가깝게 하고 싶은데, 이는 우리가 할 수 있는 한 $\left(\dfrac{Pe}{Pc}\right)^{R/Cp}$ 을 후려치고 싶다는 것을 의미한다. P_e/P_c는 물론 1보다 작기 때문에 이것을 하려면 지수 R/C_p을 할 수 있는 한 높이 올려야만 한다. 이는 물론 우리가 찾을 수 있는 한 낮은 C_p를 가진 배기 생성물을 원한다는 것을 의미한다. 그래서 우리는 다음과 같은 연소 생성물을 찾아 헤맨다.

a. 생성열이 크다.
b. 분자량이 작다.
c. C_p가 작다.

아아, 배기 생성물 중에 그러한 모범은 찾아보기 어렵다. 일반적으로 H/M 항이 좋으면, R/C_p 항이 나쁘다. 그 반대도 마찬가지이다. 그리고 둘 다 좋다면 연소실 온도가 불편할 정도로 높아질 수 있다.

특정 배기 생성물을 고려해 보면 우리는 다음을 알게 된다. N_2 및 고체 C는 에너지 생산자로서 사실상 무용지물이다. HCl, H_2와 CO 는 그럭저럭 괜찮다.[2] CO_2가 좋은가 하면, 고체 B_2O_3 및 Al_2O_3는 물

---

2 수소가 물론 생성열이 0임에도 불구하고, 그럭저럭 괜찮은 에너지 기여자로 분류되는 것은, 수소 분자가 정말 가볍다는 점으로 설명된다. 25℃에서 수소는 감열 또는 열함량이 절대영도 이상으로 몰당 2.024kcal이며, 분자량이 2.016에 불과하므로, 그 H/M는 상온에서도 1.0kcal/gm이다.

론 B_2O_3, HBO_2, OBF, BF_3, H_2O 및 HF도 탁월하다. R/C_p 항을 고려하면 순서는 딴판이다. R/C_p이 0.2 이상인 이원자 기체들은 탁월하다. 여기에는 HF, H_2, CO, HCl 및 N_2가 포함된다. (물론 일원자 기체는 R/C_p이 0.4이지만, 뜨거운 헬륨을 대량으로 생성하는 화학 반응을 찾아내는 것은 이론적 논의와 구별되는 구체적 행동을 위한 문제의 범위를 벗어난다.) R/C_p이 0.12 내지 0.15인 삼원자 기체 H_2O, OBF 및 CO_2는 그럭저럭 괜찮다. 약 0.1인 사원자 HBO_2 및 BF_3는 형편없고, B_2O_3는——글쎄, 아마 조용히 무시해야 할 것이다. 고체들, C, Al_2O_3 및 B_2O_3에 관해서라면, R/C_p은, 그것들이 정녕 유일한 배기 생성물이었다면 열효율이 그러할 것처럼, 정확히 0이다.

이 상황에 직면하여, 로켓맨이 할 수 있는 전부라고는 합리적인 타협점을 찾는 것뿐이다. 그는 할 수만 있다면 그의 배기가스로 순수한 수소를 택할 것인데, 어떤 온도에서든 수소 1g이 우리 주변의 다른 어떤 분자 1g보다 많은 열에너지를 가지며(1,000K에서 H_2 1g은 같은 온도에서 HF 1g의 거의 10배에 달하는 에너지를 갖는다), 그것의 탁월한 R/C_p이 그 에너지의 많은 부분을 추진에 쓰는 것을 가능하게 하기 때문이다. 그래서 수소는 이상적인 작동 유체이며, 당신은 언제나 당신의 혼합체에 그것을 가능한 한 많이 넣으려 한다. 왜 혼합체여야 하느냐면 그 수소를 1,000K든 3,000K든 몇 K까지든 가열하려면 당신은 일종의 에너지원이 필요하기 때문이다(어쨌든 화학 로켓에서는). 그리고 이용할 수 있는 유일한 에너지원은 일부 수소의 연소이다. 그래서 당신이 약간의 산소나 플루오린

184   점화!

을 이 상황에 참여시켜 수소 일부를 H_2O나 HF로 타게 하여 온도를 3,000K 정도까지 올리면, 당신의 배기가스는 과량의 수소를 포함한 H_2O나 HF의 혼합물이다. 수소가 연료일 때는 언제나 과량으로 사용되며, 결코 물이나 HF로 완전히 타지 않는다. 그랬다면 연소실 온도가 불편할 정도로 높을 것이고, 혼합물의 R/C_p이 낮아질 것이며, 성능이 떨어질 것이다. 수소는 너무 가벼워서 상당한 과량이라도 H/M 항에 눈에 띄게 해를 끼치지 않으며, 당신은 산소나 플루오린을 연료의 아마 절반을 태우는 데 필요한 만큼만 사용할 때 대체로 최대 성능을 얻는다.

당신이 탄화수소를 산소로 태우거나 혹은 통상적인 CHON 시스템으로 작업하는 경우, 연소실에서 산화 원자가에 대한 환원 원자가의 비율 1.05 내지 1.20을 제공하는 혼합비에서 보통 최대 성능을 얻는다―즉 당신은 혼합물에 약간의 CO와 H_2를 넣고 R/C_p을 개선하기 위해 화학량론의 농후 쪽을 살짝 조종한다. (로켓 업계에서 '농후rich' 및 '희박lean'은 정확히 그것들이 카뷰레터에서 하는 일을 의미한다.)

당신이 저장성 연료와 함께 할로젠 산화제를 사용하는 경우, 당신의 혼합비가 플루오린 원자(플러스 염소 원자, 혹시 있다면)의 숫자를 수소 원자의 숫자와 정확히 같게 하면 대체로 최상의 결과가 나타난다. 조합에 혹시라도 탄소가 있다면, 배기가스에 고체 탄소가 나오지 않도록 시스템에 탄소를 CO로 태우는 데 필요한 산소를 넣는 것이 좋은 생각이다. 그리고 당신의 에너지 생산 종이 배기 온도에서 고체 또는 액체라면―BeO, Al_2O_3가 예시이다―해야 할 일은 물론 조합에 가능한 한 많은 수소를 쑤셔 넣는 것이다.

이것들은 추진제 화학자가 성능을 바랄 때 고려해야 하는 것 중 그저 몇 가지에 불과하다. 그의 월급은 엔지니어들이 원하는 대로 작동할 추진제 조합을 내놓으라고 주는 것이다. 변변찮게.

그는 그 일을 이렇게 시작한다. 엔지니어링 그룹에 신형 지대공 미사일surface-to-air missile, SAM의 추진 계통을 설계하는 과제가 주어졌다. 고객은 그것이 군사 작전에서 맞닥뜨릴 것으로 예상되는 어떠한 온도에서도 틀림없이 작동해야 한다고 명시했다. 미사일이 기존 발사대에 맞도록 최대 치수는 고정되었다. 야전에서 추진제를 다루지 않아도 되도록 틀림없이 공장에서 주유 및 봉입한 것일 것이다. 눈에 띄는 항적을 남겨서는 안 되는데, 항적은 대응 수단을 용이하게 할 것이다. 그리고 물론 기존 시스템보다 훨씬 높은 성능을 내야 하는데, 기존 것은 산–UDMH를 태운다. (고객은 아마 12가지도 더 되는 요구를 할 것이고, 그것들은 대부분 불가능하지만, 우선 그만하면 됐다.)

엔지니어들은 본인들 제도판에 앉기도 전부터 미사일을 고객의 희망 사항에 부응하게 할 조합을 만들어 내라고 추진제 화학자에게 돌아가며 요구한다. 그들은 또한 자기들 나름의 불가능한 요구를 보탠다.

화학자는 문제를 숙고하고자 그의 굴속으로 기어든다. 그가 추천하고 싶은 것은 하이드라진–클로린 펜타플루오라이드(역사적인 이유로, ClF_5는 보통 '컴파운드 A'로 불린다) 조합이다. 그것은 알려져 있는 실현 가능한 저장성 조합을 통틀어 성능이 가장 높고(배기

점화!

생성물이 전부 이원자이고, 그중 2/3가 HF이다), 밀도도 상당해 작은 탱크에 많은 양을 채워 넣을 수 있다. 하지만 그는 전천후 제약을 기억하고는, 어디서 전쟁을 벌이게 될지 결코 확실하게 알 수 없다는 것을, 그리고 하이드라진의 어는점이 배핀랜드의 기후와는 다소 맞지 않는다는 것을 스스로에게 상기시킨다. 그러면 차선책은 아마 실험식으로 $C_{0.81}H_{5.62}N_2$인, 하이드라진과 메틸하이드라진의 14–86 혼합물, MHF-3일 것이다. 그것의 어는점은 매직 −54℃로 떨어진다. (가능한 다른 연료도 있지만 그것들은 다소 위험할지 모르고, 그는 MHF-3가 안전한지, 그리고 잘되는지 안다.) 그러나 ClF_5를 쓰면, MHF-3는 발사대로 대번에 이어지는 시커먼 항적을 남길 것이다—후자의 발사반원이 살아서 다음 발을 발사하려면 절대로 바람직하지 않다. 게다가 그의 프로 근성(이 바닥에서 산전수전을 다 겪고도 근성만큼은 죽지 않았다)은 유리 탄소와 그것이 R/C_p 항에 미치는 영향 및 그것이 그의 성능을 어떻게 할지에 대한 생각에 본능적인 거부감을 느낀다.

그래서 그는 탄소를 처리하기 위해 그의 산화제에 약간의 산소를 말기로 결정한다. 즉 산소를 함유한 저장성 산화제를 섞는다는 뜻이다. 이것들 중 딱 하나 컴파운드 A와 동거할 수 있는 것이 퍼클로릴 플루오라이드, 'PF'이다. 그럼 PF 낙점.

그는 시스템에 산소와 플루오린 및 염소와 함께 탄소와 수소가 있을 때, 산소와 탄소가 CO로 상쇄되고, 수소와 할로젠이 HF 및 HCl로 상쇄될 때 대체로 최상의 성능을 얻는다는 것을 안다. 그래서 그는 잠깐 이리저리 끄적거리며 방정식을 써낸다.

$$C_{0.81}H_{5.62}N_2 + 0.27ClO_3F + 0.8467ClF_5$$
$$= 0.81CO + N_2 + 1.1167HCl + 4.5033HF$$

좋아 보인다—HF가 많으므로 에너지도 많다. 그리고 배기가스에 이원자 기체밖에 없는데 이는 좋은 R/C_p을 의미하고, 그것은 결국 그 에너지의 흐뭇할 정도로 많은 부분이 추진에 들어갈 것임을 의미한다. 그 부분이 얼마나 될지 알아보기 위해 그는 노트를 챙겨 들고 IBM 360에 들른다. 자문 결과가 만족스럽자, 그는 자신의 몰분율을 중량 퍼센트로 환산하고는 엔지니어에게 들른다.

"자네 연료는 MHF-3야." 그가 선언한다. "산화제는 'A' 80%에 PF 20%. O/F는 2.18. 바보 말로는—" "누가 바보야?" "바보는 컴퓨터지. 그 친구 말로 성능이, 이동으로 1,000/14.7파운드에서 306.6초이고, 이건 내 말인데, 자네가 테스트 스탠드에서 290초를 못 짜내면 자네는 자네가 말하는 것의 반에도 못 미치는 실력인 거야. 그리고 O/F에 주의하게. 희박이면 성능이 급감하고, 농후로 가면 연기가 장난 아니야. 밀도는 1.39, 그리고 연소실 온도는 4,160K. 화씨온도를 원하면, 그건 알아서 바꿔!"

그런 다음 그는 엔지니어들의 원성에 쫓겨 서둘러 자기 굴로 도망가는데, 엔지니어들은 (a) 밀도가 너무 낮다고, (b) 연소실 온도가 너무 높은데 아무튼 누가 그렇게 뜨겁게 운전한다는 얘기를 들어보았냐? 하고 불평하며, (c) ClF_5의 독성에 대해 그쪽이 어떻게 좀 해 보라고 요구한다. 원성에 대해 그는 (a) 나 자신도 고밀도가 좋지만 본인은 화학자이지 신학자가 아니며, 화합물의 물성을 바꾸려면 주님과 상담해야 한다, (b) 고성능을 얻으려면 에너지가 필요한데, 그것은 높은 연소실 온도를 의미하며, 그들이 RFNA와 UDMH에 만족하지 않는 한 그것을 감수해야 할 것이다, 그리고 (c)에 대해서는 (a)에 대한 답을 참조하라고 응수한다.

그러고 나서 이후 약 6개월간 그는 불만에 대응해 엔지니어들에게 지시하느라 바빴다.

"안 돼, 산화제에 뷰틸 고무 O−링 못 쓴다고! 머리통 날아가고 싶어?"

"안 돼, 연료에도 못 써. 작살날 거야."

"안 돼, 연료에 동 피팅 못 써!"

"당연하지, 50갤런짜리 탱크에 산화제 5갤런을 집어넣으면 혼합비가 망가진다고! PF는 거의 다 빈 공간에 뜨고, A는 거의 다 탱크 바닥에 깔린다고. 더 작은 탱크를 써."

"안 돼, 산화제에 넣을 수 있는 첨가제 중에 PF의 증기압을 낮출 수 있는 건 없어."

"그것도 안 돼, 난 열역학 제1법칙을 폐지 못해. 그런 건 의회와 상의해야 할 거야!"

그는 못내 아쉬운 듯 차가운 마티니에 들어가는 것을 꿈꾼다—도대체 왜 이 업계에 발을 들였는지 궁금해하면서 말이다.

8장

LOX와 Flox
그리고 극저온 일반

    이 모든 일이 일어나는 동안 액체 산소는 전반적인 상황에 여전히 많은 관련이 있었다. 바이킹Viking 고공 탐사 로켓은 A-4와 마찬가지로, 액체 산소를 에틸 알코올로 태웠고, 레드스톤Redstone 미사일은 물론 1950년대 초반의 몇몇 실험 비행체도 역시 그러했다. 또한 이들 대부분은 피드 펌프 등을 구동하기 위해 A-4의 보조 동력원인 과산화 수소를 사용했다. 최초의 초음속기인 X-1은 RMI의 LOXliquid oxygen-알코올 로켓 모터로 추진되었다.

    다른 알코올들이 산소와 함께 사용되는 연료로—메탄올은 JPL에서 일찍이 1946년에, 그리고 아이소프로판올은 노스아메리칸에서 1951년 초에—시도되었지만, 그것들은 에탄올에 비해 별 개선 사항이 없었다. 메틸알, $CH_3OCH_2OCH_3$도 마찬가지였는데, RMI의 윈터니츠Winternitz는 1951년 초 자기 의사에 크게 반하여(그는 완전히 뻘짓을 하는지 알고 있었다) 그것을 해 보라는 압력을 받았다. 그의 상사가 수중에 메틸알이 많은 친구가 있었던 것 같은데, 무슨 용도를 찾을 수만 있다면—? 그리고 NARTS에서 우리는 LOX와—변성 알코올 말고—순수 USPUnited States Pharmacopeia(미국약전) 타입 음용 알코올을 사용하여 프린스턴Princeton을 위한 몇 가지 연구를 수행했다. 우리가 알아낼 수 있었던 유일한 차이점은 선원이 밀도 측정을 위해 드럼을 열었을 때 변성 알코올보다 훨씬 빨리 증발했다는 것이었다. 그 프로그램이 진행되는 동안 몇몇 선원이 무척 행복해했다.

하지만 X-15 로켓 추진 초음속 연구기를 위해서는 알코올보다 훨씬 더 강력한 것이 필요했다. 하이드라진이 1순위였지만, 복열 냉각에 사용될 경우 가끔 폭발하곤 했고, 프로그램을 구상하던 1949년에 어쨌든 주변에 충분치 않았다. 해군의 밥 트루액스Bob Truax는 리액션모터스RMI의 윈터니츠와 마찬가지로 암모니아를 상당히 만족스러운 차선책으로 정했는데, RMI는 추력 50,000파운드 모터를 개발하기로 되어 있었다. 산소-암모니아 조합은 JPL이 연소했지만, RMI가 1950년대 초에 그것을 정말 해 냈다. 그 조합은 암모니아 분자의 뛰어난 안정성으로 인해 태우기 힘든 친구였고, 시작부터 그들은 거친 작동과 연소 불안정으로 골치를 썩었다. 상태가 완화되기를 바라며 별의별 첨가제를 다 써 보았는데, 개중에는 메틸아민과 아세틸렌도 있었다. 후자를 22% 첨가하면 연소는 부드럽지만 위험할 정도로 불안정해서, 이 혼합물은 오래 사용되지 못했다. 연소 문제는 결국 분무기 설계를 개선함으로써 해결되었지만, 그 과정은 길고도 요란했다. 야간에 필자는 산등성이 둘 너머 10마일 밖에서 모터를 연소하는 소리를 들을 수 있었고 분무기 설계가 얼마나 진척되었는지 소리만 들어도 알 수 있었다. 마침내 모터가 제대로 작동해 첫 번째 시리즈가 스콧 크로스필드Scott Crossfield의 시험 비행을 위해 서부 해안으로 운송될 준비가 되었을 때조차도, 모두가 행운을 빌어야 했다. RMI의 루 랩Lou Rapp이 대륙을 횡단하는 비행기를 탔다가 아는 것이 많은, 항공우주 업계에 있는 것이 분명한 사람과 옆에 앉게 되었는데, 옆 사람이 그에게 그 모터를 어떻게 생각하는지 물었다. 루는 한껏 부풀려 몸짓을 섞어 가며, 그것이 기계로 작동되는 괴물이었다는 둥, 일어날 장소를 찾는 사고라는 둥, 본인 개인적으로는 그걸 타고 난다는 것이 다소 값비싼 자살 방법에 지나지 않는다고 생각한다는 둥 떠들어댔다. 그러다 그는, 무언가 생각났는지 동행을 보며 물었다. "그나저나, 성함도 못 여쭈었네요. 어떻게 되시는지?"

심플한 대답이 돌아왔다. "아, 스콧 크로스필드라고 합니다."

우리의 제대로 된 첫 IRBM(중거리 탄도미사일)은 소어Thor와 주피터Jupiter인데, 이것들은 산소와 JP-4를 태우도록 설계되었다. 펌프는 같은 추진제를 태우는 가스발생기로 구동되지만, 고온 가스에 터빈 날개가 녹아내리는 것을 방지하기 위해 혼합기를 상당히 농후rich하게 쓴다. JP(제트 추진제)는 알코올보다 성능이 나았고, 과산을 없애는 것은 문제를 단순화했다.

하지만 문제점이 있었다. JP-4의 엉성한 스펙이 엔지니어들에게 계속해서 문제가 되었다. JP-4는 타기도 잘 탔고, 성능도 제대로 나왔다—하지만. JP-4는 냉각 채널에서 연료 흐름을 늦추는 타르질 성분으로 중합하는 경향이 있었고(스펙에서 높은 퍼센티지의 올레핀을 허용했음을 기억할 것이다), 그 결과 모터는 교묘히도 스스로를 태워 버리곤 했다. 그리고 가스발생기 안에 그을음이나 코크스 외에도 각종 찌꺼기를 남겨 작동 부품을 완전히 망쳐 놓는다. 그리고 물론, 내용물이 똑같은 드럼이 하나도 없었다. (게다가, 믿기 힘들겠지만, 슬러지를 만드는 박테리아까지 증식한다!)

하지만 그들은 탄화수소의 성능을 필요로 했다. 알코올로는 안되었다. 그러면 어쩌라는 말인가?

마침내 상부의 누군가가 이 문제를 찬찬히 생각해 보게 되었다. JP-4는 어떠한 상황하에도 대량 보급이 보장된 만큼, 스펙도 느슨했다. 그런데 주피터와 소어는 핵탄두 운반 목적으로 설계되었고, 그 사상가는 이러한 미사일 재고에 대량의 연료를 계속해서 보급할 필요가 없다는 데 생각이 미쳤다. 미사일 각각을 발사하면, 한다 하더라도 단 한 번뿐일 것이고, 쟁의 당사자들이 이런 식으로 수십 발씩 던지고 나면, 향후 일제 발사에 쓸 연료 문제는 탁상공론이 된다. 여기에 관심 있는 자들이 다 죽고 없을 테니 말이다. 즉 미사일은 처음에만 제대로 작동하면 된다는 것이 유일한 고려 사항이다—그러면 연료 스펙을 당신이 원하는 만큼 타이트하게 할 수 있다. 당신은 처음이자 마지막 주유를 하면 되겠다.

그 결과물이 RP-1에 대한 스펙인데, 1957년 1월에 발표되었다. 석출점 제한은 −40°였고 올레핀 최대 함량은 1%, 방향족 최대 함량은 5%로 정해졌다. 인도된 것으로서, RP-1은 보통 스펙보다 나았다. 즉 H/C비 1.95 내지 2.00, 노멀 및 분기branched 파라핀류 약 41%, 나프텐류 약 56%, 방향족류 약 3%를 함유하며, 올레핀류는 아예 없는, C_{12} 범위의 케로신이었다.

중합 및 코킹coking 문제는 해결되었지만, 로켓다인(노스아메리칸에서 로켓 연구 일체를 수행하기 위해 만든 독립 사업부였다)의 메이도프Madoff와 실버먼Silverman은 이러한 해결책을 아주 만족스럽게 여기지는 않았다. 그래서 순수한 화합물이 아니긴 하지만 재현성이 매우 높은 이성질체 혼합물이고, 쉽게 구할 수 있는, 다이에틸사이클로헥세인으로 광범위한 실험을 했다. 그들의 실험 결과는 훌륭했고, 연료는 RP-1보다 확실히 나았지만, 실전 배치된 미사일에는 한 번도 쓰이지 못했다. 우리의 첫 ICBM인 아틀라스Atlas와 타이탄Titan I은 메이도프와 실버먼이 그들의 연구를 수행하기 전에 RP-1을 중심으로 설계되었으며, 타이탄 II는 저장성 추진제를 사용했다. 새턴Saturn V의 F-1 모터는 LOX와 RP-1을 태운다.[1]

산소 모터는 대개 작동 온도가 높고, 벽면으로의 열전달 속도가 무척 빠르다. 이는 복열 냉각을 해도 처음부터 문제였지만, 1948년 봄에 제너럴일렉트릭General Electric의 실험자들이 독창적인 해결책을 내놓았다. 그들은 자신들의 연료에, 이 경우는 메탄올이었는데,

---

1 LOX와 RP-1은 결코 완전히 깨끗하게 타지 않고, 배기가스에는 항상 약간의 유리 탄소가 있는데, 이는 선명한 화염을 만들어 낸다. 그래서 당신이 TV를 시청하며 케이프케네디Cape Kennedy—그 점에 대해서는 바이코누르Baikonur도—에서 발사 장면을 보았는데 배기 화염이 매우 밝으면, 당신은 추진제가 LOX와 RP-1 또는 그에 상응하는 것임을 확신할 수 있다. 화염이 거의 보이지 않고, 배기가스에 쇼크 다이아몬드shock diamond가 보이면, 당신은 아마 타이탄 II 부스터가 N_2O_4와 50-50를 태우는 것을 보고 있을 것이다.

점화!

에틸 실리케이트 10%를 넣었다. 실리케이트는 과열점에서 분해되어 이산화 규소 층을 쌓는 기특한 능력이 있었는데, 이것이 단열재로 작용했고 열속을 줄였다. 그리고 보호층은 계속해서 융제ablation 되고 쓸려 나가기는 했지만, 계속해서 다시 쌓았다. 3년 뒤 역시 GE에서, 멀레이니Mullaney가 아이소프로판올에 GE 실리콘 오일 1%를 넣어 열속을 45%까지 줄였다. 뱅가드Vanguard의 GE 1단 모터가 이러한 열 차단벽을 이용했다. RMI의 윈터니츠도 1950년과 1951년에, 에틸 실리케이트가 들어 있는 에탄올 및 메틸알을 사용해 유사한 좋은 결과를 얻었고, 1951년에는 에틸 실리케이트 5%가 들어 있는 암모니아로, 열속을 60%로 줄였다.

산소 모터의 또 다른 까다로운 문제는 시동을 거는 것이었다. A-4부터 소어 및 주피터까지, 파이로테크닉pyrotechnic 시동이 흔한 것이었지만, 문제가 상당했고 신뢰성이 나빴다. 젱어Sänger는 다이에틸 아연 점화 슬러그를 사용했고, 벨 에어로시스템스는 1957년에 산소-JP-4 모터를 시동하는 데 트라이에틸알루미늄을 사용함으로써 그를 능가했다. 이 기술은 이후 아틀라스 및 향후 모든 산소-RP 모터에 사용되었다. 트라이에틸알루미늄 15% 및 트라이에틸보론 85% 혼합물이 들어 있는 밀봉된 엠풀은 시동 시 연료 라인의 압력에 의해 파열되어 액체 산소와 자동 점화성으로 반응하므로, 당신은 모든 준비가 끝난다. 간단하고, 아주 믿을 만하다.

알코올, 암모니아, JP-4 또는 RP-1이 보통 LOX로 태우는 연료였지만, 사실상 구할 수 있는 다른 모든 가연성 액체도 한 번쯤 실험적으로 시도되었다. 예를 들어 RMI는 사이클로프로페인, 에틸렌, 메틸아세틸렌, 메틸아민을 시도했다. 이 중 어느 것도 일반 연료에 비해 딱히 나을 것이 없었다. 하이드라진은 일찌감치 1947년에 (아나폴리스에 소재한 EES의 항공국에서) 시도되었고, UDMH는 1954년에 에어로제트에서 시도되었다. 하지만 이 나라에서는 러시아와 달리 하이드라진 연료와 액체 산소의 조합이 흔치 않다. 대규모 사용 사례로는 주피터-C와 주노Juno-1이 유일한데, 이것들은 알코올 대신 하이다인Hydyne을 태우도록 재설계된, 업레이팅한 레드스톤 모터로 추진되었다. (하이다인은 로켓다인에서 개발한 연료로, UDMH와 다이에틸렌 트라이아민의 60-40 혼합물이다.)

치올콥스키Tsiolkovsky의 이상적인 연료는 물론 액체 수소이다. 액체 수소는, 미사일에는 당연히 쓸모가 없고(밀도가 너무 낮기 때문에 대량 수용하려면 탱크가 지나치게 비대해진다) 낮은 끓는점에 기인하는 엔지니어링 문제 또한 엄청나므로, 제2차 세계대전이 끝날 때까지 거의 방치되어 있었다.

그때까지도 구하기가 결코 쉽지 않았다. 1947년에 액체 수소 생산을 위한 설비가 갖춰진 기관은 시카고 대학교, 캘리포니아 대학교, 그리고 오하이오 주립대학교까지 세 곳에 불과했으며, 그들의 연합 생산 능력은 시간당 85L 혹은 13파운드였다. (설비가 지속적으로 작동할 수 있다고 가정한 것인데, 그럴 수 없었다.) 그러나 1948년에 오하이오 주립연구재단Ohio State Research Foundation의 존슨H. L. Johnson은 추력 약 100파운드의 소형 모터에서 산소로 액체 수소를 태웠다. 이듬해 에어로제트는 시간당 90L 연속 유닛을 갖추었으며, 미국의 생산 능력을 시간당 27파운드로 끌어올렸다. 에어로제트는 이를 추력 3,000파운드급으로 연소했고, 복열 냉각재로 사용했다. (새턴 V에는 200,000파운드짜리 수소 모터가 2단에 5발, 3단에 1발, 도합 6발인데, 각각은 초당 80파운드의 수소를 태운다.)

수소는 초극저온이다. 수소의 끓는점 21K는 헬륨을 제외하고 우주상에 있는 다른 어떤 물질의 끓는점보다도 낮다. (산소의 끓는점은 90K이다.) 이는 수소 단열 문제가 산소에 비해 훨씬 어렵다는 것을 의미한다. 그리고 또 다른 어려움이 있는데, 이는 수소 특유의 것이다.

양자역학은 수소 분자, H_2가 두 가지 형태로 나타날 것이라고 예측했다. 두 원자의 핵이 같은 방향(평행)으로 스핀하는 오르토ortho, 그리고 두 핵이 반대 방향(역평행)으로 스핀하는 파라para이다. 양자역학은 더 나아가 상온 혹은 그 이상에서 수소 집단에 있는 분자의 3/4은 오르토 형태로 나타날 것이고 1/4은 파라로 나타날 것이며, 그 끓는점에서는 거의 모든 분자가 파라 상태로 나타날 것이라고 예측했다.

그러나 수년간 아무도 이 현상을 관찰하지 못했다. (두 가지 형태는 그것들의 열전도도로 구별될 것이다.) 그때 1927년에 데니슨D. M. Dennison이 『왕립학회회보Proceedings of the Royal Society』에서, 오르토에서 파라 상태로의 전이가 아마도 며칠이 걸리는 느린 과정일 수 있고, 만약 연구자들이 측정을 하기 전에 잠시 기다린다면, 흥미로운 결과를 얻게 될지도 모른다고 지적했다.

독일의 클루시우스Clusius와 힐러Hiller는 물론 이 나라의 유리Urey, 브릭웨드Brickwedde와 다른 사람들은 1927년부터 1937년 사이에 이 문제를 철저히 조사했는데, 결과는 확실히 흥미로웠지만, 추진제 커뮤니티가 시간을 내서 그것들을 찾아본 것을 생각하면, 당황스러웠다. 전이는 느렸고, 21K에서 며칠이 걸렸다. 그러나 그것은 그 물질을 그저 태우고 싶었던 로켓맨에게는 문제가 되지 않았다. 문제는 오르토에서 파라 상태로 바뀐 수소 각 몰(2g)이 그 과정에서 337cal의 열을 발산했다는 점이다. 그리고 수소 1몰을 기화하는 데 219cal밖에 들지 않기 때문에, 당신은 정말 곤란하게 된다. 당신이 많은 양의 수소를 액화해 아직 거의 3/4이 오르토수소인 액체를 얻는다면, 그 액체의 파라수소로의 차후 전이열이 전부 다 기체 상태로 곧바로 되돌려 놓기에 충분했기 때문이다. 외부에서 새어 들어오는 어떠한 열의 도움도 없이 말이다.

문제에 대한 해결책은 분명했다—방출열이 나중에 발생해 문제를 일으키지 않게 냉각 및 액화 과정에서 처리될 수 있도록 전이를 가속화할 촉매를 찾으라. 그리고 1950년대 내내 몇몇 사람이 그러한 것을 찾고 있었다. 콜로라도 대학교와 콜로라도 볼더 표준국Bureau of Standards에서 일하는 배릭P. L. Barrick은 대규모로 사용될 첫 번째 촉매—하이드레이티드 페릭옥사이드—를 내놓았다. 그 후 몇몇 다른 촉매 물질이 발견되면서—팔라듐−은 합금, 루테늄 등등인데 그중 몇몇은 페릭옥사이드보다 훨씬 더 효율적이다—오르토−파라 문제를 철해 놓고 잊어버릴 수 있게 되었다.

1961년쯤에 액체 수소는 상용 제품이었으며, 린데Linde와 에어프로덕츠Air Products를 비롯한 몇몇 기관들은 당신이 원하는 양껏 판매하고, 탱크로리 분량으로 배송할 준비가 되어 있다. (여담이지만, 그런 탱크로리 설계는 정말 대단한 일이다. 그것들을 가능하게 하기 위해 완전히 새로운 **종류**의 단열재를 발명해야 했다.)

액체 수소를 취급하는 것은, 그러니까, 일상적인 일이 되었다. 그러나 그것은 삼가 공손히 다루어야 했다. 액체 수소가 새어 나가 돌아다니면 물론 맹렬한 화재 및 폭발 위험이 있고, 그 물질에 산소가 들어가 얼어붙어 사정없이 민감한 폭발물을 만들어 내지 않도록 모든 종류의 예방 조치를 취해야 한다. 그리고 수소 화재에 관해 마음에 드는 여담거리가 있다—화염이 거의 보이지 않아 적어도 한낮의 햇빛 속에서는, 당신이 그것을 보지 못하고 안으로 곧장 걸어 들어가기 십상이다.

상당히 흥미로운 최근의 신개발품은 슬러리화된 혹은 '슬러시' 수소이다. 이것은 수소의 어는점인 14K까지 냉각되어서, 부분적으로 얼어붙은 액체 수소이다. 고체 및 액체 수소의 슬러시 혼합물은 마치 꼭 균질한 액체인 것처럼 펌프로 이송할 수 있고, 슬러시의 밀도는 액체 수소의 끓는점에서 그것의 밀도보다 상당히 높다. 유니언 카바이드Union Carbide 린데 사업부의 드와이어R. F. Dwyer와 그의 동료들이 이 연구의 많은 부분을 책임지고 있는데, 아직 개발 단계에 있다.

30,000파운드 센토Centaur와 200,000파운드 J-2는 지금껏 비행한 가장 큰 수소-산소 모터이지만, 1,500,000파운드에 달하는 모터(에어로제트의 M-1)도 개발 중에 있다.[2] 이들 모두는 전기점화

2 치올콥스키가 생전에 M-1을 보지 못한 것이 아쉽다. M-1은 높이가 27피트이고, 노즐 목의 직경이 32인치에, 노즐 출구의 직경이 거의 18피트이다. 최대 추

를 이용한다. 수소와 산소는 자동 점화성은 아니지만 아주 쉽게 점화된다. 기체 산소 및 수소가 작은 파일럿 연소실에 들어가 전기 스파크로 불이 붙고, 그 결과 점화용 화염이 주 연소실에 불을 붙인다. 산소를 수소와 자동 점화하게 하려는 연구도 이루어졌는데, 스탠퍼드 연구소Stanford Research Institute의 디킨슨L. A. Dickinson, 앰스터 A. B. Amster 등은 1963년 말에 액체 산소에 들어간 미량(0.1% 미만)의 O_3F_2가 효과가 있곤 했으며, 그 혼합물이 90K(산소의 끓는점)에서 적어도 일주일 동안 안정했다고 발표했다. 이따금 오존 플루오라이드라 불리기도 하는 O_3F_2는 온도 약 77K에서 산소와 플루오린의 혼합물에 글로방전glow discharge하여 생산되는 암적색의 불안정한, 반응성이 매우 큰 액체이다. 이것이 실제로는 O_2F_2와 O_4F_2의 혼합물이라는 것이 최근에 입증되었다. 하지만 수소-산소 모터의 전기점화가 언젠가 대체될 것 같지는 않다.

수소 모터의 끝은 핵로켓이다. 앞서(성능에 관한 장에서) 보았듯이 정말 고성능을 얻는 방법은, 수소를 2,000K 정도로 가열한 다음, 노즐을 통해 팽창시키는 것이다. 그리고 그것이 바로 핵로켓 모터가 하는 일이다. 흑연감속 농축우라늄 원자로가 에너지원이고, 수소는 작동 유체이다. (개발 중에 한 가지 독특한 어려움이 나타났다. 2,000K 정도 되는 수소는 각설탕에 작용하는 뜨거운 물처럼 흑연—메테인으로 간다—을 녹인다. 해결책—수소 유로에 나이오븀 카바이드를 입힌다.)

력에서 M-1은 초당 거의 600파운드의 액체 수소와 1톤 반의 액체 산소를 집어 삼킨다. 콘스탄틴 예두아르도비치는 깊은 인상을 받았을 것이다.

1966년 네바다 잭애스플래츠(참 멋진 지명이다!)에서 1,100MW(열) 원자로를 이용하여 테스트된 피버스Phoebus−1 모터는 추력 55,000파운드급에 비추력 760초로 성공리에 작동했다. (곧 850을 넘는 비추력이 예상된다.) 파워(열에너지에서 역학적 에너지로의 변화율)는 그러므로 약 912MW였는데, 원자로가 공칭 정격보다 다소 높게 작동하고 있었음을 의미한다. 연소실 온도는 약 2,300K였다.

개발 중인 피버스−2 시리즈 원자력 엔진은 추력 250,000파운드급으로 작동할 것으로 예상된다. J−2의 추력보다 크며 원자로 출력(열)은 약 5,000MW가 될 것이다. 이는 후버 댐이 생산하는 전력의 두 배인데—이를 만들어 내는 원자로가 사무실 책상만 하다. 인상적인 작은 장치이다.

액체 플루오린 연구는 액체 수소 연구와 거의 같은 시기에 시작되었다. 1947년에 시작한 JPL이 선구자였다. 액체 플루오린은 그 당시 특히 구하기 어려웠기 때문에, 그들은 플루오린을 현장에서 만들어 액화했는데, 이는 플루오린 셀을 얼마가 되었든 간에 긴 시간 동안 작동시키려 노력해 본 사람이라면 누구나 존경할 만한 업적이다. 그들은 그것을 처음에는 기체 수소로 태웠지만, 1948년쯤에는 액체 수소 연소에 성공했고 후자를 복열 냉각재로 사용하고 있었다. 그리고 1950년 봄까지 그들은 하이드라진으로 똑같은 일을 했다. 당시 기술 상태를 감안해 볼 때, 그들의 업적은 다소 기적적이었다.

노스아메리칸의 빌 도일Bill Doyle도 1947년에 소형 플루오린 모터를 연소했지만, 이러한 성공에도 불구하고 그 즉시 후속 연구가 이루어지지 않았다. 성능은 좋았지만, 액체 플루오린의 밀도(끓는점에서 1.108로 여겨졌다)는 산소의 밀도에 훨씬 못 미쳤고 군은(JPL은 당시에 육군 쪽 일을 하고 있었다) 그것의 어떤 부분도 원하지 않았다.

이 상황은 곧 바뀔 터였다. 에어로제트 사람들 중 일부는 액체 플루오린의 밀도에 관한 듀어Dewar의 54년 된 수치를 전혀 믿지 않았고, 해당 기관의 스콧 킬너Scott Kilner는 그것을 직접 측정하는 작업에 착수했다. (해군연구청ONR에서 자금을 제공했다.) 실험상의 어려움이 엄청났지만, 그는 그것을 계속했고, 1951년 7월에 액체 플루오린의 밀도가 끓는점에서 1.108이 아니라 오히려 1.54를 약간 넘는 것을 규명했다. 추진제 커뮤니티에 센세이션이 일었고, 몇몇 기관이 그의 결과를 확인하는 작업에 착수했다. 킬너가 옳았고, 플루오린의 지위는 재검토되어야 했다. (스폰서 중에 모범이자, 업계에서 몇 파섹parsec 차이로 가장 수준 높은 ONR은 1952년에 킬너로 하여금 본인이 내놓은 결과를 공개 문헌에 발표하도록 허락했지만, 많은 교재와 문헌이 아직 예전 수치를 목록에 싣고 있다. 그리고 다수의 엔지니어는 불행히도 인쇄된 것이면 무엇이든 믿는 경향이 있다.)

몇몇 기관들이 즉시 하이드라진으로, 암모니아로, 둘의 혼합물로 플루오린의 성능을 조사했고, 흐뭇한 결과를 얻었다. 그들은 좋은 성능을 얻었을 뿐만 아니라 점화 문제도 겪지 않았으며, 액체 플루오린은 그들이 연료로 써 본 거의 아무것에나 자동 점화성이었다.

불행히도 그것은 다른 거의 모든 것에도 자동 점화성이었다. 플루오린은 극히 유독한 것뿐만이 아니었다. 그것은 초산화제super-oxidizer이며, 적절한 조건하에 질소, 비활성기체 중에 가벼운 것, 이미 최대한도로 플루오린화된 것을 제외한 거의 모든 것과 반응한다. 그리고 반응은 대개 격렬하다.

플루오린은 추가 공격을 막는 메탈 플루오라이드로 된 얇은 불활성 막을 즉시 생성하기 때문에 몇몇 구조 금속—강철, 구리, 알루미늄 등—에 담길 수 있다. 하지만 그 불활성 막이 문질러 벗겨지거나 녹으면, 결과는 굉장할 수 있다. 가령 플루오린 가스를 오리피스orifice나 밸브에서 급격하게 흘러나오게 하거나, 혹은 플루오린 가스가 그리스나 그 비슷한 얼룩에 접촉하면, 금속은 십중팔구 점화된다—그리고 플루오린-알루미늄 화재는 정말로 볼만하다. 멀리서.

하지만 흔히 그렇듯 당신이 현명하게 임하면 이 물질도 다룰 수 있고, 이를 로켓에서 연소하고 싶다면 얼라이드 케미컬 컴퍼니는 액체 플루오린이 가득 든 트레일러트럭을 기꺼이 보낼 것이다. 그 트레일러는 그것 자체가 상당히 놀라운 장치이다. 내부 플루오린 탱크는 액체 질소 재킷으로 둘러싸여 **어떠한** 플루오린도 증발 및 대기로 누설되는 것을 방지한다. 그 트럭들 중 하나가 공도상으로 이동할 때 온갖 예방책—파일럿 트럭이니 경찰 호위니 하는 것들—이 동원되지만, 필자는 가끔 플루오린 탱크 트럭이, 가령 액체 프로페인이나 뷰테인을 실은 트럭과 충돌한다면 어떨지 궁금해하곤 했다.

대형 플루오린 모터의 개발은 느린 과정이었고, 때로는 스펙터클한 것이었다. 필자는 벨 에어로시스템스에서 했던 테스트 런 영상한 편을 보았는데, 도중에 플루오린 기밀이 새어 금속에 불이 붙었다. 누설 부위에서 노즐에서 나오는 것 못지않은 화염이 뿜어져 나왔고, 마치 모터에 두 개의 노즐이 직각으로 달린 것 같았다. 모터는 멸실되었고, 작업자들이 셧다운하기도 전에 테스트셀 전체가 전소되었다.

그러나 꽤 큰 플루오린 모터들이 개발되어 성공적으로 연소되긴 했지만, 우주 임무에서 비행한 것은 아직 아무것도 없다. 로켓다인은 상단용으로 플루오린과 하이드라진을 태우는 12,000파운드 모터 노매드Nomad를 만들었고, 벨은 타이탄 III의 3단용으로 35,000파운드 채리엇Chariot을 개발했다. 이것은 CO와 HF로 연소되어 상쇄되고, 하이드라진의 어는점보다 상당히 낮은 어는점을 가지도록 모노메틸하이드라진, 물, 하이드라진의 혼합물을 플루오린과 태웠다. 그리고 GE는 75,000파운드 X-430 플루오린-수소 모터를 개발했다.

LFPL(루이스 비행추진연구소)의 오딘Ordin은 1953년부터 줄곧, 그리고는 1950년대 말과 1960년대 초 로켓다인 사람들이 산화제에 플루오린을 첨가해(플루오린과 산소는 완전히 혼화성이며, 그들의 어는점은 몇 도 차이밖에 나지 않는다) RP-LOX 모터의 성능을 업그레이드할 가능성을 조사했는데, 플루오린 30%가 들어 있는 LOX가 성능을 5% 이상 올렸고, 액체 산소용으로 설계된 탱크나 펌프 등등이 그런데도 그것을 견딜 수 있다(로켓다인은 이를 아틀라스 모터에서 연소했다)는 것을 알게 되었다. 그리고 그들은 덤으로 자동 점화를 얻었다. 액체 플루오린과 액체 산소의 혼합물은 'Flox'

점화!

라고 하며, 보통 플루오린의 퍼센티지를 나타내는 숫자가 붙는다. 최대 성능을 발휘하려면 조합이 (탄화수소와 함께) HF와 CO로 타야 하는데, 이는 Flox 70가―적어도 성능에 관한 한―RP-1에 가장 좋은 산화제임을 의미한다. RP-1과 액체 산소의 비추력은 (연소실 압력 1,000psi, 배출 압력 14.7, 이동 평형, 최적 O/F로 계산) 300초인데, Flox 30를 이용하면 316초, Flox 70(CO와 HF로 상쇄된다)를 이용하면 343초이며, 순수한 플루오린을 이용하면 318초로 떨어진다.

플루오린은 단 한 번도 대형 부스터용으로 사용될 것 같지 않고―배기가스에 든 그 모든 HF는, 인근 주민은 말할 것도 없고 발사대와 설비를 거칠게 다룰 것이다―산소보다 엄청나게 비싸지만, 심우주 임무에는 수소와 플루오린보다 나은 조합을 생각하기 어렵다. 그것은 진행 중이다.

오존의 전망은 그리 밝아 보이지 않는다. 혹은 정확히 말하자면, 오존은 오래전부터 유망했지만 그만한 결과를 내놓지 못하고 있다.

오존, O_3는 산소의 동소체 종류이다. 오존은 무색 기체이거나, 충분히 차가운 경우에는 아름다운 쪽빛 액체 혹은 고체이다. 오존은 산소 흐름에 글로방전하는 벨스바흐Welsbach 공정으로 상업적으로 생산된다(오존은 정수 및 그 비슷한 것에 유용하다). 오존을 추진제로서 매력적이게 하는 것은 (1) 오존의 액체 밀도가 액체 산소의 밀도보다 상당히 높고, (2) 오존 1몰이 연소 중에 산소로 분해될 때 34kcal의 에너지를 내는데, 이것이 당신의 성능을 그에 상응하게 높여 줄 것이라는 점이다. 젱어는 1930년대에 오존에 관심이 있었고,

그 관심이 현재까지 지속되어 왔다. 상당한 환멸에도 불구하고 말이다.

왜냐하면 나름의 문제점이 있었기 때문이다. 그중 가장 하찮은 것이, 적어도 플루오린만큼 유독하다는 점이다. (상쾌한 오존 향에 대해 말하는 사람들은 진짜 고농도 오존을 접해 본 적이 없다!) 훨씬 더 중요한 것은 불안정하다는 점이다—살인적으로 말이다. 아주 경미한 자극에도, 어떤 때는 뚜렷한 이유 없이, 오존은 폭발적으로 산소로 되돌아갈 수 있다. 그리고 이 복귀는 물, 염소, 금속 산화물, 알칼리—거기에다, 분명히, 확인되지 않은 어떤 물질들—에 의해 촉진된다. 오존에 비하면 과산화 수소는 헤비급 레슬러의 감도를 가지고 있다.

순수한 오존이 너무 치명적이어서, 연구는 산소에 오존이 들어 있는 용액에 집중되었는데, 이는 덜 위험할 것으로 예상할 수 있었다. 가장 많이 관여한 기관은 프린스턴 대학교의 포레스털 연구소Forrestal Laboratories, 아머 연구소Armour Research Institute, 에어 리덕션 컴퍼니Air Reduction Co.였다. 연구는 1950년대 초에 시작되었고, 이후로 줄곧 드문드문 계속되었다.

통상적인 절차는 벨스바흐 오존 발생기를 통해 기체 산소를 흘리고, 발생기에서 나오는 흐름에 들어 있는 오존을 원하는 농도를 얻을 때까지 액체 산소에 응축해 넣은 다음, 이 혼합물을 당신의 모터런에 산화제로 사용하는 것이었다. 1954~1957년에 포레스털은 에탄올을 연료로 사용하여 25%에 달하는 고농도 오존을 연소했다. 그리고 그들은 어려움을 겪었다.

산소의 끓는점은 90K이다. (극저온을 연구하면서는, 섭씨보다 절대온도 켈빈Kelvin으로 생각하고 말하는 것이 훨씬 간단하다.) 오존의 끓는점은 161K이다. 셧다운 시, 산화제 라인의 내부는 오존–산소 혼합물로 젖어 있을 것인데, 이는 즉시 증발하기 시작할 것이다. 산소가 끓는점이 낮아 물론 먼저 제거되고, 용액은 오존으로 더욱 농축된다. 그리고 그 농도가 30%에 근접하면, 93K 미만의 어떤 온도에서나 이상한 일이 벌어진다. 혼합물은 액체상 둘로 분리되는데, 하나는 30% 오존이 들어 있고, 다른 하나는 75%가 들어 있다. 그리고 더 많은 산소가 증발하면서, 30% 상은 감소하고, 75% 상은 증가한다. 당신이 다시 용액 하나—오로지 75% 오존 한 가지—만 갖게 될 때까지 말이다. 그리고 이 혼합물은 **정말** 민감하다!

그래서 배관에도 별로 좋지 않을뿐더러 엔지니어의 신경에는 더 나쁜 일련의 셧다운-후 폭발이 있은 뒤로, 상당히 엄격한 퍼지 절차가 몇 가지 채택되었다. 셧다운 직후에 산화제 라인을 액체 산소로, 아니면 기체 산소나 질소로 플러싱해 잔류 오존을 문제가 생기기 전에 제거했다.

그것도 문제에 대한 일종의 해결책이기는 했지만 아주 만족스러운 해결책은 아니었다. 산소에 오존 25%가 들어 있는 것은 그것의 매력을 취급의 어려움보다 압도적으로 더 중요하게 할 정도로 산소보다 우수하지 않다. 다소 우월한 해법은 상 분리를 어떻게든 없애는 것인데, 1954~1955년에 아머 연구소(현 일리노이 공과대학교 연구소Illinois Institute of Technology Research Institute, IITRI)의 플라츠 G. M. Platz는 이것을 시도하는 데 약간의 성공을 거두었다. 그는 혼합물에 약 2.8%의 프레온 13, $CClF_3$ 첨가가 85K에서는 아니지만, 90K에서 상 분리를 막곤 한다는 것을 보여 주었다. 이는 당신에게 가령 35% 혼합물이 산소의 끓는점에 있다면, 여전히 균질할 것이지만, 당신이 그것을 질소의 끓는점인 77K까지 냉각하면 치명적인 고농도 상이 분리되어 나올 것임을 의미했다. 배텔Battelle의 보이드 W. K. Boyd, 베리W. E. Berry와 화이트E. L. White, 그리고 에어리덕션의 마란식W. G. Marancic과 테일러A. G. Taylor는 1964~1965년에 더 나은 해결책을 내놓았는데, 그들은 혼합물에 첨가한 OF_2 5% 또는 F_2 9% 가 상 분리 문제를 완전히 없앴다는 것을 보여 주었다. 그리고 그것들의 첨가는, 프레온이 했을 것처럼 성능을 저하시키지 않았다. 해당 첨가제의 가용화 효과solubilizing effect에 대해서는 아직 아무도 약간이나마 그럴듯한 설명을 내놓지 못했다!

또 한 가지 오존 혼합물이 고려되었다—오존과 플루오린의 혼합물인데, 1961년 아머의 게이너A. J. Gaynor에 의해 철저히 조사되었다. (30% 오존은 RP-1에 최적이다.) 하지만 Flox 70에 비해 개선된 점은 그리 인상적이지 않고, 산화제에 들어 있는 오존이 발사대에서 폭발해 일대를 플루오린으로 뒤덮으면 어떻게 되겠는지를 생각하면 다소 불안한 감이 있으며, 필자는 해당 혼합물로 작동되는 어떤 모터에 대해서도 들은 바 없다.

왜냐하면 오존이 아직도 폭발하기 때문이다. 일부 연구자들은 폭발이 그 물질에 들어 있는 미량의 유기 과산화물에 의해 개시된다고 믿고 있는데, 이는 오존을 만든 산소에 들어 있는 미량의, 이를테면 유분에서 비롯된다. 다른 작업자들은 폭발하는 것이 그저 오존의 본질이라고 확신하고 있고, 이미 언급한 것에 이은 또 다른 사람들은 원죄가 그것과 무언가 관련이 있다고 확신한다. 그래서 비록 오존 연구가 두서없는 방식으로 계속되고 있기는 하지만, 참된 신자는 몇 안 남았는데, 그들은 오존이 어떻게든, 언젠가는, 진가를 발휘할 것이라고 아직도 확신하고 있다. 필자는 그들 중 하나가 아니다.

9장

이반은
무엇을 하고 있었는가

    러시아인들이 독일에 진주했을 때, 그들은 이게 파르벤I. G. Farben의 로이나 공장Leuna works에 있는 화학자들을 추진제 연구에 투입했다. 그들은 말마따나 추진제 인사도 아니었지만, 러시아인에게 분명 화학자는 화학자이자 화학자였으며 그것이 전부였다. ARPA(고등연구계획국)는 여러 해가 지나 이 나라에서 비슷한 일을 했다! 처음에 독일인들은 알려진 로켓 연료의 특성을 알아내는 것 외에는 별다른 일을 하지 않았지만, 1946년 10월에 러시아로 이송되었을 때(일부는 레닌그라드 소재 국립응용화학연구소State Institute of Applied Chemistry로, 다른 일부는 모스크바 소재 카르포프 연구소Karpov Institute로 갔다) 일부는 아무것도 섞지 않고 사용하고, 일부는 가솔린이나 케로신의 첨가제로 사용할, 새로운 것들을 합성하는 작업에 투입되었다. 소련인들이 그들에 앞선 독일인들처럼 하이퍼골을, 그리고 가솔린을 질산과 자동 점화하게 할 첨가제를 찾고 있었기 때문이다.

그리고 화학자들과 화학의 본질이 원래 그렇듯이 그들이 택한 길은 우리가 택한 것과 동일했다. 그들은 독일인들이 그들보다 먼저 했던 것처럼 바이닐 에테류를 조사한 다음, 뉴욕 대학교NYU에서 똑같은 일을 하기 4년 전인 1948년에, 자신들이 생각할 수 있는 모든 아세틸렌계를 합성하고 써 보았다. 1948년에 그들은 알릴 아민류를 써 보았는데, 캘리포니아 리서치의 마이크 피노Mike Pino도 동시에 같은 일을 하고 있었다. 그들은 필립스 페트롤리엄Phillips Petro-leum이 그것을 할 시간을 내기 2년 전인 1949년에 테트라알킬 에틸렌 다이아민류를 조사했다. 그리고 1948년과 1949년에 그들은, 피노가 하고 있던 바로 그 순간에, 메르캅탄류와 유기 황화물을 철저히 조사했다. 그들은 손에 넣거나 합성할 수 있는 모든 아민을 조사했으며, 바이닐옥시에틸아민과 같은 혼성 작용기 화합물을 써 보았다. 그리고 그들은 자신들이 만든 모든 것을 가솔린—괜찮은 자동 점화성 혼합물을 얻을 수 있기를 바라며, 보통 열분해, 아니면 고방향족 타입—과 섞었다. 그들은 자신들의 혼합물 중 일부에 원소 황도 써 보았다. 그러나 오랫동안 그들의 전술 미사일에 가장 만족스러웠던 연료는 독일이 개발한 통카 250인, 혼합 자일리딘류와 트라이에틸아민이었다. 북베트남이 운용하는 SA-2 혹은 가이드라인 Guideline(NATO명—우리는 그쪽 코드명은 모른다) 지대공 미사일의 2단은 RFNA와 함께 그 연료를 사용한다.

홈메이드 하이드라진 수화물(노획한 독일 물건 대신)은 소련에서

1948년쯤에 구할 수 있었지만, 1955년이나 1956년 무렵까지 하이드라진이나 그 유도체에 분명히 관심이 거의 없었는데, 그때 소련 화학자들이(독일인들은 1950년까지 모두 본국으로 송환되었다) 우리가 UDMH로 거둔 성공에 대해 알게 되었다. 관심 부족은 구리와 하이드라진이 서로 맞지 않아 생긴 것일 수 있다. 소련 엔지니어들은 구리의 기가 막힌 열전달 특성 때문에 그들의 모터를 구리로 만드는 것을 좋아했다. 그리고 물론 러시아 기후는 하이드라진의 사용을 막는 경향이 있다. UDMH는 이제 그들의 표준 추진제 중 하나이다.

몇몇 연구는 고농도 과산으로, 처음에는 노획한 독일 물질로 그리고 1950년 이후에는 러시아산으로 수행되었지만, 결코 큰 관심은 없었고, 마침내 해군이 과산 연구 일체를 넘겨받았다. (과산은 어뢰에 아주 유용하다.)

1940년대 말과 1950년대 초에 사용된 질산은 98% WFNA, 염화철(Ⅲ) 4%를 점화 촉매로 함유한 WFNA, 그리고 황산 10%를 함유한 혼합산이었다. 그리고 그들은 우리가 그것 때문에 겪은 모든 문제를 겪었다. 그들은 1950년과 1951년(캘리포니아 리서치가 그것들을 시도하기 2년 전)에 부식억제제로 유기 설폰산—메테인 설폰, 메테인 다이 및 트라이설폰, 에테인 다이설폰 그리고 보통의 다이설폰산—을 시도해 보았지만, 미량이나 다름없는 1% 정도만 사용했다. 그것들은 물론 효과가 없었다.

그러나 질산 문제에도 불구하고 독일인 중 하나가 추진제 밀도를 사거리에 결부하는 뇌게라트 방정식을 떠올렸고 그의 새로운 상관

　　　　　　　　　　　　　　　　　　　점화!

들에게 점수를 좀 따겠다고 마음먹었다.[1] 그는 질산과 진정한 고밀도 연료로 채운 V-2가 그를 적어도 소비에트 연방 영웅으로 만들어 줄 사거리를 가질 것이라 결정해, 그 진정한 고밀도 연료를 만드는 데 착수했다. 그래서 그는 톨루엔 10%, 다이메틸아닐린 50%, 그리고 **다이브로모에테인** 40%를 섞었다. 그는 나쁘지 않은 고밀도—1.4쯤—를 얻었지만, 그 브로민들이 비추력에 벌인 짓은 범죄였다. 그의 러시아인 상관들은 바보가 아니었는데, 그가 하던 짓에 한눈에 경악해 그에게서 약품을 즉시 압수했다. 그리고 4주 뒤에 그는 인민재판정에 세워져 재판을 받고, 법정의 말을 빌리면, "소련 과학을 그릇 인도한" 죄목으로 유죄를 선고받아 4,000루블 벌금형에 처해졌다. 그는 운이 좋았다. 필자가 재판정에 있었다면 그는 시베리아로 90년간 유형을 갔을 것이고, 혐의는 활개 치는 어리석음이었을 것이다. 러시아인들은 그가 고향에 돌아가자 기뻐했다. 그게 원수이지 무슨 우리 편인가?

고밀도 연료에 대한 다른 시도가 이루어졌으며, 스테아르산 알루

---

1 대략적인 근삿값으로서 미사일의 사거리는 부스트 속도의 제곱에 비례한다. 그리고 뇌게라트는 다음의 방정식으로 부스트 속도를 배출 속도 및 추진제 밀도에 결부시켰다.

$$C_b = c \ln(1+d\varphi)$$

여기서 C_b는 부스트 속도, c는 배출 속도, d는 추진제의 부피밀도bulk density, φ는 로딩 팩터loading factor—리터를 단위로 하는 미사일의 전체 탱크 용적을, 이를테면 킬로그램을 단위로 하는 미사일의 **건조** 질량(모든 추진제가 연소됨)으로 나눈 값—이다. 그래서 사거리는 배출 속도에 매우 크게 좌우되지만, 로딩 팩터에 따라 달라지는 로그함수로 밀도에 좌우된다. JATO를 장착한 항공기에서와 같이 φ가 아주 작으면 밀도가 거의 배출 속도만큼 중요하다. ICBM에서와 같이 φ가 아주 크면 추진제의 밀도는 훨씬 덜 중요하다.

미늄으로 현탁시킨 콜로이드성 알루미늄 8%가 들어 있는 케로신이 그중 하나였다. 그러나 그것은 −6°C에서 얼었고, 연구원들은 흥미를 잃었다. 그리고 그들은 일원 추진제로 예를 들어 나이트로프로펜—이름 하나만으로도 필자는 무서워 죽을 지경이다—과 같은 다양한 나이트로 유기물을 시도했지만 언급할 만한 성공을 거두지 못했고, 앞서 독일인들이 했던 것처럼 테트라나이트로메테인을 산화제로 사용하려고 했다. 그리고 그것을 하려고 애쓰는 실험실을 날려 버렸다.

최근에 그들은 (필자의 하이드라조이드 N과 비슷한) 하이드라진 나이트레이트와 메틸하이드라진의 혼합물에 상당한 관심을 보이고 있지만 그것이 연료용인지 일원 추진제용인지는 알 수 없다. 그들의 첫 번째 탄도미사일인 SS-1A(NATO명)는 A-4를 그대로 본뜬 것이었으며 70% 알코올과 액체 산소를 연소했다. 소련은 표트르 카피차Pyotr Kapitsa가 설계한 대단히 효율적이며 매우 빠른 공기액화기를 사용하기 때문에 액체 산소를 대량으로 이용할 수 있었다. 더 큰 미사일인 1954년의 SS-2 '시블링Sibling'과 1956년의 SS-3 '샤이스터Shyster'는 알코올의 농도가 70%가 아닌 92.5%였다는 점을 제외하고는 똑같은 조합을 사용했다.

그러나 당신도 기억하듯이 HF 억제제를 포함한 질산에 대한 미국 스펙이 1954년에 발표되었다. 그래서 다음 소련 탄도미사일은 재설계된 SS-1A인 SS-1B 혹은 '스커드Scud'였으며 케로신과 IRFNA를 연소했다. 그들은 짐작건대 시동 슬러그—아마도 트라이에틸아민—를 사용했을 것이며, 그들이 사용하는 케로신은 RP-1

　　　　　　　　　　　　　　　　　점화!

과 매우 유사한 고나프텐계 타입이다. 이것은 복열 냉각에 사용되었을 때 가령 고올레핀계 혼합물보다 코킹이 훨씬 덜하기 때문에 그들은 이것을 다른 타입보다 선호한다. 적합한 원유는 소비에트 연방에 풍부하다. 소련에서 흔히 사용되는 '로켓'급 IRFNA는 두 가지인데, N_2O_4 20%를 함유한 AK-20와 27%를 함유한 AK-27이다.

'스커드'의 출현으로 소비에트 연방에 두 개의 설계 그룹이 존재하는 것이 분명해졌으며, 소비에트 수뇌부는 짐작건대 집안의 평화를 유지하기 위해 둘 사이의 개발 프로젝트를 분할한다. 이 절차가 이 나라에서 전혀 전례 없는 것은 아닌데, 이 나라에서 록히드Lock-heed가 수주한 계약에 제너럴 다이내믹스General Dynamics가 수주한 계약이 뒤따를 수도 있다.

한 그룹은 액체 산소와 여전히 연을 맺고 있으며 SS-6, SS-8 및 SS-10을 설계했다. 유리 가가린Yurii Gagarin과 보스토크Vostok 1호를 궤도에 올려 놓은 20발짜리 거구 SS-6는 산소와 RP-1의 등가물을 태웠다. SS-8 '세이신Sasin'과 SS-10은 산소와, 분명 우리의 50-50에 상응하는 하이드라진-UDMH 혼합물을 태운다.

(역주: 소련에는 크게 세 곳의 ICBM 설계국—세르게이 코롤료프Sergei Korolyov의 OKB-1, 미하일 얀겔Mikhail Yangel의 OKB-586, 블라디미르 첼로메이Vladimir Chelomey의 OKB-52—이 있었으며, 각 설계국에서 비슷한 역할의 미사일을 동시에 개발하는 경우가 많았다. 군은 저장성 추진제를 요구했지만, 코롤료프는 그것을 악마의 독Devil's venom이라고 부르며 혐오했고, 이를 이용한 ICBM은 대부분 얀겔과 첼로메이의 설계국에서 개발되었다.)

다른 그룹은 저장성 산화제인 IRFNA 혹은 N_2O_4의 효용을 확신해 스팀 난방되는 사일로에 사는 대형 전략 미사일에 후자를 사용하고 러시아의 겨울에 대응해야 하는 단거리 전술 미사일에 보통 전자를 사용한다. SS-4 '샌들Sandal'은 IRFNA와 분명 RP 및 UDMH의 혼합물(미국의 나이키에이잭스Nike Ajax와 비교된다)을 사용하는 반면에, SS-5 IRBM '스킨Skean'과 SS-7 ICBM은 산과 UDMH를 태운다. 최근 배치된 SS-9 ICBM '스카프Scarp'는 미국의 타이탄 II와 아주 흡사하지만 약간 더 크며 N_2O_4를 아마 50-50으로 태운다. MMH를 태울지도 모른다는 추측이 일부 있었지만 그럴 것 같지는 않다. 50-50는 훨씬 저렴하고 성능이 같거나 조금 더 좋으며, 전략 미사일을 사용하면 연료의 어는점에 대해 걱정할 필요가 없다. 더 작은 SS-11은 동일한 추진제를 사용하고 대체로 미국의 '랜스Lance'에 상응하는 전술 미사일인 SS-12는 IRFNA와 RP를 태운다. (현재 상황에 대한 최신 정보를 제공하면, SS-13은 '미니트맨Minuteman'에 상응하는 3단 고체 추진제이며, SS-14은 본질적으로 SS-13의 2단 및 3단이다.) '폴라리스Polaris'에 비견되는 소비에트 해군 미사일들은 UDMH 혹은 50-50와 함께 IRFNA나 N_2O_4를 사용하거나 고체 추진형이다. 그리고 개발 중인 중국의 탄도미사일은 SS-3를 기반으로 하며 IRFNA와 케로신을 태우도록 변경되었다.

더 발전된, 혹은 '이색exotic' 추진제에 관해서라면, 소비에트의 관행은 분명히 미국의 관행보다 더 보수적이었다. 러시아인들은 1949~1950년에 보레인으로 약간의 연구를 했지만, 많은 시간과 돈을 낭비하기 전에 그만둘 정도의 상식이 있었다. 1952년에 동독에

점화!

서 10% 오존을 이용한 몇몇 연소가 있었지만, 이 연구에 후속 조치가 이루어졌다는 증거는 없다. 할로젠화된 산화제에 대한 광범위한 연구의 증거도 마찬가지로 전혀 없다. 최근 소비에트의 한 화학 저널에 실린 퍼클로릴 플루오라이드에 관한 긴 리뷰 논문에서 모든 참고문헌은 서방 측 자료였다.[2] OF_2에 관한, 그리고 금속 슬러리의 장점으로 주장되는 내용에 관한 몇 가지 언급이 있었지만, 그것이 말 그 이상에 해당한다는 것을 나타내는 것은 아무것도 없다. 그들이 액체 플루오린이나 액체 수소로 많은 것을 했다는 징후도 마찬가지로 전혀 없다. 그러나 그들의 우주 프로그램에서 후자의 사용이 고려되지 않았다면, 조금도 과장하지 않고 놀라울 것이다.

요컨대 러시아인들은 그들의 추진제 선택에 있어 좀 투박한 경향이 있다. 산소, N_2O_4, IRFNA, RP, UDMH와 그 혼합체들—그것이 거의 전부이다. 더 많은 추력을 원할 때, 이반은 더 높은 비추력을 가진 복잡한 추진제를 찾지 않는다. 그는 그저 더 큰 로켓을 만들 뿐이다. 어쩌면 그가 맞는 것인지도 모르겠다.

---

2 이는 물론 그들이 막 연구를 시작하려는 참이라는 것을 의미할 수 있다. 그러한 리뷰 논문은 소련에서 흔히 연구 프로그램의 시작을 암시한다.

10장
'이색 추진제(exotics)'

　15년 전에 사람들이 필자에게 "이색 연료exotic fuel가 대체 **뭐냐?**" 하고 물으면, 필자는 "비싼 거고 붕소가 들어 있는데, 안될 거야, 아마." 하고 대답하곤 했다. 이번 장에 원래 '10억 달러짜리 붕소 뻘짓'이라는 제목을 붙일 생각이었는데, 두 가지 이유에서 그러지 않기로 했다. 첫 번째는 그러한 제목이 관련 프로그램을 승인한 일부 사람들에게 눈치 없다고 생각될지도 모른다는 이유에서이다. 두 번째 이유는 그것이 완전히 정확하지 않은 것 같기 때문이다. 사실 붕소 프로그램은 10억 달러가 들지 **않았다.** 당시에 그냥 그렇게 보였다.

　보레인borane은 붕소와 수소의 화합물이며, (다른 것도 많긴 하지만) 가장 잘 알려진 것이 다이보레인, B_2H_6, 펜타보레인, B_5H_9, 데카보레인, $B_{10}H_{14}$이다. 상온에서 첫 번째 것은 기체, 두 번째 것은 액체, 세 번째 것은 고체이다. 알프레트 슈토크Alfred Stock가 1912년부터 1933년 사이에 널리 알려진 보레인 대부분을 발견했고, 슐레진 저H. I. Schlesinger는 1930년 무렵부터 시작해 보레인 화학 분야, 특히 합성 경로 개발에 엄청나게 공헌했다.

보레인은 불쾌한 물건이다. 다이보레인과 펜타보레인은 공기 중에서 자연 발화하며, 그 화재는 진화하기가 대단히 어렵다. 그것들은 물과 반응해 종국에는 수소와 붕산을 생성하는데, 그 반응이 때로는 격렬하다. 또한 특유의 역겨운 냄새를 지녔을 뿐 아니라, 거의 어떤 경로로든 극도로 유독하다. 이러한 특성의 총체는 그것들을 다루는 문제를 간단하게 하지 않는다. 또한 합성이 쉽지도 않고 간단하지도 않기 때문에 매우 비싸다.

하지만 해프닝이 히피들의 마음을 끄는 것과 같이 보레인은 로켓인들의 마음을 끄는 특성을 한 가지 갖추고 있었다. 그것들은 연소열이 극도로 높다—그램 대 그램으로 제트유보다 약 50% 더 많다. 그래서 JPL의 파슨스Parsons가 데카보레인을 처음으로 고려한 1937년 이후로 줄곧, 추진제 하는 사람들은 보레인을 못내 아쉬운 듯 고려해 왔으며, 그 연소열로부터 잘하면 쥐어짤 수 있을지도 모를 성능을 탐해 왔다.

제2차 세계대전이 끝날 때까지는 물론 아무것도 할 수가 없었다. 그러나 1946년에 미 육군병기대U.S. Army Ordnance Corps가 보레인을 심층 연구하고 대규모 합성법을 개발하기 위해 GE와 계약을 체결했다(헤르메스 프로젝트Project Hermes). 주된 목적은 로켓 추진제의 개발이 아니라 흡기식 엔진, 주로 제트기의 연료로서 보레인의 활용이었다. 하지만 로켓인들은 그들의 집착상 필연적인 일이었지만,

아무튼 관여하게 되었다.

1947년에 아마도 보레인에 대한 최초의 성능 계산이라 할 만한 것을 한 사람은 리액션모터스의 폴 윈터니츠였다. 그는 다이보레인, 펜타보레인 및 알루미늄 보로하이드라이드, $Al(BH_4)_3$의 성능을 전부 액체 산소를 이용해 계산했다. 계산의 복잡성은 말할 것도 없고(그때는 주변에 컴퓨터가 없었다는 점에 유념하라!), 이들 추진제 후보뿐만 아니라 그 연소 생성물에 대한 열역학 데이터의 빈약함과 대체적인 비신뢰성을 고려하면 그의 근면성을 향한 필자의 존경심에 필적하는 것은 그의 용기에 대한 필자의 경악뿐이다.

어쨌든 계산의 저편 끝에 나온 숫자는, 그 타당성 여부가 어떻든 간에 고무적으로 보였다. 다음 단계는 그것들을 모터 연소로 확인하는 것이었다. 다이보레인(보레인 중에 구하기 가장 용이한 것)이 연료, 액체 산소가 산화제가 될 터였다.

다이보레인이 보레인 중에 구하기 가장 용이했지만, 그렇다고 해서 풍족한 것은 전혀 아니었다. 사실 RMI가 작업을 시작했을 때 정확히 40파운드가 존재했다. 그래서 연소는 어쩔 수 없이 매우 낮은 추력 수준(아마도 50파운드)에 극히 짧았다. 그나마도 담당 엔지니어가 여러 해가 지난 후에 필자에게 고백했듯이, "버튼을 누를 때마다 캐딜락 한 대 값이 테일 파이프로 넘어가는 것을 느낄 수 있었다!"

결과는 솔직히 말해 행복감을 북돋우지 않았다. 성능은 형편없었고—이론값을 한참 밑돌았다—노즐 목과 팽창(하류)부에 (노즐 목의 크기와 형태를 변화시키는) 단단한 유리질 용착물이 생겼다. 이

점화!

것들은 분명히, 주로 B_2O_3로 이루어져 있었지만, 약간의 원소 붕소도 함유하고 있는 것 같았다. 이는 연소 불량의 확실한 징후였으며, 고무적이지 않았다.

나사NASA-루이스 비행추진연구소Lewis Flight Propulsion Laboratory의 오딘Ordin과 로Rowe는 1948년에 같은 조합을 연소해 거의 같은 종류의 결과를 얻었다. 그들이 산화제로 과산화 수소를 사용했을 때도 마찬가지로 결과는 조금도 낫지 않았다. 유리질 용착물은 선명한 녹색 배기 화염이 그런 것만큼이나 붕소 연소의 특징인 것 같았다.

RMI가 시도한 다음 연료는 다이보레인의 다이메틸아민 부가체였다—정확히 보레인은 아니지만, 가까운 동류이다. 그러나 그들이 1951년에 그것을 산소로 연소했을 때 결과는 보레인 결과였고—실망스러웠다. 그들이 펜타보레인으로 얻은 결과도 그러했는데, 잭 굴드Jack Gould는 이듬해 그것을 산소와 과산화 수소를 산화제로 사용해 추력 50파운드 모터에서 연소했다. 저 마지막 조합으로 누구나 좋은 결과를 얻을 수 있기까지 약 12년이 걸릴 터였다. 연소 효율이 더 나은 것은 1955년 오딘에 의해 연소되었는데—다이보레인과 플루오린이다. 여기서는 적어도 노즐에 어떤 용착물도 없었지만—BF_3는 기체이다—그 조합은 극도로 뜨거운 것이었고, 다루기가 매우 어려웠다.

초창기의 보레인 연소들은 전반적으로 그다지 성공적이지는 않았지만, 열정, 희망, 기대가 모두 컸고 붕소 연료 및 연료 후보에 관한 회의가 1951년에만 둘이나 개최되었다. 이들 회의에서 몇몇 몹시 미심쩍은 화학이 발표되기도 했지만—붕소 화학에 대전환은 아직 오지 않았다—다들 즐거운 시간을 보내고 더욱더 분발할 생각으로 고무되어 집에 들어갔다.

그리고 그들은 얼마 지나지 않아 이러한 노력을 할 수 있는 자금을 갖게 되었다. 'Zip' 프로젝트Project 'Zip'는 1952년 해군의 BuAer에 의해 시작되었다. Zip 프로젝트는 헤르메스 프로젝트가 중단된 데부터 계속되도록, 그리고 제트 엔진을 위한 고에너지 붕소 기반 연료를 개발하도록 만들어졌다. ICBM 시대 이전이라, 장거리 폭격기 운반 핵폭탄이 냉전에서 선택된 억지 무기였고, 그 폭격기의 항속거리나 속력을 늘리는 것은 무엇이든 매우 바람직했다. 각각 수백만 달러 규모 계약을 맺은 주요 주계약자는 올린 매시슨 케미컬 코퍼레이션과 캘러리 케미컬 컴퍼니였지만, 1950년대 말까지 더 많은 기관들, 추진, 화학, 학계—무엇이든 말만 해 보라—가 소규모 주계약자 혹은 주계약자의 하청으로 참여하게 되었다. 1956년쯤에는 비대해진 프로그램을 다루기가 너무 어려워져서 나누어야 했는데, 공군은 올린 매시슨의 연구와 'HEF' 프로그램을 모니터링하고 해군의 BuAer는 캘러리의 'Zip'을 지켜보았다. 업계지는 Zip과 '슈퍼' 연료를 대서특필했고(물론 기밀 화학 물질 세부 사항은 빼고—게재되면 몇몇 사람들을 주저하게 할지도 모른다), 남을 잘 믿고 탐욕스러운 군상들은 나가서 붕소 주식을 사들였다. 그리고 종내에는 쪽박을 찼다.

원하는 물리적 특성(제트유의 특성과 유사)을 얻으려면, 연료가 보레인의 알킬 유도체여야 한다는 점이 곧 분명해졌다. 마침내 이

점화!

들 중 세 가지가 개발되어 상당히 큰 규모로 양산에 들어갔다. 매시슨의 HEF-2는 프로필 펜타보레인이었다. 캘러리의 HiCal-3 및 매시슨의 HEF-3는 모노-, 다이-, 트라이에틸 데카보레인의 혼합물이고, HiCal-4 및 HEF-4는 모노-, 다이-, 트라이-, 테트라메틸 데카보레인의 혼합물이었다. -3뿐만 아니라 -4도 미량의 치환되지 않은 데카보레인을 함유했다. (빠진 번호는 합성의 중간 단계에 있는 연료를 나타낸다.)

보로하이드라이드 화학이 전에 연구된 적이 없으므로 연구되었고, 파일럿플랜트pilot plant 수준에서 공정 세부 사항을 알아냈고, 풀사이즈 생산 시설 2개소를 캘러리와 매시슨에 각 하나씩 지어 가동했고, 취급 및 안전 매뉴얼을 작성하고 발행했는데—이 모든 일들이 번갯불에 콩 볶아 먹듯이 이루어졌다. 보잘것없는 원소 하나가 그 많은 화학자들과 화학공학자들에 의해 그렇게 집중적인 관심을 받은 적은 한 번도 없었다.

그러더니 프로그램 전체가 갑자기 중단되고 말았다. 여기에는 두 가지 이유가 있었는데, 하나는 전략적인 것이었고 다른 하나는 기술적인 것이었다. 첫 번째는 ICBM의 도입과, 장거리 폭격기의 축소되는 역할이었다. 두 번째는 붕소의 연소 생성물이 보론 트라이옥사이드, B_2O_3이고, 약 1,800°C 미만에서 이것이 고체 아니면 유리질의, 점성이 매우 큰 액체라는 점에 있었다. 그래서 당신에게 약 4,000rpm 정도로 회전하는 터빈이 있고, 블레이드 간 이격이 수천분의 1인치일 때, 이 끈끈한 점성 액체가 블레이드에 눌어붙으면, 엔진은 영국인들이 정확히 '파국적 자가분해'라고 하는 것을 겪을 공산이 크다.

옥사이드의 점도를 낮추기 위해 온갖 노력을 다했지만, 아무 효과가 없었다. HEF류와 HiCal류는 그저 제트 엔진에 사용할 수 없었다. 플랜트는 대기 상태에 들어갔고, 결국 고철로 팔렸다. Zip 프로그램은 사망했지만, 기억은 사라지지 않고 남아 있다.

그것은 결코 완전 대실패가 아니었다. 연구에 들어간, 총비용의 극히 일부가 붕소 화학의 집성集成에 10년 만에, 그렇지 않았으면 50년 만에 알게 되었을 것보다 더 많은 것을 보탰다.[1] 가장 흥미로운 발견 중 하나는 1957년 리액션모터스의 머리 코언Murray Cohen에 의한 '카보레인Carborane'의 발견이었다. 모母화합물인 $B_{10}C_2H_{12}$는 닫힌, 대칭적인, 20면체 케이지icosahedral cage 구조를 가지며, 그것과 그 유도체는 산화, 가수분해 및 열분해에 대해 놀라울 정도로 높은 안정성을 보인다. 휴스 툴Hughes Tool의 네프Neff는 카보레인 유도체에 기반한 일원 추진제를 만들려고 시도했을 때 이러한 안정성을 이용했다. (일원 추진제 장 참조.) 유도체는 고에너지 고체 추진제로, 그리고 아마 고내열 플라스틱으로도 유용할지 모른다.

로켓 추진 자체에 관한 한 Zip 프로그램의 결과는 이제 대량의 다이보레인(모든 보레인들과 그 유도체들의 합성의 시작점), 펜타보

---

1 딕 홀츠먼Dick Holzmann은 당시 ARPA(고등연구계획국)에 있었는데, 이 모든 화학이 계약자와 군의 서류철에 영영 묻히지 않고, 이용 가능한 것은 그 덕분이다. 그는 모든 정보를 모으고, 이를 한 권으로 취합하도록 미드웨스트 리서치 인스티튜트Midwest Research Institute의 로널드 휴스Ronald Hughes, 아이번 스미스Ivan Smith, 에드 롤리스Ed Lawless를 못살게 굴었고, 최종적으로 「보레인의 제조 및 관련 연구Production of the Boranes and Related Research」를 편집했는데, 이 책은 1967년 아카데믹프레스Academic Press에서 출간되었다.

레인, 데카보레인, 그리고 이용 가능한 HEF류와 HiCal류 재고가 있었다는 것이었다. 그래서 그것들의 연료로서의 유용성을 감질나는 50파운드급 이상으로 조사할 수 있었다. 에어로제트는 1959년쯤을 시작으로 HEF-3와 펜타보레인을 연구했고, 그것들을 N_2O_4나 과산화 수소로 태웠으며, 리액션모터스는 1964년까지 펜타보레인-과산 시스템에서 오류를 대부분 제거했다. 적절한 분무기 설계를 통해 시스템이 작동되게, 그리고 그것들의 이론 비추력에 가까운 것을 내게 할 수 있었다. 그리고 모터가 상당한 크기였을 때 노즐의 고체 용착물 문제는 그리 중요하지 않았다. 물론 플루오린 산화제를 사용했을 때는 문제가 전혀 발생하지 않았다. 에드워즈 공군기지EAFB의 돈 로질리오Don Rogillio는 1962~1964년에 펜타보레인을 NF_3로도 태우고 N_2F_4로도 태워 상당히 괜찮은 성능을 얻었다. 그러나 그 조합은 극도로 뜨거운 것이었기 때문에, 그는 타 버린 분무기와 노즐로 많은 어려움을 겪었다.

그런데 정작 펜타보레인이 잘되게 되자, 아무도 그에 대한 특별한 용도를 찾을 수 없었다. 성능이 좋은 것은 맞는데, 펜타보레인의 밀도가 낮았고—0.618—이는 전술 미사일에 펜타보레인 사용을 방해했다. 게다가 펜타보레인이 가장 좋은 성능을 보인 (산소 타입) 산화제인 과산과 N_2O_4는 어는점이 용납이 안 되었다. 그리고 질산을 사용하면 그 성능상의 이점을 상당 부분 잃게 된다. 또한 물론 이러한 산화제 중 어느 것을 사용하든 배기가스에 다량의 고체 B_2O_3가 포함되는데, 눈에 잘 띄는 배기 흐름은 바람직하지 않을 수 있다. 그리고 예를 들어 ClF_3 같은 할로젠 산화제를 사용했다면, 고생할 만한 가치가 있기에는 그 성능이 하이드라진의 성능보다 충분히 낮지 않았다. 그리고 마지막으로, 그것은 여전히 비쌌다.

다이보레인의 경우는 이야기가 달랐다. 미사일에는 물론 사용할 수 없지만(끓는점이 −92.5°C이다), 그것의 저밀도(끓는점에서 0.433)가 문제가 되지 않을 어떤 심우주용으로는 아마 사용할 수도 있을 것이다. 다이보레인의 천생연분은 OF_2였고(ONF_3 또한 적합할 수 있다), 1959년부터 현재까지 몇몇 기관이 그 조합을 연구해왔는데, 그중에는 리액션모터스와 NASA−루이스도 있었다. 그 조합은 뜨거운 것이고, 이를 견딜 수 있는 분무기 및 노즐을 설계하는 것은 쉽지 않지만, 그 어려움은 극복할 수 없는 것과는 거리가 멀기에, 운용 가능한 시스템도 머지않아 보인다. 그런데 해당 조합은 연구 대상으로 하기에 대단히 아찔한 것이고, 두 추진제 모두 놀랍도록 유독하지만, 로켓맨들은 대체로 살아남는 법을 알기에 아무도 해코지를 당하지 않았다—아직은.

펜타보레인을 전체적인 상황에 계속 관련 있게 했는지 모를 한 가지는, 1958년 초 BN 시스템의 출현이었다. 캘러리 케미컬이 그 아이디어의 창안자였지만, 일 년 안에 나라 안의 **모든** 추진 계약자에 더해 JPL, NASA 및 EAFB도 한몫 끼었다.

아이디어는 이렇다. 보론 나이트라이드, BN은 흑연의 구조와 비슷한 육방정계 구조를 가진 백색 결정질 고체이다.[2] 보론 나이트라

---

2 탄소는, 물론 흑연뿐만 아니라 다이아몬드로도 존재한다. 그런데 최근의 어떤 연구에서 보여 준 바에 의하면, BN은 흑연 구조만 아니라 다이아몬드 같은 구조도 가질 수 있고, 다이아몬드 그 자체만큼 단단하거나 그보다 더 단단하다.

이드는 약 60kcal/mol의 발열 생성열을 가진 매우 안정한 분자이다. 이제 보레인과 하이드라진의 반응을 상상해 보자.

$$B_2H_6 + N_2H_4 \rightarrow 2BN + 5H_2$$

또는

$$2B_5H_9 + 5N_2H_4 \rightarrow 10BN + 19H_2$$

BN의 생성열이 에너지원이 될 것이고, 수소는 작동 유체를 구성할 것인데—고체 BN도 물론 그와 함께 끌고 간다. 성능 계산은 펜타보레인–하이드라진 조합이 326초라는 믿기 어려운 성능을 낼 것임을 보여 주었고, 연소실 온도가 그러한 성능을 가진 다른 어떤 것보다 더 서늘한, 약 2,000K~1,500K 정도에 불과할 것이라는 더더욱 믿기 어려운 점을 부각했다. 300초를 웃도는 성능을 가진, 그리고 그토록 만만한 연소실 온도를 가진 **저장성** 조합 생각은 국내의 모든 추진인들을 궤도에 올려 보냈다.

1958~1959년에는 물론 연구하는 데 필요한 펜타보레인을 구하는 것이 문제가 되지 않았다. 공군은 그들의 매시슨 기업에서 나온 물건이 차고 넘쳤고, 그것으로 무엇을 해야 할지 전혀 몰랐다. 그래서 말만 잘하면 사실상 공짜였고, 그러자 모두가 환호성을 지르며 행동에 돌입했다. 캘러리, NASA–루이스, 리액션모터스, EAFB가—그들 대부분이, 처음에는, 대략 추력 백 파운드급으로—그 조합을 처음 시도한 곳들 중 일부였다.

리액션모터스의 경험이 전형적이다. 하이드라진/펜타보레인은 점화가 다소 거칠긴 했지만, 자동 점화성이었다. 연소 효율은 C* 효율 약 85~88%로 끔찍했다.[3] 그리고 비추력 효율은 더 나빴다. 엔지니어들은 계산상으로 그들이 얻을 것이라는 326초의 75%를 얻은 것을 다행으로 여겼다.

분명히 연소 효율이 해결해야 할 최우선 과제였다. 왜냐하면 그것을 합당한 수치로 끌어올리지 않는 한, 비추력—이든 다른 무엇이든—에 대해 아무것도 할 수 없었기 때문이다.

난관의 일부는—곧 알게 되었지만—반응이 반응식이 그럴 것이라고 한 대로 BN과 수소로 깔끔하게 가지 않는다는 데 기인했다. 대신에 붕소의 일부가 원소 붕소로 배출되고, 남은 질소는 수소의 일부와 결합하여 암모니아를 생성한다. 이는 물론 성능에 도움이 되지 않는다.

또 다른 문제는 펜타보레인과 하이드라진이 반응하도록 둘을 혼화하기가 어렵다는 점에 있었다. 하이드라진은 수용성 물질이고, 펜타보레인은 지용성인데, 그 둘은 만나는 것에 대해 아주 고집을 부렸다. (이는 일원 추진제 장에 서술한 BN-일원 추진제 연구로 이어졌다.) 추진제에 들어간 첨가제는 도움이 안 되었다—그리고 하이드라진 나이트레이트부터 UDMH에 이르기까지 온갖 것을 다 시도해 보았다. 혼화가 잘되게 하려면 그냥 대단히 정교한 분무기

---

3 '시 스타see star'로 발음되는 C^*는 연소 효율의 척도이다. C^*는 측정된 연소실 압력에 노즐 목의 면적을 곱하고, 이를 추진제의 질량 유량으로 나누어 얻는다. 값은 당신이 쓰는 단위계에 따라 ft/s 또는 m/s로 나온다. C^*도 꼭 이론 비추력이 계산이 되는 것처럼 이론값이 계산될 수 있으며, 당신이 실험적으로 측정하는 이론 C^*의 퍼센티지는 연소의 완전성, 그리고 분무기의 효율에 대한 좋은 척도이다.

점화!

를 사용해야 한다. 러브Love, 잭슨Jackson, 해버맨Haberman은 1959~1960~1961년 내내 EAFB에서 실컷 고생하고 이를 깨달았다. 추력이 100파운드급에서 5,000파운드급으로 올라가고, C* 효율을 76%에서 95%까지 힘겹게 끌고 간 동안, 그들은 자그마치 30개의 분무기를 실험했는데, 각각이 이전 것보다 더욱 정교하고 복잡했다.

일이 진행되는 동안에도, 펜타보레인 취급에 관한 문제는 여전히—쭈뼛하게—남아 있었다. 펜타보레인은 필자가 언급했다시피 독성이 대단했다. 그리고 그것은 공기와 자동 점화성이며, 그 불은 잡아야 할 야수이다. 펜타보레인 불바다에 물을 뿌리면 결국에는 불이 꺼진다—당신이 운이 좋다면. 그도 그럴 것이 아직 타지 않고 남아 있는 펜타보레인에 고체 보론 옥사이드 아니면 아마 붕산 층이 덮여 있는데, 이는 남은 펜타보레인을 공기로부터 보호한다. 그런데 그 층이 부서지면(틀림없이 벌어질 일이다), 또다시 온통 불바다가 된다. 쓰고 남은 펜타보레인을 처리하는 것도 문제인데, 여기서 그것까지는 다루지 않겠다. 관심 있다면, 홀츠먼 책에 모든 것이 담겨 있다.

이 모든 것을 감안해 필자는 로켓다인 사람들 중 몇몇에게—로켓다인은 자신들의 BN 연구에서 EAFB와 긴밀하게 협력하고 있었다—그 물질을 어떻게 감당했는지 물어보았다. "아, 문제없습니다." 그들이 대답했다. "그저 우리의 안전 매뉴얼에 있는 지시에 따르면 됩니다!" 그래서 필자도 그 매뉴얼의 사본 한 부를 보내 달라고 요청했고, 이내 그것이 도착했다. 책자가 맨해튼 전화번호부 크기만 했다고 하면 허위 진술이겠지만, 필자는 번호부가 그보다 작은 지

자체도 수두룩하게 보았다. 그리고 그 매뉴얼의 도움에도 불구하고, 얼마 후에 그들의 로켓 정비사 중 한 사람이 펜타보레인 때문에 병원 신세를 졌다.

BN 연구에서의 마지막 단계는 추력 약 30,000파운드짜리 대형 모터로의 스케일 업인데, 이는 1961~1962~1963년 에드워즈에서 이루어졌다. (덧붙여 말하면, 위험 추진제를 대상으로 한 다수의 연구가 에드워즈에서 이루어졌다. 이곳은 모하비 사막 한가운데에 위치하고 있어, 주변 인구를 걱정하지 않아도 된다. 설령 액체 플루오린 1톤을 쏟는다 해도—그저 무슨 일이 일어나는지 보려고 에드워즈에서 실제로 그렇게 했다—다칠 것은 산토끼와 방울뱀 몇 마리의 마음의 평화밖에 없다.) 필자는 몇몇 테스트 런 영상을 보았는데, 고체 BN의 자욱한 흰 구름이 하늘 높이 2마일이나 피어오르는 것이 장관이 따로 없었다.

대형 모터를 사용한 결과는 처음에는—이론 비추력의 약 3/4으로—형편없었지만, 분무기 설계와 함께 개선되었고 1963년 말이 되기 전에 매직 300초에 도달했다. (최종적인 분무기는 정성스럽게 구멍을 뚫은 **6천** 여 개의 분무공으로 이루어져 있었다! 제작비가 만만치 않았다.) 그러나 BN 시스템은 마침내 제구실을 하게 되었고, 성공작이었다.

유일한 옥에 티는 BN 시스템이 태생부터 구식이었다는 것이다. ClF_5는 BN이 성공한 바로 그 순간 현장에 도착했으며—ClF_5-하이드라진 조합은 하이드라진-펜타보레인 시스템만큼 잘 작동하며, 밀도도 훨씬 높은 데다 다루기도 더 수월하고, 훨씬 단순하고 값싼 모터에서도 잘되며, 배기 흐름이 눈에 띄지 않는다—적어도 10배는 저렴했다. 5년간의 연구가 실망스럽게도 값비싼 헛수고였던 셈이다. 도대체 왜 이 업계에 발을 들였는지 로켓맨들은 가끔 생각에 잠기곤 한다.

하지만 다소 전문적인 용도라면, BN 시스템에도 일말의 희망이 있는 것 같다. 에어로제트에서는 상당히 최근에(1966~1967) 램로켓ram rocket에 이 조합의 사용 가능성을 조사해 왔는데, 배출된 수소, BN, 원소 붕소, 암모니아는 추가적인 추력을 제공하기 위해 흡입한 공기로 연소되며, 해당 조합이 이런 식의 배열에서 실제로 아주 잘 작동하는 것을 알게 되었다. 그러니 아마 에드워즈 사람들이 완전히 헛물켠 것은 아닐 것이다.

보로하이드라이드는 결코 성공하지 못한 관련 연료였다. 여기에서 한 마디 해명의 말이 적절할 듯 보인다. 보로하이드라이드류에는 두 가지 아니면 아마도 세 가지 유형이 있다. 첫 번째 유형은 알칼리 금속 보로하이드류인 $LiBH_4$, $NaBH_4$, 기타 등등으로 구성된다. 이들은 간단한 이온염들이다—엉뚱할 것이 없는, 백색 결정질 고체이다. 이것들은 상당히 안정하며—$NaBH_4$는 물에서 **거의** 안정하다—손쉽게 다룰 수 있다.

리튬 보로하이드라이드는 언급한 것과 같이 에어로제트의 돈 암스트롱Don Armstrong에 의해 하이드라진의 어는점 강하제로 1948년에 이미 시도되었다. 그는 해당 혼합물이 불안정하다는 것을 알게 되었지만, 그럼에도 불구하고 RMI의 스탠 태넌바움Stan Tannenbaum은 1958년에 그것을 다시 시도했고 똑같은 결과를 얻었다. 그러고는 다시 에어로제트에서 로젠버그Rosenberg가 1965년에 같은 혼합물에 불을 붙였다. 그리고 그는 3% 보로하이드라이드가 69°C에서 200일 안에 분해되었다는 것을 알게 되었다. 이 모든 것이 필자에게 '전에 본 것'이라는 느낌을 준다.

소듐 보로하이드라이드는 리튬 염이 그러한 것보다 훨씬 안정하고, 액체 암모니아에 녹아 있는 용액은 상당히 안정하다. 에어로제트는 1949년에 이것을 산소로 연소했지만, 그 성능이 하이드라진의 성능보다 못한 탓에 연구가 뒤따르지 않았다. 그리고 EAFB의 패트릭 맥너마라Patrick McNamara는 1965년에 소듐 염의 하이드라진 용액을 클로린 트라이플루오라이드로 연소했지만, 순수한 하이드라진의 성능보다 못한 성능을 얻었다.

두 번째 유형(위의 '아마도')에는 암모늄 및 하이드라지늄 보로하이드라이드가 포함되는데, 액체 암모니아 또는 하이드라진 내에서 in situ로 만들 수 있지만, 상온에서 분리되면 불안정할 것이다. 에어로제트는 1949년 하이드라진에 녹은 하이드라지늄 보로하이드라이드 용액을 (산소로) 태웠다. 필자는 그 혼합물이 불안정했을 것으로 의심하는데, 더는 아무런 결과도 얻지 못했기 때문이다.

세 번째 유형에는 알루미늄 및 베릴륨 보로하이드라이드, $Al(BH_4)_3$와 $Be(BH_4)_2$가 포함된다. 이것들은 드문 결합을 가진 공유 결합 화합물이며, 상온에서 액체이고, 공기와 격렬하게 자동 점화한다. 아무도 베릴륨 보로하이드라이드를 모터 연소를 할 만큼 한 군데에 한꺼번에 확보해 본 적이 없다. 그러나 에어로제트의 암스트롱과 영Young은 1950년에 알루미늄 보로하이드라이드를 산소를

점화!

이용해 연소했고, 이듬해에는 에어로제트의 윌슨Wilson도 그것을 액체 플루오린을 이용해 연소했다. 결과는 연료의 취급에 관한 어려움을 무릅쓰기에 충분히 고무적이지 않았고, 알루미늄 보로하이드라이드는 거의 10여 년을 유휴 상태로 있었다.

그때 1960년쯤을 기점으로 유니언카바이드의 슐츠H. W. Schulz 박사와 호그셋J. N. Hogsett이 '하이발린Hybaline' 개발을 시작했다. 그런데—추진제 업계에서 정말 드문 일이지만—그들은 그것을 정부 돈이 아닌 회사 돈으로 했다. 알루미늄 보로하이드라이드는 아민과 몰 대 몰로 첨가 화합물—부가체—을 생성한다. 그리고 이들 부가체는 공기 중에 자연 인화하지 **않으며**, 합당한 예방책이 따른다면, 특별한 어려움 없이 취급할 수 있다.

슐츠와 호그셋은 수십 가지의 다른 아민들을 실험했지만, 그들이 정한 연료는 특성들이 최상의 조합을 이룬다는 모노메틸아민 부가체와 다이메틸아민 부가체의 혼합물이었다. 그들은 그것을 하이발린 A_5라고 불렀다. (그들은 베릴륨 보로하이드라이드 부가체도 몇 가지 만들었다. 그것들은 '하이발린 B'로 불렸다.) 그들은 보기만 해도 신통하기 그지없는 계산 성능 수치를 인용해, 하이발린을 4년쯤 홍보했다. 유일한 난제는 그들이—매우 의심스러운 어떤 실험 수치에 근거하여—자신들의 부가체 혼합물에 대해 알루미늄 보로하이드라이드에 일반적으로 인정되는 것과 양립할 수 없는, 그리고 그 청중들에게 어떤 회의를 불러일으키는 생성열을 추정했다는 것이었다. 의문은 EAFB가 하이발린 A_5/N_2O_4로 일련의 풀스케일(추력 5,000파운드) 연소를 실시해, 가령 ClF_5와 하이드라진이 냈을 것보다 훨씬 적은 최대 281초를 얻으며 마침내 해결되었다. 그래서 1964년쯤에는 하이발린도 끝이 났다.

이색 추진제의 영역으로 가장 최근의 외도는 로켓다인의 건덜로이F. C. Gunderloy가 했다. 그는 BH_3 그룹으로 종결된 사슬을 가진 베릴륨 하이드라이드 및 다이메틸 베릴륨의 어떤 선형 중합체(연구가 기밀이라서 필자는 더 이상 구체적으로 설명할 수 없다)가 점성이 있는 액체라는 것을 알게 되어, 이를 4~5년간 연구했다. 관련된 화학은 그 자체로 흥미롭지만, 유용한 추진제로 이어질 것 같지 않다. 그 액체는 극히 유독하고, 베릴륨 옥사이드는, 그중 하나가 연료로 사용되었다면 배기 생성물 중 하나일 것인데, 전술 미사일에 사용이 일절 배제될 정도로 너무 유독하다. 그리고 우주용으로 더 좋은 연료가 있다. 고점성 추진제로 작업하는 문제를 차치하더라도, 베릴륨은 비교적 희귀하고 상당히 값비싼 물질이며, 더 나은 용도가 있는 것으로 보인다. 이러한 화합물의 개발은 무기화학에서 PhD 몇 개를 취득할 만한 가치가 충분한 존경스러운 학술 활동이었을 것이다. 추진제 개발 프로그램으로서 그것은 납세자가 낸 돈의 유감스러운 낭비로 분류될 수 있을 뿐이다.

그렇다면 '이색 추진제'의 앞날은 무엇인가? 필자가 볼 때는, 딱 두 가지이다.

1. 다이보레인은 아마도 심우주 임무에 유용할 것이다.
2. 펜타보레인/하이드라진, BN 시스템은 램로켓 및 유사 시스템에 아주 좋을 것이다.

점화!

그리고 봉소 주식으로 쪽박을 찬 사람들은 남의 연구로 부자가 되는 더 나은 방법을 찾아야 할 것이다. 그들에게, 필자는 동정하지 않는다.

11장
일원추
유망주들

일원 추진제는 갈리아Gaul와 달리 두 부분으로 나뉜다(역자주: 카이사르의 『갈리아 원정기Commentarii de Bello Gallico』 첫 문장, "Gallia est omnis divisa in partes tres 갈리아는 전체가 세 지역으로 나뉜다"를 패러디한 것). 저에너지 일원 추진제는 미사일에 보조 동력으로, 때로는 우주선의 자세제어(머큐리Mercury 캡슐, 그리고 고고도에서의 X-15 실험기는 자세제어에 과산화 수소를 사용했다)나 탱크 가압 및 그 비슷한 것들에 사용된다. 고에너지 일원추, 매력남들은 주 추진용 이원 추진제와 경쟁하기 위한 것이다.

첫 번째 부류는 그리 많지 않았는데, 이들의 개발은 거의 무난한 편이었다. 최초의 것은 물론 폰 브라운von Braun이 A-4의 터빈 구동에 사용한 과산화 수소였다. 그는 과망가니즈산 칼슘 용액으로 과산을 촉매 분해했는데, 이후 버펄로 일렉트로케미컬 컴퍼니BECCO

의 연구원들은 산화 사마륨으로 코팅한 은망silver screen을 이용하는 것이 더욱 간편한 방법임을 알게 되었다. (희토류 금속을 전부 체계적으로 조사해 본 결과로 사마륨을 택한 것인지, 연구원 약품 창고에 마침 질산 사마륨이 있어서 그렇게 된 것인지 필자도 잘 모르겠다.) 이 연구에서 선두는 RMI 사람들이었는데, 과산을 그와 동시에 전투기의 '초성능' 엔진을 위한 산화제로 연구하고 있었다. 그들은 H_2O_2를 일원 추진제로 응용한 한 가지 흥미로운 방안에 온통 사로잡혀 있었다. 이는 ROR, 즉 '로켓 온 로터Rocket on Rotor' 개념이었는데, 이에 따라 헬리콥터의 로터 블레이드 각각의 팁에 아주 작은—아마 추력 50파운드—과산 모터가 장착되었다. 추진제 탱크를 로터의 허브에 두기로 했던 터라 원심력이 피드 압력을 처리할 것이었다. 목적은 초퍼(헬기)의 성능을 개선하는 것이었다. 특히 급히 이륙해야 할 때 말이다. (누군가 당신에게 총을 쏘아낼 때를 말한다.) 이에 관한 연구는 1952년부터 1957년까지 계속되었고 극적인 성공을 거두었다. 필자는 ROR 헬리콥터가 작동하는 것을 본 적이 있는데, 조종사가 로켓을 가동하기 시작했을 때 그 짐승은 똥침을 맞은 대천사처럼 공중으로 솟구쳤다. 그 프로젝트는 어떤 이유로 중단되었는데, 아쉬운 일이 아닐 수 없다. ROR 초퍼는 베트남에서 엄청 도움이 되었을 텐데, 거기서는 보통 누군가가 당신에게 총을 쏘아댄다.

아무튼 과산은 저에너지 일원 추진제로 여전히 사용되고 있고, 그것의 높은 어는점이 단점이 되지 않는 응용 분야에 아마 계속해서 사용될 것이다.

그런 용도 하나가 바로 어뢰용 추진제이다. (어쨌든 대양은 상당히 좋은 서모스탯이다!) 여기서 과산은 산소와 과열증기로 분해되는데, 고온의 가스가 프로펠러를 작동하는 터빈을 돌리면 어뢰는 항주한다. 하지만 여기서 약간의 문제가 시작된다. 당신이 수상함에서 발사하면 터빈 배기가스에 들어 있는 산소가 수면에 거품을 일으켜 눈에 잘 띄는 항적을 남기는데, 목표로 삼은 제물에 회피할 기회를 줄 뿐만 아니라 그쪽에 당신의 위치를 알려 주는 꼴이 된다. BECCO는 1954년에 독창적인 해결책을 내놓았다. 그들은 산소를 소진하기 위해 과산에 테트라하이드로퓨란이나 다이에틸렌 글라이콜(다른 연료가 사용되었을 수도 있다)을 필요한 만큼 첨가하여 반응이 물과 이산화 탄소로 화학량론적으로 가게 했다. 물(증기)은 당연히 아무 문제가 되지 않고, CO_2는, 맥주를 한 캔이라도 따 보았으면 누구나 알다시피, 약간의 압력에 힘입어 물에 녹을 것이다. 그것은 항적 문제를 해결했지만, 그 물질을 끔찍할 만큼 폭발하기 쉽게 했고, 연소 온도를 터빈 블레이드가 남아나지 않을 만큼 높였다. 그래서 BECCO는 연소실 온도를 1,800°F까지 낮추기 위해 혼합물에 필요한 만큼 물을 첨가했는데, 1,800°F는 터빈 블레이드가 견딜 수 있었고, 물 희석은 폭발 위험을 허용할 수 있는 수준으로 낮추었다.

　또 하나의 저에너지 일원 추진제는 프로필 나이트레이트였는데, 1949년 혹은 1950년쯤에 처음으로 연구되었다. 프로필 나이트레이트는 영국에서 임피리얼 케미컬 인더스트리스Imperial Chemical Industries에 의해 열렬히 홍보되었는데, 그들은 그것이 전적으로 무해하며 비폭발성이었다고 주장했다. 하! ERDE(폭발물 연구 및 개발 기관, 월섬애비)는 프로필 나이트레이트와 그 동족체를 상당히 광범위하게 조사했고, 이 나라에서는 에틸 코퍼레이션Ethyl Corporation과 와이언도트 케미컬 코퍼레이션Wyandotte Chemical Corp.이 똑같은 일을 했다. 영국에서의 연구는 아이소프로필 나이트레이트로 수행되었지만, 이 나라에서는 복잡하기 그지없는 특허 상황으로 인해 노멀 프로필 나이트레이트NPN가 사용된 이성질체였다. 1956년쯤에는 에틸과 와이언도트뿐만 아니라 유나이티드 에어크래프트United Aircraft, JPL, NOTS, 에어로제트 및 해군수중병기국Naval Underwater Ordnance Station, NUOS(뉴포트 소재 옛 해군어뢰국Naval Torpedo Station)이 보조 동력원으로든 어뢰 추진제로든, 스트레이트든 질산 에틸과 혼합한 것이든, 그것을 연구 대상으로 하고 있었다. 그것은 시동하기 쉬웠고—뜨거운 글로바glow bar나 산소 한 모금에 점화 플러그면 족했다—깨끗하고 부드럽게 탔으며, 많은 문제에 대한 해결책인 것 같았다.

그러더니 그것이 이빨을 드러냈다. NPN은 카드-갭 테스터에서 폭발하지 않는다. 당신은 그것을 던지고 놀고, 발로 차고, 거기에 총알을 박아 넣어도 된다. 그래 봤자 아무 일도 일어나지 않는다. 그러나 그 안에 미세하게 기포가 있다면, 그 기포가 급격히 압축되면—밸브가 갑자기 닫힐 때 수격작용water-hammer effect으로 그렇게 될 수 있다—NPN은 폭굉한다—격렬하게. 이는 '단열압축 민감성sensitivity to adiabatic compression'으로 알려져 있는데, 이 점에서 NPN은 적어도 나이트로글리세린만큼 민감하다. 뉴포트에서 이 일이 실제로 벌어졌다. 누군가가 갑자기 밸브를 잠갔고 NPN이 폭발했는데, 폭발은 많은 피해를 입혔을 뿐만 아니라 대부분의 로켓인들에게 그 일원 추진제가 그들을 위한 것이 아니라는 것을 확신시켰다.

1950년쯤을 시작으로 상당한 활동 범위를 얻은 또 하나의 저에너지 일원 추진제는 에틸렌 옥사이드, C_2H_4O였다. 에틸렌 옥사이드는 주요 중간물질이기 때문에 시중에서 저렴하게 대량으로 구할 수 있다. 또한 시동이 쉽고—점화 플러그로 충분하다—반응기에서 주로 메테인과 일산화 탄소로 분해된다. 그러나 에틸렌 옥사이드는 반응기에서 코크스로 눌어붙는 경향이 있으며, 정도는 후자의 표면 특성에 좌우된다. 이 현상은 연소실 내벽에 은을 입히거나—불꽃 온도가 매우 낮다—추진제에 황을 함유하는 화합물을 첨가하여 예방할 수 있다. 에틸렌 옥사이드는 저장 중에 중합할 가능성도 있는데, 끈끈한 폴리에틸렌 에터를 형성하고, 이는 모든 것을 막히게 한다. 선드스트랜드 머신 툴Sundstrand Machine Tool은 에틸렌 옥사이드로 여러 해를 작업하여 그것을 터빈 구동에 아주 성공적으로 이용했다. 익스페리먼트 인코퍼레이티드Experiment Incorporated, 월터 키드Walter Kidde, 와이언도트 케미컬 또한 에틸렌 옥사이드를 연구했고, 프린스턴의 포러스털 연구소에서는 1954년과 1955년에 이것을 램로켓의 연료로 시도했다.

1951~1955년 사이에 익스페리먼트 인코퍼레이티드, 에어리덕션 및 와이언도트에 의해 아세틸렌계, 이를테면 메틸아세틸렌 및 다이아이소프로펜일 아세틸렌 따위에 관한 몇몇 연구가 이루어졌으나, 이것들은 일원 추진제로서 결코 성공적이지 못했다—이것들

은 비록 폭굉할 생각은 없는지 몰라도, 코킹이 너무 심했다.

지속력이 더 나은 일원 추진제는 하이드라진이었다. JPL의 루이스 던Louis Dunn은 1948~1951년에 하이드라진을 연구했는데, 그 하이드라진이 아직도 우리 곁에 있다. 하이드라진은 수소와 질소, 혹은 암모니아와 질소로 분해될 수 있는데, 두 반응의 비중은 연소실 압력, 촉매 효과, 연소실 내 가스 체류 시간 등등의 매우 다양한 요소에 좌우된다. 반응은 하이드라진을 촉매 베드catalyst bed를 통해 연소실 안으로 흘려보냄으로써 가장 잘 시작된다. JPL의 그랜트 Grant는 1953년에 처음으로 상당히 만족스러운 촉매를 내놓았는데, 내화성 담체refractory substrate에 철, 코발트, 니켈 산화물을 담지한 것이었다. 분해되는 하이드라진은 물론 산화물을 미분화된 금속으로 환원하는데, 이들이 시동 후의 촉매 역할을 넘겨받는다. 하지만 재시동은 촉매 베드가 식어 버렸다면 거의 불가능하다. 셸 디벨로프먼트 컴퍼니는 최근(1962~1964)에 재시동을 가능케 하는 촉매 ―담체에 담지한 이리듐 금속―를 발표했다. 그러나 아무도 그것에 정말로 만족하지 않는다. 촉매 베드를 통해 추진제를 너무 많이 흘리려 하면 베드가 '물바다'가 되기 쉬워서, 분해가 불완전하거나 아예 되지 않았고, 치환된 하이드라진에는 효과가 형편없는데, 이를 당신은 저온 용도에 써야 한다. 게다가 이리듐은 백금족 금속에서도 가장 희귀해서 촉매 베드가 무지막지하게 비싸다. 그리고 흥미롭게도 이리듐의 주요 공급자가 소련이다.

재시동을 하는 다른 방법은 촉매 베드 대신 '서멀' 베드를 사용하는 것이다. 서멀 베드는 열용량이 크고 열 손실에 대비한 단열이 되어 있어 운전 정지 이후 한동안 뜨거운 상태를 유지하며, 재시동 시 그저 열기만으로 추진제를 재점화한다. 베드는 최초 시동을 위해 아이오딘 펜톡사이드, I_2O_5나 아이오딘산, HIO_3를 머금고 있는데, 둘 중 어느 것이든 하이드라진과 자동 점화한다. 하지만 운전 정지 와 재시동 사이에 시간 간격이 너무 벌어지면——! 지금 우리가 할 수 있는 말이라고는 하이드라진 분해를 시작하는 만족스러운 기술 이 아직 개발되지 않았다는 것뿐이다. 아직도 끝나지 않은 일거리 이다.

제2차 세계대전 이후 10년 동안, 영국에서는 상당한 양의 일원 추 진제 연구가 진행되고 있었다. 영국인들은 과산(산화제로서만 아니 라 일원 추진제로서도)에, 그리고 프로필 나이트레이트 및 그 동류 에 아주 관심이 많았을 뿐만 아니라, 주 추진용 이원 추진제와 경쟁 할 수 있는 일원 추진제 개념에도 호기심이 동했다. 그들은 일찌감 치 1945년에 독일의 질산 메틸과 메탄올의 80/20 혼합물을 연소했 는데, 꽤 괜찮은 성능에도 불구하고 도저히 감당할 수 없는 물건이 라는 유감스러운 결론에 도달했다.

그러다가 월섬애비 사람들이 또 다른 아이디어를 내놓았다. '다 이테카이츠Dithekites'는 전쟁 중에 액체 폭발물로 개발되었는데, ERDE는 그것들이 아마 괜찮은 일원 추진제일지 모른다고 생각했 다. 다이테카이츠는 나이트로벤젠 1몰과 질산 5몰(혼합물의 화학 량론이 물과 CO_2가 되게 한다), 그리고 다양한 비율의 물로 구성된 혼합물이다. D-20는 물 20%를 함유한다. 첨가된 물에도 불구하고 혼합물은 별로 안정하지 않았고, 나이트로벤젠은 더 나이트로화되는 경향이 있었다. 하지만 영국인들은 이 나라의 우리보다 그런 일에 좀 더 태평스러운(혹은 용감한) 경향이 있고, 그것은 그들을 눈에 띄게 단념시키지 않았다. 다이테카이츠 특유의 또 다른 위험 요소도 마찬가지였다. 이것들은 물론 부식성이 있고 사람 피부에 아주 난폭하게 굴며, 설상가상으로 독성이 매우 강한 나이트로벤젠이 손상된 조직을 통해 피해자의 몸속으로 신속히 흡수되어 그에게 말 그대로 원투펀치를 날린다. 그러나 영국인들은 인내심을 갖고 계속하여 그 물건들을 1949~1950년에 거의 성공적으로 연소했다. 하지만 당신 머리를 날려 버리지 못하도록 하는 데 필요한 물을 첨가하면 얻는 성능은 수고할 가치가 없었다는 것을 알게 되었을 뿐이다. 다이테카이츠 끝.

그들이 그 무렵(1947~1948)에 연구한 다른 종류의 일원 추진제는 암모늄 나이트레이트와 물에 용해된 연료의 혼합물에 기반한 것이었다. 대표적인 혼합물이 AN-1이었는데, 구성은 다음과 같다.

암모늄 나이트레이트	26%
메틸암모늄 나이트레이트	50%
암모늄 다이크로메이트	3%
(연소 촉매제)	
물	21%

그것들의 성능은 유감스럽게도 너무 나빠서 개발이 중단되었다.

이 나라에서 1954년까지 고에너지 일원 추진제 개발의 주된 계통은 두 가지였다. 하나는 하이드라진의 어는점을 낮추려는, 3장에서 서술한 노력에서 비롯되었다. 이야기했듯이, JPL과 NOTS는 1948 ~1954년 사이에 하이드라진과 하이드라진 나이트레이트의 혼합물을 거의 흠잡을 데 없이 철저히 조사했다. 그리고 물론 하이드라진과 하이드라진 나이트레이트의 혼합물은 일원 추진제로서 성능이 스트레이트 하이드라진보다 나을 것임이 분명했다. 그리고 그것을 해 보았을 때가 1950년쯤이었는데, 그 분명이 정말로 사실이었음을 알게 되었다. 문제점은 단 하나였다. 꽤 괜찮은 성능을 내는 데 필요한 하이드라진 나이트레이트와 충분히 적은 물을 함유한 어떤 혼합물도 경미한 자극에 혹은 아무런 자극 없이 폭굉하기 십상이었다. 그래서 그것은 고에너지 일원 추진제로 가는 경로가 아니었다.[1]

수년 뒤 1950년대 말에 커머셜 솔벤츠Commercial Solvents는 회사 돈으로(추진제 업계에서 드문 일이다), 기존 연구에 대해 전혀 모르고(추진제 업계에서 드물지 **않은** 일이다), 메틸아민에 기반했다는

---

1 하지만 액체 장약으로 가는 길인 것은 같았다. 저에너지 일원 추진제도 무연 화약보다 g당 에너지가 높으며, cm^{3}당 에너지는 훨씬 높다. (액체는 작은 그레인 grain 더미보다 훨씬 밀집되어 있다.) 그래서 액체 장약이 사용된다면, 고체 장약이 그런 것처럼 탄피에 포장된 것이든, 탄자 뒤의 약실 안으로 따로 주입하는 것이든, 아무런 무게 증가 없이 훨씬 높은 포구 속도를 얻는 것이 가능할 것이다. 하이드라진-하이드라진 나이트레이트-물 혼합물이 액체 총기 프로그램에서의 통상적인 장약이었지만, 때로는 NPN이 가끔 에틸 나이트레이트와 혼합되어 사용되었다. 이러한 프로그램은 1950년쯤부터 하다 말다 하는 식으로 운영되었으나 결코 완수되지 못했다. 군에서 무기를 요구하면, 프로그램이 시작되어 몇 년 동안 운영되고, 그러다가 돈이나 관심이 바닥나면 전부 다 끝났다가, 5~6년 뒤에 처음부터 다시 시작하게 될 뿐이었다. 필자는 업계에 발을 들인 이후로 세 번의 사이클을 보았다. 다양한 육군 및 공군 시설뿐만 아니라 JPL, 올린 매시슨, 디트로이트 컨트롤스Detroit Controls도 관련되어 있었다. 주된 문제는 화학보다 엔지니어링에 더 있다.

점화!

것 외에는 하이드라진 혼합물과 상당히 비슷했던 일련의 일원 추진 제들을 고안했는데, 메틸아민에 암모늄 나이트레이트나 하이드라 진 나이트레이트나 메틸암모늄 나이트레이트나 리튬 나이트레이 트가 첨가되었다. 그것들은 충분히 안전했지만 에너지와 성능이 낮 았다.

이 나라에서 고에너지 일원 추진제 연구의 다른 한 계통은 나이 트로메테인의 개발이었다. EES(엔지니어링 실험장), JPL, 에어로 제트는 1945년까지 나이트로메테인을 연구했으며, 그것이 뷰탄올 8% 첨가로 거의 둔감화될 수 있다는 것을 알아냈다. JPL은 전쟁 직 후에 나이트로메테인으로 몇 가지 연구를 했고—최적 분무기 및 연 소실 설계를 찾아내는 등등—1949년에는 에어로제트의 새커리J. D. Thackerey가 1953년까지 계속된 집중적인 연구를 시작했다. 연구거 리가 풍부했다!

점화는 큰 문제였다. 그 물건을 시작되게 하기가 쉽지 않다. 에어 로제트는 동시에 산소 흐름이 들어가지 않는 한 나이트로메테인을 스파크로 점화할 수 없다는 것을 알게 되었다. 보통의 파이로테크 닉 점화기는 소용없고, 테르밋thermite 타입 중 하나여야 했다. 그들 이 개발한 현묘한 스타팅 기법 하나는 시동 시에 연소실 안으로 액 체 나트륨-칼륨 합금을 분무하는 것이었다. 그 액체 합금은 일이 시작되기에 충분한 열의로 나이트로메테인과 반응했지만, 세상에 서 가장 다루기 쉬운 물질은 아니었다.

상당히 작은 연소실에서의 안정적이고 효율적인 연소는 또 하나 의 큰 문제였다. 에어로제트는 과염소산 우라닐 같은 놀라운 것을 포함해 수십 가지의 연소 촉매 첨가제를 써 보고, 최종적으로 크로뮴 아세틸아세토네이트를 낙점했다.

어는점을 낮추고 추진제를 둔감화하기 위해 다른 첨가제도 써 보았는데, 그중에는 나이트로에테인과 에틸렌 옥사이드도 있다. 그들은 예를 들면 아닐린과 같은 아민의 첨가가 감도를 엄청나게 높인다는 점을 알게 되었으며, 프리츠 츠비키Fritz Zwicky는 그것을 폭발물 분야에서의 발명품으로 특허를 받았다. 그들이 정한 최종 혼합물은 나이트로메테인 79%, 에틸렌 옥사이드 19% 및 크로뮴 아세틸 아세토네이트 2%로 구성되었다. 그들은 그것에 '네오퓨얼Neo-fuel'이라는 우울한 이름을 붙였다.

마틴Martin과 로리Laurie는 1950년에 캐나다 방위기관Canadian Defense Establishment에서 비슷한 연구를 하고 있었다. 그들의 접근법은 알맞은 양의 WFNA를 혼합하여 나이트로메테인이나 나이트로에테인 또는 기타 나이트로알킬류의 성능을 업그레이드하려는 것이었다. (다이테카이츠와의 유사성에 주목하라.) 성능은 개선되었지만(나이트로에테인이 처음에는 가장 좋은 나이트로알킬 베이스인 것으로 드러났다) 혼합물의 감도 때문에 감당이 안 되었다.

그래서 1954년 봄에 꽤 안전하게 사용할 수 있는 상당한 고에너지 일원 추진제는 에어로제트의 '네오퓨얼'이 유일했다. 일원 추진제 연구는 막다른 지경에 있는 것 같았다.

그때 일이 일어났다. 해군연구소Naval Research Laboratory의 톰 라이스Tom Rice는 좋은 생각이 떠올랐다. 그는 피리딘이 나이트로화에 극도로 강하다는 점을 알고 있었다. 그래서 그는 피리딘이

점화!

WFNA에 용해되면 아마 나이트로 화합물이 아니라 피리디늄 나이트레이트로 갈 것이고, 그러면 염으로서 산에서 상당히 안정할 것이라고 판단했다. 그리고 산에 들어 있는 피리딘의 양을 달리함으로써 그는 혼합물에 원하는 어떤 산화제-연료 비율도 얻을 수 있을 것이고—고에너지 일원 추진제를 누릴 것이다. 그는 피리딘을 산과 섞어 보았는데, 다소 쉭쉭대고 펑펑대기는 했지만 격렬한 반응은 없어 그의 첫 번째 가설을 확인했다. 그런 다음 그는 혼합물 약간을 액체 스트랜드 버너liquid strand burner[2]에 태웠고, 그것이 일원 추진제처럼 타곤 한다는 것을 알게 되었다. 그는 테스트 스탠드 접근 권한이 없었으므로 그 당시 더 나아가지 않았다.

당시 필자의 상사인 폴 테를리치Paul Terlizzi는 NOL(해군병기연구소)을 방문하고 있었는데, 필자에게 그냥 가십거리로 톰이 하고 있던 일에 대해 알려 주었다. 필자는 순간적으로 가능성을, 폴은 물론이며 톰도 분명 생각지 못한 다른 무언가를 보았다. 먼저 나이트레이트 염으로 만들고 나서 산에 녹이면 피리딘처럼 극히 안정한 것만 아니라, 거의 아무 아민이나 일원 추진제로 만들 수 있겠다는 것이었다. 그리고 아민이 얼마나 많은지는 오직 신만이 아실 것이다!

---

2 액체 스트랜드 버너는 일원 추진제의 연소율에 대해 대충 감을 잡게 해 주는 도구이다. 이것은 가압 용기(봄베)이며 대개는 창이 달려 있다. 일원 추진제는 가느다란(직경 몇 mm) 수직 유리관 안에서 탄다. 관이 너무 넓지 않으면 추진제는 담배처럼 똑바로 타 들어가므로, 속도를 관찰 및 측정할 수 있다. 봄베는 로켓 연소실에서의 압력과 비슷한 압력으로 질소로 가압되며, 연소율은 압력의 함수로 측정된다. 액체 스트랜드 버너는 고체 추진제에 사용되는 스트랜드 버너에서 발전한 것이다. NOTS의 휘태커A. G. Whittaker 박사는 이것저것 중에 특히 질산과 2-나이트로프로페인의 혼합물을 태웠다. 그는 액체 스트랜드 버너를 많이 활용한 첫 번째 인물이다. 1950년대 초반의 일이다.

필자는 대강의 성능 계산을 몇 가지 해 보았고, 트라이메틸아민이 피리딘의 성능보다 약간 더 나은 성능을 제공할 것임을 알게 되었다. 그런 다음 필자는 애들에게 하나는 피리디늄 나이트레이트 샘플을, 다른 하나는 트라이메틸암모늄 나이트레이트 샘플을 소량 조제하고, 그것들을 섞어서 추진제를 만들라고 시켰다. 이것은 전혀 수고스럽지 않았다—염은 멋지게 결정화되었고, 산에 아무 소란 없이 용해되었다. 우리는 혼합물을 예비 검토했고, 확인한 것을 마음에 들어 했다. 그러고 나서 필자는 자리에 앉아 BuAer(해군항공국)의 로켓 분과에 보내는 서한을 작성했는데, 사안 전체를 조사할 권한을 요청하는 것이었다. 1954년 6월 초의 일이었다. 필자는 물론 더 이상 진행하기 전에 공식적인 허가부터 기다려야 했지만, 딱히 법률적 측면을 준수할 이유가 없어 보였으므로 즉시 시작하기로 결정하고, 누군가가 하지 말라고 관심을 갖기 전에 각각의 염을 백 파운드가량 조제하기로 했다. 우리 작업장에는 피리딘이 많았고, 무슨 영문인지 모르지만 액화 트라이메틸아민이 탱크로 있었다. 그에 더해 물론 질산은 무한정이었고, 그러다 보니 일이 일사천리로 진행되었다.

피리디늄 나이트레이트를 만들기는 쉬웠다. 그저 피리딘을 물에 녹이고, 질산으로 중화하고, 물을 거의 다 증발시키고 결정화하면 된다. (그러나 한번은 졸이는 과정에 무언가 잘못되었는지 혼합물이 갈색으로 변하며 불길한 NO_2 연기를 피워 올리기에, 옥외로 허겁지겁 챙겨 나와 호스로 물을 퍼부은 적도 있다!) 우리는 건조 염을 얻은 뒤 최상의 성능을 내는 비율로 산에 녹였고, 혼합물의 샘플을 톰 라이스에게 내려보내 그의 스트랜드 버너로 시험해 보도록 했다. 그것은 그의 것보다 더 잘, 더 빨리 탔다. 우리는 차이를 조사했는데, 그의 WFNA가 우리 것보다 물이 많다는 것을 알게 되었다.

우리는 이와 같은 것을 오랫동안 기다려 왔기에 이 물건에 '페넬로페Penelope'라는 이름을 붙였다. (원전에서는 물론 페넬로페가 기다렸지만, 우리는 디테일에 관해 유난을 떨고 싶지 않았다.)

트라이메틸암모늄 나이트레이트도 그 못지않게 수월히 진행되었다—소소한 디테일 하나를 빼고는. 휘발성이 대단한 트라이메틸아민은 피부와 옷가지에 끈질기게 달라붙었고, 무더운 토요일 아침의 풀턴가Fulton Street 수산시장 같은 냄새를 풍겼다(하지만 우리 중 몇명은 좀 더 저속한 비유를 썼다). 불쌍한 로저 머시니스트Roger Machinist는 그 염을 만드는 일을 했는데, 한 손으로 코를 감싸 쥐고 다른 한 손으로 그에게 손가락질하며 "더럽다, 더러워!" 소리치는 이들이 몇 주간 그를 맞이했다. 우리는 그 추진제를 '미니Minnie'라 불렀는데, 이름에 얽힌 사연이 무엇인지는 기억나지 않는다.

1954년 9월 초 우리는 마침내 로켓 분과로부터 승인 서한을 받았다. 그들은 우리에게 처음에는 피리딘 혼합물에 노력을 집중할 것을 고집했다. 그래서 우리는 페넬로페를 크게 한 배치batch 조제해, 하드웨어 쪽 친구들이 이것으로 무엇을 할 수 있는지 알아보려고 그쪽에 넘겨주었다.

정확히 그 시점에 허리케인 헤이즐Hazel이 뉴저지의 가장 큰 참나무를 필자와 필자의 MG 위로 떨어뜨렸다. 우리 둘 다 한동안 활동을 못하다가, 필자가 (여전히 철사로 턱을 붙들어 맨 채) 업무로 복귀했을 때 무슨 일이 벌어졌는지 알게 되었다.

엔지니어들이 일원 추진제 분무기가 설치된 작은 모터—추력 약 50파운드—를 가져다 테스트 스탠드에 수평으로 장착한 모양이다. 그들은 파이로테크닉 점화기를 노즐 안에 들이민 다음, 불을 댕기고서 추진제 밸브를 열었다. 추진제는 점화기를 즉시 꺼뜨렸다. 두 번을 더 시도해 보아도 똑같은 결과가 나왔다. 버트 에이브럼슨Bert Abramson은 해당 시험 작업의 책임자였는데, 그러자 아세틸렌 토치를 가져와 모터를 시뻘겋게 달구고 추진 밸브를 열었다. 이번에는 그가 점화를 시키기는 했는데 시원찮게 몇 초 작동하다 마는 것이었다. 하는 김에 제대로 해 보겠다고, 그는 연소실에 리튬 철사 1야드가량을 쑤셔 넣고 버튼을 눌렀다.

페넬로페는 연소실 안으로 분무되어 바닥에 웅덩이로 고이고 난 다음에 철사와 반응했다. 노즐은 생성되는 가스를 당해 낼 수 없었고, 연소실 압력은 기하급수적으로 치솟았으며, 반응은 모터를 완파한 고급 폭굉high order detonation으로 바뀌어 연료 라인을 통해 추진제 탱크로 전파되었으며, 그곳의 추진제를 기폭하고(다행히 탱크에 몇 파운드밖에 없었다) 테스트 셀에 있는 거의 모든 것을 작살냈다. 페넬로페 이름을 크산티페Xantippe로 지었어야 했다. 그녀 역시 모두를—특히 에이브럼슨을—공포로 몰아넣었다.

그러고는 고통스러운 재평가라 할 만한 것이 일어났다. 그것은 몇 달이 걸렸고, 그런 다음 우리는 애초부터 해야 했던 것을 하기로 했다. 필자는 모노메틸아민부터 트라이헥실아민에 이르기까지 시중에서 구할 수 있는 꽤 단순한 아민 샘플들을 전부 주문했다. 그뿐

점화!

만 아니라 불포화 아민들 몇 가지, 약간의 방향족류, 그리고 몇몇 피리딘 유도체도 말이다.

첫 샘플이 들어오자마자 필자는 애들에게 아민 나이트레이트 염을 만드는 일을 시켰는데, 염들은 그런 다음 추진제로 만들어졌다. 때로는 실험실에 6개의 다른 플라스크가 저마다 다른 나이트레이트를 담고서 동시에 보글거리곤 했다.

한번은 이런 적도 있다. 실험실 중앙의 테이블에 다 같이 둘러앉아 점심을 먹던 중이었다. 필자가 얼핏 쳐다보니, 한 플라스크의 내용물이 약간 갈색으로 변하는 것이 눈에 띄었다. "저거 누구 거야?" 필자가 물었다(저마다 다른 염을 만들고 있었다), "조심해야 되겠어!" 그들 중 하나가 일어서던 참이었다. 플라스크 내용물의 거품이 오르락내리락을 계속하는 것이 꼭 재채기하려는 사람 같았다. 필자가 말했다 "엎드려!" 필자가 그 톤으로 말하자 즉시 따랐고, 플라스크와 내용물이 테이블 위를 "쉭!" 가로지르는 동안 밑에서는 일곱 머리가 박치기했다. 관련 화학자의 자존심을 제외하고는, 피해가 전무했다. 하지만 필자도 어떻게 그 작업장을 산업재해 없이 17년 동안 운영해 나갔는지 가끔 궁금할 때가 있다.

나이트레이트 중 일부는 추진제로 만들 수 없었는데, 산과 섞이면 반응하기 시작해 급격히 가열되기만 했다. 불포화 아민이 이런 식으로 굴었다. 예를 들면 헥실아민과 같이 긴 사슬을 가진 것 중 일부가 그랬던 것처럼 말이다. 이것들은 물로 희석되어 급히 버려졌다. 버려 달라고 소방대를 불러야 했던 적도 있다.

염들은 물리적 특성에 있어 완전히 제각각이었다. 일부는 멋지게 결정화되었다. 다른 것들은 어떠한 환경하에서도 결정화되기를 거부해서, 아예 고운 분말로 나오라고 용액을 증기 중탕에 말라비틀어지도록 증발시켜야 했다. 그리고 어떤 것은 완전히 건조해도, 상온에서도 액체였다. 모노에틸암모늄 나이트레이트가 그중 하나였는데—투명하고, 점성이 있는, 약간 녹색 빛을 띤 액체였다. 용융염은 전혀 새롭지 않지만, 필자가 여태까지 들어 본 중에 25°C에서 액체였다는 것은 이들이 유일하다. 필자가 에틸아민 화합물의 용도를 찾아낸 적은 없지만, 그런 흥미로운 특성을 가진 무언가는 **무언가** 쓸모가 있을 것이다!

하지만 그것들은 대부분 산에 아무 소란 없이 녹았다. 필자는 그것들의 감도가 그 혼합비에서 최대일 것으로 예상했으므로 그것들을 $\lambda=1.00$(화학량론으로 CO_2와 H_2O)으로 조제하고 카드-갭을 했다. (우리는 오래된 구축함 포탑을 하나 획득하여—시험장 주변에 그런 포탑 수십 개가 아무렇게나 놓여 있었다—카드-갭 시험 장치를 설치했다. 포탑의 목적은 시험 샘플을 담은 컵에서 나오는 파편을 가두고, 폭파 이후에 입증 판witness plate을 찾는 것을 가능하게 하는 것이었다.) 필자가 떨쳐 낼 수 없었던 농땡이 해군 소위가 카드-갭 작업 담당자로 추정되지만, 필자의 극도로 부지런한 기술자이자, 여태껏 실험실에서 본 친구 중 단연 최고인 존 스조크John Szoke가 일을 거의 다 했다. 스조크가 고생 많이 했다.

전체적으로, 그는 그 기간 동안 40여 가지에 달하는 갖가지 혼합물을 카드-갭 테스트했다—그리고 당신이 혼합물 단 하나의 순폭-불폭 포인트를 폭파 12회 이내로 정확히 알아낼 수 있다면, 운

점화!

이 좋은 것이다.

시험 결과는 놀라웠다. 첫째, 시험해 본 모든 혼합물 가운데 가장 민감한 것 중에 페넬로페와 그녀의 친척들(피리딘 및 동류 화합물에서 유도되었다)이 있었다—그들 중 하나는 카드 약 140장의 등급이 매겨졌다. 둘째, 트라이메틸아민으로 만든 추진제(필자가 가장 먼저 해 보고 싶었던 것)는 놀라울 정도로 둔감했다—카드 약 10장 등급이었다. 그리고 제조사로부터 아민 샘플들이 도착하면서 아주 흥미로운 패턴이 드러나기 시작했다. 메틸사이클로헥실아민은 아무런 규칙을 따르지 않는 것 같았는데, 그런 것들을 무시하고 직선 또는 분기 사슬 지방족 아민으로 만든 추진제만 고려하면, 카드−갭 감도는 분자구조의 효과적인 함수인 것 같았다. 사슬이 길면 길수록, 추진제 혼합물은 더 민감했다. 프로필아민으로 만든 추진제는 에틸아민으로 만든 것보다 더 민감했고, 트라이프로필아민으로 만든 것은 다이프로필아민으로 만든 것보다 더 민감했는데, 다이프로필아민으로 만든 것도 결국 모노프로필아민으로 만든 것보다 더 민감했다. 그리고 아이소프로필아민으로 만든 것은 노멀 프로필아민 혼합물보다 덜 민감했다.

이런 규칙성에 대한 설명이 분명치 않았다고 하면, 문제를 축소해서 말한 것일 것이다. 하지만 필자는 외견상으로 설명이 되지 않는 대량의 수치 데이터를 마주했을 때 과학자가 보통 하는 방식으로 진행했다. 필자는 카드−갭 감도를 함수 φ에 결부하는 경험식을 생각해 냈는데, φ는 필자가 '흐느적거림 계수floppiness coefficient'라고 이름 붙였으며, 해당 암모늄 이온에 있는 탄소 사슬의 수, 그들의 길이, 그들의 분기 정도로 계산되었다. (그것을 유도하는 중에 필자는 밑이 3인 로그를 사용해야 했는데, 이는 들어 본 적 없을 정도로 이상한 것이다. 그것들은 다행스럽게도 소거되어, 최종 함수에는 나타나지 않았다!) 그리고 이 방정식으로부터, 추진제의 비열, 해당 암모늄 이온의 크기, 그리고 몇 가지 추정의 도움으로, 필자는 활성화 열 또는 폭발 과정을 추측할 수 있었다. 그것은 정확히 분자 결합 강도 범위에 있는 상당히 합당한 수치—약 20~30kcal/mol—로 나왔다.

이는 흥미로웠지만, 더 중요했던 것은 필자의 추진제 후보 명단이 급격히 축소되었다는 점이다. 혼합물 33가지로 시작해, 카드 35장을 임의적인 감도 허용치로 하자, 생존자는 단 열에 불과했다. 그 중 일부는 필자가 바로 빼 버렸는데, 최적 혼합비로 조제 시 혼합물의 어는점이 너무 높았거나, 건조 염이 보관 중에 불안정했거나, 같은 감도를 가진 다른 화합물보다 훨씬 비쌌기 때문이다.

최종 선택은 열안정성에 기반했다. 혼합물 중 일부는 건조 결정이 되기까지 증기 중탕에 증발시킬 수 있었지만, 다른 것들은 산이 거의 다 날아가면 발화해 신나게 타오르곤 했다. 이는 추진제의 상대적 안정성에 대한 얼마간의 암시였지만, 보다 공식적인—그리고 정량적인—연구를 위해 우리는 열안정성 시험 장치를 설계 및 제작했다. 이 장치는 밀폐 구조에 전체 용적이 10cc가량 되는 소형 스테인리스강 봄베이며, 압력 픽업과 기록계, 그리고 약 300psi에서 파열되는(혹은 터지는) 디스크를 갖추었다. 이와 같은 봄베에 추진제 5cc를 담아 항온조에 넣고 압력 증가를 기록했다. 파열판 위에는 뺑

뚫린 '굴뚝'이 있었는데, 항온조의 액면 위로 뻗어 있었다. 그래서 판이 터질 때 중탕액이, 대개는 오래된 실린더유였는데, 사방으로 튀지 않을 것이었다.

통상적인 런run(역주: 같은 종류의 실험을 여러 번 반복할 경우, 그 1회의 실험을 말한다)에서 샘플은 100℃ 항온조에 놓였다. 몇 분만에 압력이 약 100psi로 올랐고, 그대로 15시간쯤 유지되었다. 그러고 나서는 가속화하는 속도로 증가하기 시작해 17시간째에 파열판이 터졌다. 우리가 여러 온도에서 일련의 런을 실시한 다음, 절대온도의 역수에 대해 파열 시간의 로그로 그래프를 그리자 흐뭇하게도 직선이 나왔고, 그 기울기에서 분해 과정의 활성화열을 계산하기는 쉬웠다. (카드-갭 작업으로 얻은 것과 놀랄 만큼 가까운 것으로 드러났다!)

그건 그렇고 우리는 다른 조건이 거의 같다면 세컨더리(2차) 아민 혼합물이 프라이머리(1차) 아민 혼합물보다 더 안정했다는 것, 그리고 다른 것도 아닌 터셔리(3차) 아민 혼합물이 가장 불안정했다는 것을 알게 되었다. 그리고 우리의 나머지 심사를 통과한 추진제 가운데, 다이아이소프로필아민으로 만든 것이 열안정성이 가장 우수했다. 그것이 이졸데Isolde였다. (이때쯤에는 우리의 일원추에 여성 이름을 붙이는 것이 관례였다—허리케인처럼 말이다. 이름은 때로는 관련된 아민의 모호한 니모닉mnemonic이었고—예컨대 뷰틸아민에 뷸라Beulah 하는 것과 같이—때로는 아무것에도 아무런 관련이 없었다. 로저 머시니스트는 다이아이소프로필암모늄 나이트레이트를 만든 사람이었고, 이러한 이유로 그것에 이름을 지을 양도할 수 없는 권리를 가졌다. 그리고 그는 전날 밤에 오페라를 보러 갔었다.)

그것은 OK였다. 이졸데 염은 만들기 쉬웠고, 잘 결정화되었으며, 전반적으로 작업하기 정말 즐거웠다.

그동안 우리는 모터가 폭발하지 않게 이것을 점화하는 방법을 발명하려 애쓰고 있었다. 그것은 쉽지 않았다. 옥외에서 산소-프로페인 토치를 사용해도 추진제에 불을 붙일 수 없었다. 보통의 파이로테크닉 스퀴브squib는 우리도 이미 알다시피 모터에 무용지물이었다. 우리는 분말 알루미늄이나 마그네슘, 질산 칼륨이나 과염소산 칼륨, 그리고 에폭시 시멘트를 뒤섞은 엉망진창을 폴리에틸렌 튜브에 넣어 굳힌 다음, 그 튜브를 잘라 내 아주 뜨거운 점화기를 만들려 했다. 결과는 스펙터클했다. 우리가 그중 하나에 (전기 열선으로 했다) 불을 붙이자, 눈부신 백색 화염에 자욱한 흰 연기와 온갖 종류의 효과음이 발생했다. 우리는 실험실 바로 문 밖에서 시험해 보고는, 어느 부주의한 안전 관리자가 한가로이 지나가기를 기다려 맞이할 준비가 된 것을 언제나 하나씩 갖추어 두었다. 버트 에이브럼슨이 시연하러 참여했고, 그것들 중 하나가 불이 붙자 그는 세척병으로 끄려 했다. 그 때문에 점화기가 두 동강이 나며 불붙은 끝부분이 바닥에 떨어졌고, 모두가 환호성을 지를 동안 에이브럼슨을 뒤쫓아 불길이 솟구쳤다. 하지만 그것들은 효과를 보지 못했다—이졸데가 뿜어져 나가며 불을 꺼뜨리곤 했던 것이다.

그 물건에 외부 에너지원으로 불을 붙이는 것은 누가 보아도 그저 현실성이 없었다. 자체 에너지를 내야 할 것인데, 이는 우리가 일종의 자동 점화성 점화원을 개발해야 한다는 뜻이었다. 우리는 추진제에 들어 있는 산과 반응시키기 위해 예를 들어 UDMH 한 모금을 사용했을 때 수반하게 될 배관 작업으로 신경 쓰고 싶지 않았다. 그렇게 하다가는 너무 복잡해질 것이다. 우리가 원했던 것은 일종의 고체 물질이었는데, 연소실에 미리 설치할 수 있고 추진제가 분무되었을 때 이와 반응하여 불이 시작되게 하는 것이었다. 우리는 온갖 종류의 것들—분말 마그네슘이니 금속 나트륨이니 뭐니 하는—을 써 보았다. (직경 1~2인치짜리 수평 유리관에 후보를 두고 한쪽 끝에서 추진제를 분무했으며, 결과를 고속 카메라로 모니터했다.) 우리는 한동안 운이 없다가, 전혀 그럴듯하지 않지만 효과가 있는 혼합물을 생각해 냈다—리튬 하이드라이드와 고무 시멘트의 혼합물이었다. 이 뜻밖으로 들리는 혼합물을 걸쭉한 반죽으로 만들어 거즈 한 장에 펴 바른 다음 목다보에 돌려 감았다. 다보 끝은 테이퍼 처리해 ⅛″ 관용 나사산으로 탭 가공한 파이프 플러그에 끼웠다. 플러그는 추진제가 분무될 때 점화 혼합물과 충돌해 반응하도록, 분무기 중심에 알맞게 산을 낸 구멍에 차례대로 끼워졌다. 전체 장치는 약 6인치 길이이며, LiH를 공기 중의 수분으로부터 보호하고자 필요할 때까지 밀봉한 시험관에 보관되었다. 그 알맹이는 주검을 닮은 기분 나쁜 납빛이었고, 필자가 본 중에 가장 외설스럽게 생긴 물체였다—그리고 로켓 정비사들은 그에 걸맞은 이름을 붙였다.[3]

---

3 추진제를 '이졸데'로 명명했으니 점화기를 '트리스탄Tristan'이라 불러야 옳을 것 같았다. 그러자 누군가가 해당 시스템을 사용한 미사일은 당연히 '킹 마크King

하지만 효과가 있었다. 우리는 1956년 1월에 처음으로 성공적인 모터 런을 수행했고, 4월쯤에는 부드럽게 작동하며 운용 가능한 시스템을 보유하게 되었다. 우리는 보통의 WFNA 대신 무수 질산으로, 그리고 λ(추진제에서 산화 원자가에 대한 환원 원자가의 비율) 1.2를 제공하는 염/산 혼합물로 조제한 추진제로 최상의 결과를 얻었다. 그리하여 우리는 이것을 이졸데 120A(120은 혼합비, A는 무수산을 나타낸다)로 명명하고 보고서를 썼다. 그리고 우리에게는 보고할 것—어디서도 아무도 연소한 적 없는 역대 최고 성능의 일원 추진제—이 있었다. 성능은 훌륭했고—우리는 놀랍도록 작은 연소실로 이론 성능의 95%에 근접했다—복잡한 (그리고 값비싼) 분무기가 필요 없었다. 사실 우리가 사용한 것은 시중에서 구할 수 있는 오일버너 스프레이 노즐(개당 75센트) 여섯 개로 만들어졌다.

우리의 보고서(추진제 및 점화기 개발에 관한 필자의 보고서, 추진제 분석 방법, 카드–갭 결과 등등, 그리고 모터 작업에 관한 엔지니어링 보고서)는 1956년 11월에 함께 출간되었지만, 6월쯤에는 업계 사람들 모두 우리가 한 일에 대해 대강 파악하고 있었다. 그러자 순식간에 아수라장이 되어 버렸다.

사돈의 팔촌까지 나서서 한몫 잡으려 들었고, 일원 추진제에 관한 연구 프로그램으로 삼군 중 하나에 제안서를 썼다. 바로 옆 동네

Mark'로 불릴 것이라고 지적했다. 하지만 또 다른 누군가가 미사일의 개선 모델은 물론 '킹 마크 II King Mk. II'일 것이라고 거들자 공병 장교는 격자판에서 채찍질, 용골 끌기keel-hauling, 활대 끝의 용도(역주: 오래전 왕립해군에서 행해지던 잔혹한 형벌)에 대해 못내 아쉬운 듯 투덜대기 시작했고, '트리스탄' 아이디어는 때 이른 죽음을 맞았다.

에 있고, 우리 연구에 대해 상세히 알고 있는 RMI는 1956년 3월에 해군의 '우수 액체 일원 추진제Superior Liquid Monopropellants' 개발 계약을 따내며 발 빠르게 움직였지만, 다른 주자들도 별로 뒤지지 않았다. 와이언도트 케미컬이 9월쯤에 해군 계약을 땄고, 필립스 페트롤리엄Phillips Petroleum과 스타우퍼 케미컬Staufer Chemical이 1957년 초에 가담했으며, 1958년까지 펜솔트, 미드웨스트 리서치, 에어로제트, 그리고 휴스 툴이 대열에 합류했다. 이들 모두 새로운 추진제를 우려내려 하고 있었으며, 이에 덧붙여 GE를 포함한 몇몇 기관들은 다른 데서 개발한 추진제를 모터 시험하고 그것들을 전술 시스템에 적용하려 하고 있었다. 바쁜 시절이었다.

리액션모터스(이들은 머지않아 해군 일원 추진제 프로그램뿐만 아니라 육군 계약도 따냈다)는 두 가지 접근법을 시도했다. 하나는 연료를 산화제에 녹이는 것이고, 다른 하나는 고에너지 라디칼의 나이트레이트나 나이트라민인 단일 화합물 추진제를 만들어 내는 것이었다. 프로파질 나이트레이트, 프로파질 나이트라민, 글라이시딜 나이트레이트, 1,4 다이나이트레이토 2 뷰타인, 그리고 1,6 다이나이트레이토 2,4 헥사다인은 그들이 만들어 낸 거대한 흉물들의 전형이다. (이름을 읽는 것만으로도 추진제 업계 종사자의 이마를 축축하게 하기에 충분하다!)

필자는 그들이 그것들 중 하나라도 카드-갭을 할 만한 양을 만들어 낸 적이 있는지 의심스럽지만, 다른 어떤 시험 결과는 필자로 하여금 다소 신중한 태도를 취하게 하기 충분했다. 1958년 말 어느 날, RMI의 조 피사니Joe Pisani가 필자에게 전화해 프로파질 나이트레이트 샘플에 대해 열안정성 런을 해 줄 수 있는지 물어보았다. 필자는 기꺼이 하겠노라 대답했지만, 그 물건을 믿지 않았기 때문에 무엇이든 망가뜨리면 새로 갖다 놓아야 할 것이라고 단서를 달았다. 그래서 그가 샘플을 보냈는데, 양이 겨우 3cc에 불과했다(우리는 보통 5cc를 썼다). 하지만 우리에게는 차라리 잘된 일이었는지 모른다. 존 스조크는 오일 배스를 160℃(우리가 그때 통상적인 시험에 사용한 온도)까지 가열하고, 샘플을 봄베에 넣고, 봄베를 오일 배스에 담그고, 종종걸음으로 실험실에 들어서며 등 뒤로 문을 닫았다. (당연한 이유로, 해당 셋업은 실험실이 아닌 실외에 있었다.) 그는 리코더를 켜고 지켜보았다. 한동안 아무 일도 일어나지 않았다. 압력은 샘플이 데워지면서 서서히 올라가더니 그대로 안정되는 것 같았다.

그러더니 그것이 고막을 찢는 듯한 폭굉과 함께 폭발했다. 기름이 화염으로 번쩍이는 동안 안전유리 창문 너머로 우리는 거대한 홍염을 보았는데, 얼음장처럼 차가운 콘크리트에 닿으면서 즉시 꺼질 뿐이었다. 우리는 모든 것을 즉각 중단하고 피해를 살피러 나갔다. 봄베는 산산조각이 났다. 파열판이 터져 나갈 새도 없었던 것이다. 압력 픽업은 교반기가 그랬듯이, 만신창이가 되었다. 기름을 담았던 원통형 스테인리스 솥은 침대 밑에 잘 어울리는 모양으로 변형되었다. 그리고 기름은 새까맣게 더러워진 오래된 진공 펌프유였는데, 이것이 시험 구역의 콘크리트 바닥이며 건물의 벽면, 인접한 모든 곳에 떨어져 교묘하게도 스스로 포장용 타르를 닮은 무언가로 (온도가 영하를 훨씬 밑돌았다) 변했다. 필자는 전화를 걸었다.

점화!

"조? 일전에 열안정성 시험해 달라고 보낸 거 알지? 자, 첫째, 그거 꽝이고. 둘째, 자네 나에게 새 봄베, 새 와이언코Wianco 픽업, 새 교반기 그리고 나중에 생각나면 이야기할 게 더 있는데, 빚졌으니 그렇게 알아. 셋째, (크레센도 및 **포르티시모**) 15분 내로 똘마니 몇 명 데려다 여기 이 (—삐—) 개판 된 거 싹 치워 놓지 않으면 내가 녹슨 쇠톱 날을 가지고 가서…" 필자는 톱날이 놓이게 될 곳의 해부학적 용도를 명시했다. 대화 끝.

그리고 그것이 프로파질과 그 동족의 끝이었다. 워싱턴은 리액션에 어리석은 짓에 미련 두지 말고, 대신에 N-F 화합물 연구나 시작하라고 했다. 그 이야기는 잠시 후에 할 것이다.

일원 추진제에 대한 RMI의 다른 한 접근법은 스탠 태넌바움이 썼는데, 그는 비활성(그의 바람으로는) 산화제와 연료의 혼합물을 시도했다. 이는 합성이 거의 혹은 전혀 관계되지 않는, 그러나 상당한 담력을 요하는 야매 화학이었다. 여기에는 물론 화학량론이 임의 조정될 수 있고, 단일 성분 일원추에서와 같이 분자의 성질에 제한받지 않는다는 장점이 있었다. 그리고 그 아이디어는 전혀 새로운 것이 아니었다. 프랑스인들은 제1차 세계대전 중에 N_2O_4와 벤젠의 혼합물로 가득 찬 항공 폭탄을 썼다. (이 물건이 너무 민감해서 두 액체는 항공기에서 폭탄이 투하될 때까지 섞이지 않았다!) 그리고 그건 그렇고, 필자가 일원 추진제 업무를 시작하기 몇 년 전, 어느 희망에 찬 발명가가 바로 이 혼합물을, 모유만큼 무해했다고 주장하며, 일원추라고 필자에게 납득시키려 했다. 필자는 믿지 않았다.

스탠은 N_2O_4로 그리고 퍼클로릴 플루오라이드로 작업했다. 그는 바이사이클로옥테인이나 데칼린을 N_2O_4에 즉각적인 재앙 없이 섞을 수 있지만, 이 혼합물이 감당하기에는 너무 민감하다는 것을 알게 되었다. 그는 더 안전하리라는 (실현되지 않은) 희망에 테트라메틸실레인도 시도했지만, 마침내 그리고 유감스럽게도 1959년 말에 N_2O_4를 기반으로 하는 실용적인 일원 추진제를 만들 수 없다는 결론에 도달했다. 필립스 페트롤리엄의 하워드 보스트Howard Bost는 N_2O_4와 네오펜테인 또는 2,2 다이나이트로프로페인의 혼합물로 작업하고 있었는데, 거의 동시에 같은 결론에 이르렀다. 그리고 더 많은 증거가 필요했다면, 얼라이드 케미컬의 맥고니글McGonnigle이 알아냈듯이 다양한 N_2O_4—탄화수소 혼합물에 대한 카드—갭 값이 그것을 제공했다. N_2O_4—연료 혼합물은 유용한 일원추가 아니다.

그는 퍼클로릴 플루오라이드에 더 이상 운이 없었다. 그는 그것을 맨 먼저 아민과 섞어 보았지만, 그것들이 설령 녹았다 하더라도 산화제와 즉시 반응했다는 것을 알게 되었다. 그는 탄화수소나 에터를 녹일 수 있었지만, 그 혼합물은 다루기에 너무 민감하고 위험했다. (GE에서도 똑같은 발견을 했는데, 퍼클로릴 플루오라이드와 프로페인의 혼합물이 폭굉해 작업자에게 심각한 부상을 입혔다.) 그래서 그 접근법도 가망이 없었다. 그가 1959년 초에 알게 되었듯이, N_2F_4를 모노메틸하이드라진과 섞으려 하는 것도 마찬가지로 좋은 생각이 아니었다!

태넌바움의 혼합물이 형편없었다면, 에어프로덕츠 주식회사Air Products, Inc.에서 나온 낙관론자가 1957년 10월에 일원 추진제 회의에서 제안한 것은 추진제 업계에 있는 모든 이의 머리털을 곤두서게 하기에 충분했다. 그는 액체 산소와 액체 메테인의 혼합물이 특고에너지 일원 추진제일 것이라고 제안했고, 동 시스템의 상평형도도 알아냈다.[4] 특히 JPL이 그저 밝은 빛을 비추는 것만으로 해당 혼합물을 폭굉하게 할 수 있다는 것을 나중에 입증해 보였듯이, 그가어떻게 자살행위를 피했는지(액체 산소 취급에서 제1원칙은 액체산소가 잠재적 연료와 절대로, **절대로** 접촉하게 해서는 안 된다는것이다) 흥미로운 문제가 아닐 수 없다. 그런데도 10년 뒤에 필자는산소-메테인 일원 추진제를 진지하게 제안하는 논문을 읽었다. 아무래도 젊은 엔지니어들이 자신들의 업계 역사에 알레르기가 있는모양이다.[5]

와이언도트에서 찰리 테이트Charlie Tait와 빌 커디Bill Cuddy가 한연구는 에어프로덕츠에서 수행된 연구만큼 아슬아슬하지는 않았지만, 상당히 신중한 사람을 만족시킬 만큼 근접했다. 우선 한 가지이유는 빌이 조 피사니처럼, 예를 들면 1,2 다이나이트레이토프로페인, 그리고 나이트레이토아세토나이트릴과 같은 정말 복잡한 유기 나이트레이트를 합성했고, 아니나 다를까 제정신인 사람치고 아

---

4 그의 아이디어는 천연가스정 옆에 액체 산소 플랜트를 세우고, 현장에서 ICBM
의 탱크를 채워 버튼을 누르는 것이었다.

5 얼마 후에 포레스털 연구소의 어브 글래스먼Irv Glassman은 흥미롭고 전적으로
다른 유형의 극저온 일원 추진제를 착상했다. 아이디어는 아세틸렌과 과량의 액
체 수소의 혼합물을 사용하는 것이었다. 그것들이 반응했을 때, 생성물은 메테인
일 것인데, 메테인은 과량의 수소와 함께 작동 유체일 것인 반면, 아세틸렌의 분
해열 플러스 메테인의 생성열은 에너지원일 것이다. 이론 성능을 고려하면, 연소
실 온도는 현저히 낮았을 것이다. 그러나 그 아이디어는 아직 실험적으로 테스
트되지 않았다.

무도 그것들을 추진제로 사용하려 하지 않을 것임을 알게 되었다는 것이다. 또 한 가지는 그가 예를 들면 에틸 퍼클로레이트, $C_2H_5ClO_4$ 와 같은 알킬 퍼클로레이트를 일원추로 사용하는 것의 (인정하건대 미미한) 가능성을 검토했다는 것이다. 필자는 와이언도트 보고서에서 그들이 이것을 할 생각이라는 것을 읽고는, 시지윅Sidgwick이 『화학원소와 그 화합물Chemical Elements and their Compounds』에서 에틸 화합물이라는 주제에 대해 할 말을 읽어 주려고 빌에게 전화를 걸었다.

"헤어Hare와 보일Boyle(1841)은 [시지윅이 쓰기를] 이것이 알려진 다른 어떤 물질과도 비교가 되지 않을 정도로 폭발하기 쉽다고 하는데, 아직도 아주 거의 사실인 것 같다. … 마이어Meyer와 슈포르만 Spormann(1936)은 퍼클로레이트 에스터류의 폭발이 다른 어떤 물질의 폭발보다 더 요란하고 파괴적이라고 한다. 두꺼운 장갑, 철가면[아, 거기, 무슈 뒤마M. Dumas!], 그리고 두꺼운 안경의 보호하에 최소량으로 작업하고, 용기를 긴 홀더로 다룰 필요가 있었다." 하지만 커디는 (짐작건대 가죽 장갑과 철가면에 먼저 돈을 쓴 것 같다) 그래도 밀고 나갔다. 그는 그 에스터들을 합성하기는 아주 쉬웠지만, 추진제 탱크에 쏟아붓기도 전에 예외 없이 폭굉했기 때문에 그와 팀원들은 그것들을 결코 모터에서 연소할 수 없었다고 나중에 필자에게 말했다. 이 계통의 연구가 더 확대되지 않았다고 덧붙일 필요는 아마 없을 것이다.

그들이 2년 넘게 작업한 시스템은 테트라나이트로메테인TNM— 그것과 조금이라도 관계된 모든 사람에게, 다만 골칫거리를 의미했던 물건—에 연료가 들어 있는 용액에 기반했다. 그리고 빌과 찰리는 애를 먹었다.

그들이 시도한 연료 하나는 나이트로벤젠이었다. 나이트로벤젠은 TNM에 잘 녹아서 적절한 산소 평형oxygen balance을 가진 추진제를 만들었고, 용액도 상당히 안정한 것 같았다. 하지만 그들은 그것으로 카드–갭을 했을 때, 그 감도가 카드 300장 이상이라는 것을 알게 되었다. (필자는 작업에서 카드–갭 수치가 30장을 훨씬 넘는 것은 무엇이든 일절 엮이지 않으려고 단호히 거부했다.) 아세토나이트릴은 그들이 연료로 선택한 것이었는데(그들은 수십 가지 가능한 것들의 성능을 계산했고, 그중 몇 가지를 해 보았다), 나이트로벤젠만큼 완전히 나쁘지는 않았지만, 충분히 나빴다. 하지만 이 무렵 일원추 업계에 있는 사람 중 일부는 미치도록 위험한 무언가를 만들어 냈다고 비난을 받을 때면, "그럼, 그게 민감하다는 거 알지, 하지만 엔지니어들이 우회 설계할 수 있을 거야." 하고 태평스럽게 답하곤 했다. (엔지니어들은 이를 별로 좋게 보지 않았다.)

그들은 그래도 밀고 나갔고, 그 물건을 마이크로모터에서 정말로 연소해 냈다. 거의 대부분은. 가끔, 보통, 그리고 민망하게, 그들이 방문객에게 시연해 보일 때, 그것은 끔찍한 폭음과 함께 폭발해 모터와 기기 장치를 대파하고, 모두를 반죽음이 되도록 겁주었다. 테이트와 커디는 피나는 노력을 했지만 TNM 혼합물을 결코 신뢰할 수 있는 추진제로 만들 수 없었고, 1958년 말에 그들 연구의 중심축은 아민 나이트레이트로 옮겨 갔다.

테이트와 커디가 명분 없는 싸움을 했다면, 스타우퍼의 잭 굴드

Jack Gould는 아카풀코 골드Acapulco Gold를 피우고 있었던 것이 틀림없다. 그의 연구는 순전히 환상이라, 루이스 캐럴Lewis Carroll만이 제대로 묘사할 수 있었다. 그는 해군의 '고에너지 일원 추진제High Energy Monopropellants' 개발 도급을 맡았는데, 그 방면으로 그의 노력은 믿음에 도전이 되는 것들이다. 그가 시도한 가장 현명한 처사가 NH_3를 NF_3에 녹이는 것이었다. 둘 다 상당히 안정한 화합물이라, 그는 고성능에 상당히 안전한 추진제를 내놓았을지도 모른다. 불행히도 암모니아는 NF_3에 일절 녹지 않았다. 그 외에는 이러했다.

그는 나이트로늄 보로하이드라이드, NO_2BH_4를 만들고자 했으나 실패했다. (산화성 양이온과 환원성 음이온을 가진 안정한 염이라는 생각은 언뜻 보기에 별로 그럴듯하지 않다.)

그는 펜타보레인을 나이트로-에틸 나이트레이트NEN와 섞으려 했다. 그것들은 접촉하는 즉시 폭발했다. (NEN 자체가 카드-갭으로 50장 가까이 된다.)

그는 NF_3와 다이보레인을 섞으려 했다. 그것들은 반응했다.

그는 NEN을 각종 보레인의 아민 유도체와 섞으려 했다. 그것들은 반응하거나 폭발했다.

그런 식으로 끝도 없었다. 그리고 매 분기 보고서에, 그는 다이-이미드, H—N=N—H 같은 가상적인 화합물을 줄줄이 늘어놓곤 했는데, 다이-이미드는 만들 수만 있다면 정말 굉장한 추진제일 것이다. 마침내 로켓 분과는 진저리가 났는지 그런 어리석은 짓 그만

하고 대신 NF 시스템이나 연구하라고 했다. 그것이 1958년 말쯤을 시작으로 그가 한 일이다.

그 모든 일이 일어나는 동안 아민 나이트레이트 일원 추진제는 전체적인 상황에 아주 많은 관련이 있었다—그러나 그것들과 함께 한 것은 NARTS만이 아니었다. GE가 뛰어들어 모터 작업을 시작했고, 그들이 개발 중인 새로운 셀프-펌핑 모터에 이졸데를 사용하려 했다. (그들은 자신들의 셋업을 날려 먹었는데, 이는 실험적인 추진제로 새로운 타입의 모터를 개발하려 하는 것이 좋은 생각이 아님을 보여 준다. 알 수 없는 것이 한 번에 하나씩만 있어도 걱정거리로 충분하다!)

이졸데 보고서가 발표되기도 전에, 필립스 페트롤리엄의 보스트Bost와 폭스Fox는 그들의 바이-터셔리 아민 중 몇 가지의 나이트레이트 염을 만들고, 그 염을 질산에 녹여 그들 나름의 AN 추진제를 내놓았다. 그러나 그것들의 열안정성이 극도로 나쁘다는 사실을 알게 되었는데, 이는 터셔리에 관한 우리 자신의 경험과 일치했다. 그들은 자신들의 다이-나이트레이트 용액이 극도로 끈적거린다는 것도 알게 되었다. 우리가 게임 아주 초반에, 에틸렌 다이아민으로 추진제를 만들려고 했을 때 알게 되었듯이 말이다.

NARTS에서 엔지니어들은 밀고 나갔으며, 이졸데를 고압 모터—연소실 압력 300psi 대신에 1,000—에, 그리고 복열 냉각재로 써 보았다. 그것은 그렇게 쓸 수 **있었지만**, 과정이 다소 위태로웠다. 시스템 속을 물로 씻어 내려 셧다운해야 했는데, 그렇지 않으면 아직 뜨거운 모터의 냉각 채널에 남아 있는 추진제가 쿡오프cook off되어 아마 부품을 날려 버릴 것이다.

아주 칭찬받을 만했지만, 철물상 외에는 아무에게도 그리 흥미롭지 않았다. 필자는 철물상이 아니었다. 그래서 필자는 쿼터너리(4차) 암모늄 나이트레이트가 세컨더리 암모늄 나이트레이트보다 더 나은 추진제가 될지 알아보기로 했다. 우리는 쿼터너리를 조사한 적이 없었는데, 그것들이 비교적 만들기가 어렵고, 이졸데보다 조금이라도 나을 것이라거나 혹은 조금이라도 못할 것이라고 여길 만한 선험적인 이유가 없었기 때문이다. 하지만 알아내는 방법은 하나뿐이었다.

우리 실험실에 약간의 테트라메틸암모늄 하이드록사이드가 있어서, 필자는 그것을 나이트레이트 염—그것은 아주 잘 결정화되었다—으로 만들고 추진제로 구성되게 했다. 우리는 카드-갭 작업에 필요한 만큼은 없었지만, 그것을 열안정성 테스터에 시험해 보았다. 그리고 충격을 받았다.

그것은 믿을 수 없을 정도로 안정했다. 이졸데가 130℃에서 50분 만에 쿡오프되었을 때, 새 물건은 그냥 가만히 있었다. 그리고 160℃에서 아무 일 없이 일주일 넘게 견뎠다. (이졸데는 160℃에서 2분을 버텼다.)

대단히 흥미로웠고, 우리는 그 물건을 더 만들 방법을 찾아 주변을 살폈다. 테트라메틸암모늄 나이트레이트는 시중에서 구할 수 없었지만—전에는 아무도 그것을 찾을 이유가 없었다—클로라이드는 구할 수 있었기에, 필자는 우리가 원하는 상당량의 염으로 전환하는 데 필요한 만큼 주문했다. 전환하느라 값비싼 질산 은을 다 써

　점화!

버리기는 했지만(우리는 은을 몇 번이고 다시 쓰기 위해, 나중에는 은을 재생하는 수고도 마다하지 않았다), 전환은 아주 쉬웠고 우리는 곧 카드-갭 테스트를 하는 데 필요한 추진제를 확보했다. 그리고 우리의 새 추진제는 $\lambda=1.2$에서 감도가 카드 약 5장이었는데, 이는 그것을 터뜨리는 데 필요했던 충격파 압력이 이졸데를 기폭하는 압력의 두 배 이상이었다는 것을 의미했다.[6] 엄청나게 고무되어, 우리는 그녀에게 '털룰라Tallulah'(충격에 거의 영향을 받지 않으므로)라는 원색적인 이름을 붙이고 가던 길을 계속 갔다. 1957년 초의 일이었다.

털룰라의 유일한 문제는 $\lambda=1.20$으로 혼합했을 때, 어는점이 약 $-22℃$로 지나치게 높았다는 것이다. (그처럼 기막히게 대칭적인 이온이 결정화하는 것은 거의 막을 수가 없다.) 그래서 우리는 그다

---

6 이 무렵 필자는 아민 나이트레이트 일원추에서 알게 된 구조-감도 관계가 다른 시스템에 적용되는지 여부에 관해 궁금해졌다. 특히 곧은 사슬 탄화수소가 N_2O_4에서 분기 사슬보다 더 민감했다고 맥고니글이 필자에게 말한 이후로 말이다.

필자는 연료 이온 구조 $CH_3\text{--}N^+\text{--}CH_3$를 가진 털룰라가 $\lambda=1.0$에서 카드-갭 약 (CH_3 위, CH_3 아래)

8장 정도인 데 반해, 이성질체 연료 이온 $NH_3^+\text{--}CH_2\text{--}CH_2\text{--}CH_2\text{--}CH_3$를 가진 추진제는 갭이 58장이라는 것을 알고 있었다—구조 하나로 인한 50장 차이였다. 그래서 필자는 약간의 노멀 펜테인, $CH_3\text{--}CH_2\text{--}CH_2\text{--}CH_2\text{--}CH_3$와 약간의

네오펜테인, $CH_3\text{--}C\text{--}CH_3$를 가져와 N_2O_4로 둘 다 $\lambda=1.0$으로 조제하고 카드- (CH_3 위, CH_3 아래)

갭을 했다. 그리고 노멀 펜테인은 감도가 약 100장, 네오펜테인은 50장이었다. 다시 50장 차이인데, 이는 두 시스템에서 구조로 인한 임계 충격파 압력의 비율이 같았다는 것을 의미했다. 필자는 이 우연의 일치가 정말 신기했지만, 연구를 더 이상 발전시킬 기회가 한 번도 없었다. 향후 연구자들의 주의가 촉구된다.

음으로 에틸 트라이메틸 염('포샤Portia', 하지만 필자더러 그 이름에 이르게 된 난해한 추론 방식을 설명해 달라고 하지 말 것!)과 다이에틸 다이메틸 암모늄 나이트레이트를 시도해 보았다. ('마거리트Marguerite', 그것도 필자에게 설명을 요청하지 말 것.) 포샤는 그다지 성공하지 못했다— $\lambda=1.10$에서는 어는점 스펙을 충족하지만 1.20에서는 아니었고, 엉망으로 결정화되었으며 흡습성이 상당했다. 마거리트는 어는점 스펙을 틀림없이 충족했지만 아주 안 좋게 결정화되었고, 사실상 사용할 수 없을 정도로 너무 흡습성이 컸다.

이들 염은 우리에게 없는 압력 설비를 갖춘 외부 제조사에서 우리를 위해 만든 것인데, 그 설비는 쿼터너리를 어떤 양이든 만드는 데 사실상 없어서는 안 된다. 펜솔트Pennsalt의 존 골John Gall 및 다우Dow의 필리스 오아Phyllis Oja 박사 둘 다 각자의 파일럿 플랜트로 하여금 물품을 만들도록 설득하고, 관련된 재정적 손실을 흡수하는 데 놀라울 만큼 도움이 되었다. (우리는 제조사가 만드는 데 드는 비용보다 훨씬 적은 비용으로 염을 얻었다.)

마거리트가 물리적 특성이 좋지 못했다면, 더 콤팩트하고 대칭적인 이성질체는 효과가 있을지도 몰랐고, 그래서 트라이메틸 아이소프로필 암모늄 나이트레이트가 우리가 시도한 그다음 것이었다. 그것은 괜찮았다—좋은 어는점, 훌륭한 열안정성, 카드-갭에 털룰라보다 좀 더 민감하지만 문제 될 만큼은 아니고, 그것을 다루는 것을 즐겁게 한 물리적 특성까지. 우리는 그것을 '필리스Phyllis'라고 불렀다. (어쨌든 숙녀분이 당신을 위해 완전히 처음 들어 보는 염 150파운드를 만들도록 자신의 고용주를 설득하고, 서류 작업이 물건 값

점화!

어치보다 비용이 더 들 것이라는 이유로 당신에게 제조비로 아무것도 청구하지 않을 때, 신사로서 할 수 있는 최소한이 그녀의 이름을 따서 이름을 짓는 것이다!)

1957년 말에 필리스는 최선책인 것처럼 보였지만, 우리는 계속해서 찾아보았다. 1957년 내내, 그리고 3년간을 더 우리는 이리저리 종종걸음으로 돌아다니며, 그럴듯해 보이는 아민을 찾아 모으고, 그것들을 쿼터너리화하고 조사했다. 우리는 보통 처음에는 열안정성과 녹는점을 확인하는 데 필요한 만큼 만들고, 그것이 이러한 테스트를 통과하면(그것들 대부분은 통과하지 못했다) 카드−갭 작업에 필요한 만큼 훨씬 크게 만들곤 했다. 그리고 후보가 거기서 두각을 나타내면, 모터 작업에 필요한 양을 만들어 줄 누군가를 찾을 때였다.

1958년 1월 필립스의 보스트와 폭스는 공군의 신규 계약과 함께 일원 추진제 업계로 물보라를 일으키며 돌아왔다. 필립스는 물론 남자의 로망이라 할 수 있는 온갖 고급 장비를 갖추고 있어서, 그들은 일을 빨리 진행해 나갈 수 있었다. 예를 들어, 연료 이온

$$C-\underset{\underset{C}{|}}{\overset{\overset{C}{|}}{N^+}}-C-C-\underset{\underset{C}{|}}{\overset{\overset{C}{|}}{{}^+N}}-C$$를 원했다면(수소는 늘 그렇듯 편의를 위해

생략했다) 그들은 그저 에틸렌 클로라이드와 트라이메틸아민을 거의 아무런 용매에다 압력하에 반응시켰고, 본인들이 원했던 것을 얻곤 했다. 우리는 그들의 설비가 부러웠고, 석유 산업의 풍요를 저주했다. 아무튼 그들은 각양각색의 쿼터너리 아민 나이트레이트 10

여 가지를 합성해 질산에 녹이고는, 그 특성을 확인했다. 그들은 퍼클로레이트로 연구를 좀 했지만, 그것들이 전적으로 너무 민감하다는 것을 알게 되었다. N_2O_4와 $N_2O_4-H_2O$ 혼합물로도 했지만, 나이트레이트 염이 추진제를 만들기에 N_2O_4에 충분히 녹지 않는다는 것을, 그리고 그것들을 녹게 하려고 충분한 물을 첨가하면 너무 많은 에너지를 잃는다는 것을 알게 되었다. 그래서 그들은 별수 없이 우리가 하고 있던 것과 같은 종류의 시스템을 조사하는 것을 받아들였다. 그리고 한 1년쯤 우리의 두 프로그램이 거의 동시에 진행되었다—그들은 더블 엔디드double ended 추진제를, 우리는 싱글 엔디드single ended를 하고 있었다.

이 분야의 신인은 휴스 툴의 네프J. Neff였다. (하워드 휴스의 회사 맞다.) 1958년 초에 해군 계약과 보통의 정량을 넘어서는 낙관주의로 무장하고, 그는 붕소 기반 질산 일원 추진제 개발에 대한 작업을 시작했다. 프로그램은 1년 반쯤 계속되었고, 유용한 추진제에 이르지는 못했지만, 상당히 흥미로운 화학을 수반했다. 그의 거의 가장 성공적인 접근법은 카보레인 구조에 기반했는데, 탄소 원자 2개가 열린 바스켓 데카보레인 구조에 있는 붕소 10개와 함께 자리를 잡아 12원자 닫힌 20면체 케이지를 형성한다. (붕소 관련 장을 참조하라.) 이들 탄소 중 하나 혹은 둘 다에 그는 다이메틸아미노메틸 또는 다이메틸아미노에틸 그룹을 붙인 다음, 결과물의 나이트레이트 염을 만들어 그것을 질산에 녹이곤 했다. 어떤 경우에 그는 용케도 그냥 넘어갔지만, 성분을 너무 빨리 혼합하면 점화될 가능성이 컸다. 그러나 그의 용액은 불안정했다. 그것들은 약간만 뜨듯해지면 가스를 피워 올리거나, 아니면 두 층으로 분리되거나, 아니면 이것이 일원 추진제를 만드는 방법이 아니라는 것을 강조하기 위해 다른 무언가를 하곤 했다. 그의 연구는 결코 모터 시험 단계에 이르지 못했다.

에어로제트의 공군 쪽 일원 추진제 연구도 마찬가지였다. 1958년 말에 바시M. K. Barsh, 그레페A. F. Graefe, 예이츠R. E. Yates는 나이트레이트를 만들어 그것들을 질산에 녹일 의도로, 예를 들면 $[BH_2(NH_3)_2]^+$와 같은 어떤 붕소 이온들을 연구하기 시작했다. 때로는 암모니아 대신 하이드라진이 붙는가 하면, 어떤 것에는 붕소 원자가 하나 이상 들어 있는 등등 이런 이온족이 한가득 있었다. 위에 제시된 것의 클로라이드는 리튬 보로하이드라이드와 암모늄 클로라이드를 볼밀ball mill에 함께 갈아 얻을 수 있다. 맥스 바시와 그 동료들은 이들 이온에 고에너지를 내는 양이온High Energy Producing CATions에서 따온 '헵캐츠Hepcats'라는 이름을 붙였다. (추진제에 복잡한 이름을 붙이는 필자의 개탄스러운 버릇은 분명히 전염성이 있었다!) 그들은 해당 이온 중 일부의 알루미늄 유사체를 합성하려고 상당한 시도를 했지만, 눈에 띄는 성과가 전혀 없었다. 그러나 불행히도 1959년 7월 말쯤 그들은 헵캐츠가 질산이나 N_2O_4는커녕 물에서도 안정하지 않다는 것을 알게 되었다. 헵캐츠 끝.

필자가 말했듯이 필리스는 1958년 초에 우리 주변의 가장 유망한 AN인 것 같았고, 그해 말쯤에는 털룰라뿐만 아니라 필리스도 NARTS와 휴스 툴의 스펜서 킹Spencer King에 의해 성공적으로 연소되었다. 하워드 보스트의 '에테인Ethane'도 연소되었는데, 성능에 관한 한 그중에 선택의 여지가 별로 없는 것 같았다. 포샤든 마거리트든 정말로 연소해 본 사람은 아무도 없는 것 같다. 이들 일원 추진제 시험 대부분에서 점화는 UDMH 슬러그로 했다. 이는 물론 우리의 '트리스탄' 점화기를 사용한 것보다 더 복잡했지만, 테스트 스탠드 작업에 상당히 더 믿을 만했다.

다음 개발은 펜솔트의 존 골에 의해 촉발되었는데, 그는 1958년 여름에 평가 목적으로 두 개의 아민 나이트레이트 샘플을 필자에게 보냈다. 이온들은 아래와 같다.

다소 지체되긴 했지만—우리 애들 중 하나가 바보 같은 실수를 해 시험 추진제를 잘못된 비율로 조제하는 바람에 다른 샘플을 부탁해야 했다—우리는 마침내 열안정성 시험을 수행할 수 있었다. 터셔리 암모늄 나이트레이트는 물론 쓸모없었지만, 쿼터너리는 적어도 틸룰라만큼 안정한 것 같았다. 그때 필자에게 불현듯 아래에 제시된 세 개의 서로 다른, 그러나 매우 비슷한 이온을 비교해 보면 흥미로울 것이라는 생각이 떠올랐는데, 이들은 각각 하나, 둘 또는 세 개의 결합으로 연결된 두 개의 틸룰라 이온으로 되어 있는 것으로 생각할 수 있다.

점화!

우리 연구소의 마이크 월시Mike Walsh는 그해 9월 중순 ARS(미국 로켓협회) 회의에서 이 작업을 할 것이라는 의사를 발표했고, 우리는 곧바로 작업에 착수했다. 첫 번째 이온의 나이트레이트는 쉽게 구할 수 있었다. 이는 하워드 보스트의 '에테인' 염이었다. 세 번째 것의 경우 우리는 존 골에게 별도로 더 많은 샘플을 받았다. 두 번째 것은 만들어진 적이 없지만, 제퍼슨 케미컬 컴퍼니Jefferson Chemical Co.가 N,N′ 다이메틸피페라진을 만들었고, 그것을 쿼터너리화해 우리가 원하는 염을 얻는 것은 전혀 마술이 아니었다. 아무튼 우리는 추진제를 조제해 열안정성 테스터에 160℃로 시험해 보았다. 1번은 두 시간 남짓을 버텼다. 2번은 2분 정도를 견뎠다. 그리고 3번은 우리가 하다하다 지루해서 3일 뒤에 테스트를 중단할 때까지 아무것도 하지 않고 가만히 있었다.

이거 아—주 흥미로웠다—보아하니 털룰라보다 훨씬 터프한 물건이 나온 것 같았다. 그래서 우리는 그것을 $\lambda=1.2$로 조제하고 카드—갭을 했다. 그리고 알게 되었는데, 놀랍게도 그것이 제로 카드에서도 기폭하지 않았다. 이는 흥미로움을 넘어서는 센세이셔널한 것이었다. 어는점은 −5℃로 나빴지만, 우리는 그것을 어떻게든 해결할 수 있으리라 생각했다. 어는점은 우리의 열의를 꺾지 못했다.

이것은 이름이 좋아야 했다. 이를 확실한 공식 명칭인 1,4, 다이아자, 1,4, 다이메틸, 바이사이클로 2,2,2, 옥테인 다이나이트레이트로 부를 사람은 아무도 없었다. 이온이 멋진 대칭형 닫힌 케이지 구조였으므로, 필자는 라틴어의 케이지를 따서 그 이름을 '카베아Cavea'(어쨌든 약간이라도 여성스러운 소리를 내니까)로 지었다. 아무도 반대하지 않았다—기억하기도 발음하기도 좋았지만, 무슨 뜻인지 필자에게 이 사람 저 사람 물어대긴 했다!

우리는 염을 열량계에 태워 생성열을 구하고, 산에서 염의 용해열을 측정하고(제대로 된 성능 계산을 할 수 있도록 하는 이 둘을 비롯해), 온도의 함수로서 추진제의 밀도와 점도를 측정하고, 나머지 모든 통상적인 루틴을 거쳤다. 그리고 그 어는점을 제외하고는 모든 것이 괜찮았다.

상황을 바로잡으려는 한 가지 용맹한 시도가 몇 달간 계속되었고, 정확히 아무 성과도 없었다. 필자는 예를 들어

$$C-\overset{+}{N}\begin{matrix} C-C \\ \diagdown \\ C-C-C \\ \diagup \\ C-C \end{matrix} \quad 또는 \quad C-\overset{+}{N}\begin{matrix} C-C \\ \diagdown \\ C-C-C-C \\ \diagup \\ C-C \end{matrix}$$

와 같은 싱글 엔디드single ended 이온이 누구에게나 괜찮은 어는점을 가진 추진제를 낳을 것으로 판단했다. 어려움은 문제의 이온 둘 중 어느 것이든 나이트레이트를 얻는 데 있었다. 필자는 첫 번째 것의 샘플을 만들어 줄—혹은 만들 수 있는—업체를 찾기까지 몇 달간 여기저기 알아보러 다녔다. 그리고 마침내 그것을 수령해 추진제로 만들었더니 열안정성이 최악이었다. 필자 실험실의 스퍼지 모블리Spurge Mobley가 다른 하나를 합성했는데(아주 골치 아픈 일이어서 그도 몇 주씩 걸렸다), 그것 역시 추진제로서 열안정성이 터무니없이 나빴다. 아무튼 뭐, 좋은 생각이었다.

그사이 우리(와 BuAer)는 카베아를 모터에 들이기 위해 서두르고 있었다. 그래서 카베아 염이 대량으로 필요했다—빨리 말이다.

필자는 존 골네 사람들이 그것을 트라이에틸렌 다이아민,

$$N\!-\!\!\begin{smallmatrix}C-C\\ \\C-C\end{smallmatrix}\!\!-\!N$$

을 메틸화해 만들었던 것을 알고 있었고, 12월 초에

그는 후자가 후드리 프로세스 코퍼레이션Houdry Process Corp.에서 생산되었다고 필자에게 말해 주었다. 이는 중합 촉매로 사용되었으며, '댑코Dabco'라는 유난히 역겨운 상표명으로 판매되었다. 그동안 그는 필자에게 카베아 염을 파운드당 약 70달러에 10파운드 로트로 공급할 수 있었다. 필자는 주문을 넣었지만, 동 염을 메틸 아이오다이드(상당히 비싸다)와 트라이에틸렌 다이아민을 반응시킨 다음, 질산 은으로 복분해metathesis해서 만드는 것보다 더 싸게 만들 수는 없는지 완전히 확신이 서지 않았다.

어쩌면 필자가 다르게 합성을 할 수 있을지도 몰랐다.

$$N\!-\!\!\begin{smallmatrix}C-C\\ \\C-C\end{smallmatrix}\!\!-\!N$$

으로 시작하고 양단에 탄소를 붙여

$$C\!-\!\overset{+}{N}\!-\!\!\begin{smallmatrix}C-C\\ \\C-C\end{smallmatrix}\!\!-\!\overset{+}{N}\!-\!C$$

를 얻는 대신, 제퍼슨 케미컬의 N,N′ 다이메

틸피페라진,

$$C\!-\!N\!\!\begin{smallmatrix}C-C\\ \\C-C\end{smallmatrix}\!\!N\!-\!C$$

로 시작하고 탄소 두 개로 된 다

리를 연결해 똑같은 것을 얻는 것은 가능하지 않을는지? 필자는 에

틸렌 브로마이드(메틸 아이오다이드보다 아주 많이 저렴하다)를 가교제로 사용할 수 있고, 그러면 아이오다이드 염 대신 브로마이드를 내놓을 것이다.

우리는 그것을 해 보았는데, 반응이 기막히게 잘되어 단번에 약 95% 수율이 나왔다. 다음으로 할 일은 브로마이드에서 나이트레이트로 전환하는 값싼 방법을 찾는 것이었다.

필자는 브로마이드 이온을 유리 브로민으로 산화시키기는 꽤 쉽지만, 브로메이트까지 강제로 산화시키기는 상당히 힘들다는 것을 알고 있었다. 그리고 필자는 질산이 첫 번째 것은 하지만 두 번째 것은 하지 않을 것이라고 상당히 확신했다. 필자가 카베아 브로마이드를 상당히 강한, 이를테면 70% 질산에 첨가하면 반응은 아래와 같이 갈 것이다.

$$2Br^- + 2HNO_3 \rightarrow 2HBr + 2NO_3^-$$

그런 다음

$$2HBr + 2HNO_3 \rightarrow 2NO_2 + 2H_2O + Br_2$$

그리고 필자가 혼합물을 통해 공기 흐름을 흘려 브로민과 NO_2를 날려 보냈다면, 필자에게는 상당히 묽은 질산에 카베아 나이트레이트가 들어 있는 용액이 남았을 것이다.

우리가 그것을 해 봤는데 잘되었다. 하지만 우리는 산에 염을 너무 빨리 첨가하거나, 브로민 농도가 증가하게 놔두면 카베아 트라이브로마이드—Br_3^- 음이온의 염, 그리고 그것이 해리되어 브로민을 내놓곤 하기까지 몇 시간의 송풍이 필요했다—의 적벽돌색 침전

점화!

이 생긴다는 것을 알게 되었다. 필자는 그러한 음이온의 가능성에 대해 어렴풋이 듣기는 했지만, 그 염 중 하나를 한 번이라도 본 것은 그때가 처음이었다. 아무튼 우리는 동 나이트레이트를 증기 중탕에 건조시켜 물에서 재결정화했고(멋진 육방정계 결정으로 결정화되었다) 값비싼 시약을 일절 필요로 하지 않는 간단한 경로로 우리의 카베아 염을 얻었다.

이때가 1959년 2월 중순쯤이었는데, 우리는 하워드 보스트가 그의 다이-쿼터너리들을 연구하던 중에 독자적으로 불현듯 카베아를 생각해 냈으며, 우리와 마찬가지로 그것이 연구 대상으로 하기에 가장 좋은 추진제라고 결정을 내렸다는 것을 알게 되었다. 그래서 이제 우리의 두 프로그램은 완전히 수렴되었다. 4월 1일과 2일에 NARTS에서 열린 AN 일원 추진제에 관한 심포지엄에서 이것이 강조되었다. 그토록 막강한 그룹에서 그토록 만장일치의 합의를 필자는 한 번도 겪어 본 적이 없다. (회의에 초대받은 19명이 18명의 PhD와 1명의 술 취한 천재로 구성되었다.) 그리고 우리 모두는 우리에게 더 나은 어는점을 마련해 줄 약간의 구조적인 변경과 함께 아마, 미래가 카베아의 것이라고 확신했다.

하지만 그레이스 앤드 컴퍼니W. R. Grace & Co.의 웨인 배럿Wayne

Barrett 박사가 신개발품을 하나 발표했다. 그는 $CH_3-\overset{\displaystyle CH_3}{\underset{\displaystyle CH_3}{N^+}}-NH_2$ 이

온을 얻기 위해 UDMH를 메틸화했고, 그것의 나이트레이트로 일원추를 만들었다. 제시된 트라이메틸 화합물 외에 그는 트라이에

틸과 트라이프로필 화합물도 만들었는데, 추진제 업계에 대해 너무 일천하고 무구해서 프로필 염을 산과 섞는 동안 그것이 열이 올라 NO_2 연기를 피워 올리기 시작했을 때 뛰기 시작하지도 않았다! 아무튼 필자는 애들에게 즉시 그의 추진제를 소량 조제하고 처리하도록 했다. 우리는 4월 2일 목요일에 그 소식을 접해, 합성 및 정제를 마치고 메틸 추진제가 7일 화요일까지 조제되게 했고, 8일에 그것이 우리의 열안정성 테스터를 또다시 온통 다 망가뜨린 것을 보았다. (14분 동안 잠잠히 있다가 폭굉했다―격렬한 기세로 말이다.) 필자는 배럿에게 전화해 그의 발명품을 조심하라고 했지만, 그는 그래도 밀고 나가 우리의 안정성 시험을 반복하기로 결정을 내렸다. 몇 주 뒤에 그가 필자에게 전화해 그의 샘플이 자리를 날려 버리기까지 17분을 버텼다고 알려 주는데, 필자는 거참 확인 한번 자알 한다 생각했다!

그사이에 필자는 후드리와 제퍼슨이 카베아 염 제조에 관심을 두게 하려고 조처하고 있었다. 필자는 2월 19일에 그들 둘 다에 전화를 걸어 원하는 염을 말하고, 카베아 백 파운드 입찰에 관심이 있는지 물었다. 후드리에서는 보아하니 모두들 기분이 엄청 좋은 모양이었다. (1959년 초의 일이었는데, 냉전이 진행 중이었고, 모두가 미사일과 우주에 흥분해 있었으며, 분명 로켓 추진제 사업에서 벌어들일 돈이 많을 것으로 다들―잘못―확신하고 있었다는 것을 기억하라.) 아무튼 그들은 필자에게 몇 번을 다시 전화했고, 필자가 그날 저녁 집에 도착했을 때 청소부 아주머니와 통화하고 있었다. 그리고 다음날 그들은 필라델피아에서 자신들의 연구 책임자를 불

점화!

러 필자와 대화를 나누었다. 필자는 그들과 끝내기 전에 그에게 제퍼슨 케미컬도 입찰에 참여했다고 알려 주면서, 어쩌면 제퍼슨이 후드리가 할 수 있는 것보다 더 싸게 만들 수 있을지도 모른다는 암시를 주었다.

제퍼슨 케미컬의 반응은 그렇게 완전히 히스테릭하지는 않았지만, 충분히 열광적이었다. 필자는 휴스턴에 있는 그들의 연구 책임자 매클렐런McClellan 박사와 연결되어, 그에게 다이메틸피페라진-에틸 브로마이드 반응을 설명하고는—그는 자신이 그것을 직접 해볼 때까지 그 말을 잘 믿지 않았다—무엇을 할 수 있겠는지 물었다. 필자는 후드리가 아마 그가 할 수 있는 것보다 더 좋은 가격을 제시할 수 있을지도 모른다고 그에게도 암시를 주었다. 이것이 어부지리라고 알려진 절차이다.

두 회사 모두 승인을 위한 예비 샘플을 한 달 안에 내놓았는데, 필자는 매클렐런이 브로마이드를 제거하는 흥미로운 방법을 생각해 냈다는 것을 알게 되었다. 그는 카베아 브로마이드를 질산으로 완전히 산성화시킨 다음, 용액을 통해 에틸렌 옥사이드를 불어넣었다. 에틸렌 옥사이드는 HBr과 $C_2H_4O + HBr \rightarrow HOC_2H_4Br$로 반응하여 에틸렌 브로모하이드린을 생성하는데, 이는 시스템에서 불어 날려 보내면 그만이었다. 필자는 이것이 깔끔한 수법이라고 생각했다.[7]

---

7 매클렐런이 몇 주 뒤 필자를 찾았는데, 필자는 그에게 제퍼슨의 치환된 피페라진이 어디에 쓰이는지 물어보았다. 그는 텍사스만큼 건조로운 남부 사투리로 느릿느릿 답했다. "그게 말이죠, 아래쪽으로 농가가 많은데, 돼지를 많이 키웁니다.

아무튼 두 회사 다 결국에는 입찰을 냈는데, 필자가 그럴 것으로 의심했던 대로 제퍼슨의 입찰가가 더 좋았다. 그들은 카베아 염에 파운드당 15달러를 원했던 데 반해, 후드리에서 할 수 있는 최선은, 그 당시에 75였다. 그쪽 연구원들은 본인들이 자사 영업 부문과 50에 흥정할 수 있을지도 모른다고 생각했지만 말이다. 그래서 이제 대처할 공급 문제가 없었다. 하워드 보스트는 카베아보다 어느점이

우수한, C—C—N—C—C—N—C—C로 몇 가지 연구를 했고, 찰

리 테이트는 6월 10일 필자에게 전화해 흥미로운 소식을 전했다. 듣자 하니 와이언도트가 TNM 일원추를 가망이 없다고 그만두고, AN 계열로 바꾸기로 한 모양이었다. 그리고 그들에게는 예를 들면

C—N와 같은, 이용 가능한 여러 가지 치환된 피페

라진이 몇 가지 있었다. 그래서 찰리는 그것에 에틸렌 브로마이드

로 다리를 놓았고, C—N—C—C—N—C를 내놓았다. 동 추진제는

그런데 돼지가 장내기생충에 감염되어 제때 살이 오르지를 않아요. 그래서 돈사들이 사료에 소량의 피페라진을 섞는데, 그러면 기생충이 잠들어 붙어 있는 것도 잊어버립니다. 그리고 깨어나면 돼지가 어디 가고 없지요!"

점화!

어는점이 −54℃를 훨씬 밑돌았고, 카드-갭이 3장에 불과했다. 그 외에는 꼭 카베아 같았다. 그것은 카베아 B(로켓 분과는 '2 메틸 카베아'가 이름을 너무 드러낼 것이라고 생각했다!)로 불렸다.

와이언도트는 다른 비슷한 화합물을 만들었는데, 몇몇은 추가로 메틸 그룹 두 개가 다양한 배열로 붙어 있었다. 하지만 카베아 B가 가장 단순했고, 그러므로 최고였으며, 다른 것들은 아무 성과가 없었다. 그리고 스퍼지 모블리는 피페라진 비슷한 7원자 화합물

$$C-N \quad \begin{matrix} C-C-C \\ \\ C \quad\quad C \end{matrix} \quad N-C$$

를 직접 찾아냈고, 그것에 다리를 놓아 이

상한 구조

$$C-\overset{+}{N} \quad \begin{matrix} C-C-C \\ \\ C \quad\quad C \end{matrix} \quad C-C \quad \overset{+}{N}-C$$

를 만들어 냈다.

그의 창작품은 어는점이 알맞기는 했지만, 필자는 그것이 카베아 B에 대한 개선이 아니며 몇 배는 더 비싸다고, 그러니 밀지 않겠다고 언급했다. 스퍼지는 필자의 처사에 몹시 분개했다.

카베아 B는 승자였고, 이상적인 일원 추진제인 것처럼 보였다. 그리고 그것은 그해 말까지 NARTS, GE, 와이언도트, 휴스 툴에 의해 성공적으로 연소되었으며, JPL도 곧 뒤를 이었다. 카베아 B는 모터에서 아주 잘 작동해 비교적 작은 연소실로 이론 비추력의 94% 정도를 냈다. 연소는 놀라울 정도로 부드러웠다—오리지널 카베아(이제 카베아 A로 불렸다)로 하는 것보다 더 좋았는데, 오리지널 카베아는 연소 과정이 어디든 붙잡을 곳을 제공하기에는 그저 **너무** 대칭적이고 안정했다. 그리고 공급에 어려움이 없었다. 와이언도트에

는 피페라진 원료가 얼마든지 있었다.

AN 계열이 당시 중앙 무대를 꽉 잡고 있긴 했지만, 다른 일원 추진제 시스템도 스포트라이트를 향해 격렬히 밀치고 나아가는 중이었다. 예를 들어 와이언도트의 케네스 아오키Kenneth Aoki는 트라이에틸렌다이아민의 다이아민 옥사이드 $O\!:\!N$—C—C—$N\!:\!O$ (위에 C—C, 아래에 C—C)를 만들고는 그것을 질산에 녹였다. 하지만 그는 용해열이 너무 높아서(산이 아마 옥사이드를 분해하고 대신에 나이트레이트를 생성했을 것이다) 카베아 A 혹은 B에 대해 있을 수 있는 어떠한 성능상의 이점도 무효가 된다는 것을 알게 되었다. 그는 N_2O_4나 TNM에 녹일 생각으로 O_2N—N (위에 CH_2—CH_2, 아래에 CH_2—CH_2) N—NO_2도 만들었지만, 쓸모가 있기에는 그러한 산화제에 너무 안 녹는다는 것을 알게 되었다.

일원 추진제 개발에 대한 좀 더 흥미로운 접근법은 붕소 관련 장에 서술한 B-N 추진제 시스템에서 나왔다. 이야기한 대로 이원 추진제 B-N 연구는 연소 문제로 인해 어려움을 겪었는데, 그래서 붕소와 질소가 동일 추진제—아니면 아예 동일 분자—에 결합해 있다면 이러한 문제가 완화될 수 있을지도 모른다고 가설이 제기되었—혹은 바랐—다.

캘러리 케미컬 컴퍼니의 맥엘로이McElroy와 허프Hough는 그들이 '모노캘Monocals'이라고 부르는 것에 대한 연구를 시작했다. 이것

점화!

들은 데카보레인의 부가체, 혹은 첨가 화합물과 모노메틸하이드라진MMH 두세 분자로 이루어졌고, 전체가 하이드라진 약 일곱 분자에 용해되었다. MMH와 데카보레인의 혼합은 용액에서 이루어져야 했는데, 그렇지 않으면 생성물이 열이 올랐을 때 폭발하곤 했다. 이 추진제는 별로 균질하지 않았고, 설령 있다고 한들 잘 이해되지 않는 이유로 로트마다 상당히 달랐다. 그것들은 대단히 끈적거렸지만, 특별히 민감한 것 같지는 않았다. 와이언도트는 그것들을 테스트 스탠드에서 추력 50파운드짜리 모터로 시험해 보았지만, 실망스러운 결과를 얻었다. 빌 커디와 그 동료들은 그중 네 번이 폭굉과 대파된 모터로 시작하거나 끝나는, 도합 다섯 번의 런에서 거의 다치지 않았다. 모노캘은 슬퍼하는 사람 하나 없이 1960년에 죽었다.

'데카진Dekazine'은 조금 더 오래갔다. 1958년 6월에 롬 앤드 하스Rohm and Haas의 호손H. F. Hawthorne 그룹은 비스 (아세토나이트릴) 데카보레인을 하이드라진과 반응시켜 $B_{10}H_{12} \cdot 2NH_3$를 조제했다. 그들은 닫힌 케이지 카보레인 구조를 얻기 위해 하이드라진의 N-N 그룹을 데카보레인 분자에 편입시키기를 바랐지만, 그들의 생성물이 열린 데카보레인 바스켓을 유지하며 N-N 결합을 갖지 않는다는 것을 알게 되었다. 아무튼 그들은 그것 1몰을 하이드라진 약 7.5몰에 녹이고는(그보다 적으면 녹아들게 할 수가 없었다) 자신들이 일원 추진제를 가졌다고 생각했다. 그것은 세상에서 감당하기 가장 쉬운 물건은 아니었다. 첫째, 그것은 공기 중의 산소를 포집했다. 둘째, 그것은 열적으로 상당히 민감했고, 127℃에서 발열성으로 분해되기 시작했다. 카드-갭 값은 낮았지만―약 4장―단열압축에 방정맞을 정도로 민감했고, 그 시험에서의 순위가 노멀 프로필 나이트레이트와 나이트로글리세린 사이였다. 그러나 그들은 그것을 그다음 몇 년 동안 휴스의 스펜서 킹과 로켓다인의 밥 알러트Bob Ahlert에 의해 추력 500파운드급으로 어떻게든 연소되게 했다. 아무도 거기서 그 이론 성능의 75% 이상을 얻어 낸 적이 없고, 아무도 그것이 자기 기분 내킬 때 (모터 런 때 보통 분무기 근처에서) 폭굉하는 것을 막을 방법을 찾을 수 있을 것 같지 않았다. 자주 그랬는데 말이다—알러트는 정말 굉장히 인상적인 폭발에서 살아남았다. 그래서 1960년 말쯤에는, 모두가 데카진을 가망 없다고 보고 포기했고, 그것은 고故 모노캘이 차지한 곳 옆자리 대리석판에 다정히 묻힐 준비가 되었다.

그러나 1959년에 롬 앤드 하스의 호손이 흥미로운 관찰을 했는데, 이는 B−N 일원 추진제 문제에 대한 다른 접근법으로 이어졌다. 그는 데카보레인의 비스 (아세토나이트릴)(An) 부가체를 상온하의 벤젠에서 트라이에틸아민(NEt₃)과 반응시켰을 때, 반응이 주로 아래와 같이 가는 것을 관찰했다.

$$B_{10}H_{12}An_2 + 2NEt_3 \rightarrow B_{10}H_{12}(NEt_3)_2 + 2An$$

그러나 그가 벤젠의 끓는(환류)점에서 반응을 진행했다면, 반응은 거의 정량적으로 이 방향으로 갔다.

$$B_{10}H_{12}An_2 + 2NEt_3 \rightarrow (HNEt_3^+)B_{10}H_{10}^= + 2An$$

열린 데카보레인 바스켓이 후에 '퍼하이드로데카보레이트 이온'으로 불리게 된 10꼭짓점 16면 닫힌 케이지 구조로 닫혔다. 이는 놀라울 정도로 안정한 구조였고, 매우 강한 산—거의 황산만큼 강한—의 음이온이었다. 이 산의 하이드라진 염(같은 해에 몇 가지 단순한 경로들이 발견되었다), $(N_2H_5)_2B_{10}H_{10}$을 얻는 것은 마술이 아니었다. 용매화되지 않은 염은 충격에 민감했지만, 하이드라진 한 분자나 두 분자—둘 중 어느 형태든 얻기 쉬웠다—로 결정화되었을 때는 안전하고 다루기 쉬웠다. 그리고 그것을 하이드라진에 녹여 추진제를 만들 수 있다.[8]

불행하게도 혼합물에 있는 B 원자 수를 N 원자 수와 같아지도록 하는 데 필요한 만큼의 염을 하이드라진에 녹일 수 없었는데, 같아지도록 하는 것이 당신이 B-N 일원 추진제에 원하는 것이다. 에어로제트의 루 랩(그는 최근에 리액션모터스에서 그리로 옮겼다)은 1961년 초입 언제쯤 동 염에 있는 하이드라지늄 이온을 '헵캣' 양이온 중 하나로 대치하면 그 결점을 바로잡을 수 있을지도 모른다고 생각했다.

필자도 동시에 같은 생각을 했다—그리고 그가 할 수 있는 것보다 더 빨리 움직일 수 있었다. 필자의 팀은 작았고, 아무 계약도 하지 않았으니 계약에 전혀 신경 쓸 필요가 없었으며, 고급 간부들은 필자가 하던 일에 거의 아무 신경도 쓰지 않았기에, 필자는 위에서

---

8 필자는 이것이 과산 기반 일원 추진제를 만드는 데도 사용될 수 있을지 모르겠다는 번득이는 아이디어가 떠올랐다. 필자는 퍼하이드로데카보레이트 이온의 암모늄 염을 조금 만들어 시계접시에 몇 밀리그램을 올렸다. 그러고 나서 필자는 염 옆에 농축 H_2O_2를 한 방울 떨어뜨리고 시계접시를 기울여 둘을 접촉하게 했다. 눈부신 백록색 섬광과 필자가 들어 본 것 중 가장 날카로운 폭굉이 있었다.

누군가 관심을 가져 필자에게 하지 말라고 하기 전에, 해 보고 싶었던 것은 보통 무엇이든 해 볼 수 있었다. 그래서 일이 손쉽게 진행되었다.

필자는 모블리에게 시켜 앞서 설명한 대로 암모늄 클로라이드와 리튬 보로하이드라이드를 함께 분쇄하여 헵캣 클로라이드 몇 그램을 조제했다. 그리고 필자는 그에게 소량의 포타슘 퍼하이드로데카보레이트를 조제하도록 했다. 그다음에 그는 둘을 액체 암모니아에 녹였고, 그것들을 적절한 비율로 혼합했다. 반응이 가기를 이러했다.

$$K_2B_{10}H_{10} + 2[BH_2(NH_3)_2]Cl \rightarrow$$
$$[BH_2(NH_3)_2]_2B_{10}H_{10} + 2KCl$$

포타슘 클로라이드는 침전해 여과되었고, 암모니아는 증발하도록 했다. 그리하여 필자는 헵캣 퍼하이드로데카보레이트를 얻게 되었다. 필자는 얻었다고 생각한 것을 얻은 것이 맞는지—진단에 IR 등을 사용해—확인하고, 그에게 그것 1몰을 하이드라진 6몰에 첨가하도록 했다. 하이드라진 중에 넷은 양이온에 있는 암모니아를 대체해 암모니아는 기포로 빠져나갔고, 둘은 용매로 남았다. 그렇게 필자는 마침내 $[BH_2(N_2H_4)_2]_2B_{10}H_{10} + 2N_2H_4$를 얻었다. 여기서 필자는 양이온에 붕소 2개, 음이온에 10개가 있었다. 양이온에 질소 8개, 용매에 4개가 있었다. 그리고 마지막으로, 양이온에 수소 20개,

---

시계접시는 문자 그대로 고운 분말이 되어 버렸다. 번득이는 아이디어 끝.

음이온에 10개, 용매에 8개, 그래서 전체 엉망진창이 $12BN+19H_2$로 상쇄되었다. 그리고 기적적으로, 그것이 상온에서 액체였고, 별로 끈적거리지 않았으며, 특별히 민감한 것 같지 않았다. 우리는 그 물건이 몇 cc밖에 없었지만, 그래도 흥미로워 보였다.

정신적인 보상은 8월에 일원 추진제 회의에서 이루어졌다. 루 랩은 본인이 하려고 했던 것을 서술했는데, 필자는 그때 우리가 그것을 이미 했다는 것을 지적하고 그 방법을 설명함으로써 그의 뒤통수를 치는 중에 가학적인 기쁨을 느꼈다(필자는 그 회기의 의장이었다). 루 랩과 필자는 좋은 친구였지만 그를 골탕 먹일 기회는 흔치 않았고, 게다가 이것은 놓치기에는 너무나 아까운 기회였다.

그러나 그 추진제가 나간 진도는 거기까지였다. 육군의 고위 간부(해군은 1년 전에 이사 나갔고, 육군이 NARTS를 인수했는데, NARTS는 피카티니 조병창Picatinny Arsenal의 액체로켓추진연구소 Liquid Rocket Propulsion Laboratory, LRPL가 되었다)는 육군이 B-N 일원 추진제에 관심 없으니 그만 손 떼라는 말을 전했다. 필자는 그들의 결정이 옳은 것이었다고 믿는다. 필자의 괴물은 만드는 데 무지막지한 비용이 들었을 것이고, 그 밀도는 결코 인상적이지 않았으며, 그것이 다른 B-N 일원추보다 조금이라도 나은 성능을 낼 것이라고 믿을 선험적인 이유가 없었다. 그 물건은 실현 가능한 추진제가 아니었다. 그 모든 퍼포먼스는 균형 잡힌 B-N 일원추가 만들어질 수 있다는 것을 보여 주기 위해 고안된 투어 드 포스tour de force였다. 아주 재미있었지만, 그것이 B-N 일원 추진제의 끝이었다.

일원 추진제에 대한 그 모든 관심은 1953년 11월 최초의 일원 추진제 회의에서 일원 추진제 시험법위원회Monopropellant Test Methods Committee의 결성으로 이어졌고, 위원회는 처음에는 BuAer의 후원하에, 그다음에는 미국로켓협회American Rocket Society하에, 그다음에는 라이트 항공개발센터Wright Air Development Center하에 운영되었다. 1958년 11월에는 액체 추진제 일체를 다루도록 그 분야가 확장되었고, 액체추진제정보국Liquid Propellant Information Agency이 이를 인수해 현재도 운영 중이다. 필자는 거기에 띄엄띄엄 몇 년 동안 몸담았다.

위원회가 결성된 본래 이유는 일원 추진제 고유의 불안정성 때문이었다. 그 안에 상당한 양의 에너지를 가진 **어떠한** 일원 추진제든 당신이 제대로 개시하기만 하면 폭굉할 수 있다. 업계에 있는 모든 사람에게는 자신이 작업하는 일원추의 감도를 측정하는 자기만의 애정 어린 방법이 있었다. 유일한 어려움은 어떤 두 시험법도 비슷하지 않았다는 것과 한 연구소에서 나온 결과를 다른 곳에서 나온 것과 비교하는 것이 그저 단순히 불가능하다는 것이었다. 사실, 이를테면 충격 민감도 같은 것은 정의하기가, 한다고 하더라도 거의 불가능했다. 두 추진제의 **상대** 민감도조차 측정하는 데 사용된 기구에 따라 달라질—실제로 자주 그랬다—수 있다. 위원회의 책무는 사용된 모든 방법을 검토하고, 거의 재현 가능한 결과를 내는 것들을 고르든, 아니면 그런 방법을 개발하도록 사람들을 설득한 다음, 그것들을 표준화하고, 마지막으로 현장 사람들이 **그러한 방법을 사용하도록** 설득하는 것이었다. 그러면 바라건대 우리의 테스트나 결과가 하나도 말이 되지 않는다 해도 우리는 우리의 환상에 모두 의

점화!

견이 같을 것이고 모종의 일관성 가까운 것으로, 그리고 운이 따른다면, 듣는 이의 이해력으로 서로 대화할 수 있을 것이다.

1955년 7월에 채택된 첫 번째 시험은 앞서 서술한 카드−갭 테스트였다. 카드−갭 테스트는 월섬애비 사람들에 의해 처음 개발된 다음 NOL에 의해 간소화되었고, 우리는 이상 결과anomalous results를 찾아내며 많은 시간을 보냈다. 필자는 광산국의 조 헤릭스Joe Herric-kes와 필자가 카드−갭 셋업 둘을 나란히 놓고 온종일 폭파하면서 일원 추진제 하나는 둘이 아주 잘 일치하는데, 다른 하나는 극도로 불일치하는 이유를 알아내려 한 것이 기억난다. 우리는 사실상 셋업에 있는 모든 것을 서로 바꾼 후에, 마침내 문제가 샘플 컵에 있다는 사실을 발견했다. 조의 것은 알루미늄, 필자 것은 강관으로 만든 것이었다. 위원회는 강관으로 표준화했고, 우리는 발표했다. 최종 보고서를 준비하는 것은 때때로 난투극을 벌이는 것과 같았다. 위원회는 상상했던 대로 자부심이 대단하고 언변이 엄청나게 좋은 개인주의자들로 구성되어 있었으며, 거기에는 각자 자신이 영어 산문체의 대가라고 여기는 자들이 언제나 적어도 6명은 참석했다. 어휴!

결정하는 데 훨씬 오래 걸렸던 테스트는 '드롭 웨이트Drop-Weight' 였다. 여러 해 동안 폭발물 업계 사람들은 제품 샘플에 추를 떨어뜨렸고, 샘플이 기폭하게 하려면 얼마나 멀리서 얼마나 큰 추를 떨어뜨려야 하는지에 근거해 그 민감도를 평가해 왔다. 우리가 이 문제를 조사하고서 발견한 사실은 경악스럽게도 JPL 시험 장치가 피카티니 시험 장치와 맞지 않고, 피카티니 장치는 허큘리스Hercules 기구와 맞지 않고, 허큘리스의 결과는 미국철도국Bureau of American

Railroads의 결과와 비교할 수 없고, 철도국의 결과는 결국 광산국의 결과와 모순된다는 것이었다. 게다가 그중에 액체를 조금이라도 잘 다루는 것은 하나도 없었다.

와이언도트의 빌 커디는 1957년 3월에 액체를 위해 특별히 고안된 테스터가 어떠한지를 서술했다. 그것은 올린 매시슨의 돈 그리핀Don Griffin에 의해 변경되었으며 마침내 OM 드롭 웨이트 테스터로 알려진 것으로 발달했다.[9] 사실 그것은 단열 민감도 측정을 위한 장치였다. 낙하하는 추가 적하 샘플drop sample 한 방울 위의 표준화된 아주 작은 기포 하나를 급격히 압축하면, 이 기포의 단열 가열이 그것을 기폭하게—경우에 따라 그러기에 충분하지 못하거나—했다. 이 장치는 그 사소한 기벽에 익숙해지고 나면 상당히 만족스러웠고, 만족스럽다. 예를 들어, 재현성 있는 결과를 얻기를 바란다면 이 장치를 **정말** 단단한 기초에 올려야 한다. 우리는 결국 그 기기를 가로세로 3피트, 두께 3인치 장갑판에 볼트로 박아 고정하고, 이어서 장갑판을 기반암—화강암—이 받치고 있는 6피트짜리 콘크리트 정육면체에 볼트로 박아 고정했다. 그런 식으로는 잘되었다.

에어리덕션의 앨 미드Al Mead는 1958년에 또 하나의 매우 유용한 기기인 표준 열안정성 시험 장치를 내놓았다. 그 안에서 소량의 샘플이 항속으로 가열되었는데, 샘플이 가열 중탕보다 빠르게 열이 오르기 시작한 온도를 테이크오프 포인트takeoff point로 취했다. 우리는 그것을 우리 것과 함께 여러 해 동안 사용했다. 그것들은 실제

---

9 돈 그리핀은, 자유로운 영혼의 전형인데, 그러더니 로켓 추진에서 안식년을 가졌고, 그 시간에 훌라후프 사업을 했다. 그는 그것이 더 말이 된다고 했다.

로 다른 것들을 측정했고, 그래서 우리는 그것들을 둘 다 사용할 수 있었다.

다른 테스트도 표준화되고 발표되었지만, 이것들이 더 유용했고 가장 자주 사용되었다. 여러 해 동안 조사가 이루어졌던 문제 한 가지는 폭속detonation velocity, 폭굉을 위한 임계 직경, 그리고 폭굉 트랩의 구성이었다. 일원 추진제가 모터에서 폭발하고 말면, 그것도 하나의 트랩이다. 그러나 그 폭굉이 (보통 약 7,000m/s로) 추진제 라인을 타고 거꾸로 추진제 탱크로 전파되어 그것이 폭발하면, 그러면 정말 큰일 날 수 있다. 추진제 라인의 직경이 충분히 작으면, 폭굉은 전파되지 않고 사멸한다─한계 직경은 '임계 직경critical diameter'이라고 불린다. 그것은 추진제의 성질, 라인이 만들어진 소재(강철, 알루미늄, 유리 등), 온도, 그리고 아마 몇 가지 더 되는 사항에 따라 달라진다. (우리는 이졸데에서의 폭굉이 피하 주삿바늘 배관을 통해 잘 전파될 것임을 알게 되었을 때 머리카락이 쭈뼛 서고 식은땀이 났다.)

1958년 무렵을 시작으로 1962년까지 계속해, 폭굉 전파와 트래핑에 관한 많은 연구가 로켓다인, 와이언도트, JPL, BuMines, GE, 휴스, 리액션모터스, NARTS-LRPL에서 계속되었으며, 폭굉을 그 진로에서 멈추는 방법을 찾기 위한 용감무쌍한─그중 일부는 성공적인─노력들이 이루어졌다. 라인에 폭굉 트랩을 놓으면 때로는 차단이 될 수 있기 때문이다. 그런 것을 설계하는 것은 과학적인 문제가 아니다. 이는 경험에 의거한 공학예술 작품이다. 그리고 각양각색의 디자인이 그 점을 보여 주었다. 초기의 트랩 한 가지는 단순히

라인에 있는 루프loop 하나로 구성되었다—이렇게 말이다. ⌒ 폭
굉이 라인을 따라 관을 폭파하며 전광석화처럼 달려 내려올 때, 관
이 교차한 곳에서 라인의 다른 부분을 절단하여, 폭굉이 오갈 데가
없게 된다. 이는 그다지 믿을 만하지 않았다. 라인을 절단한 폭발이
완전히 새로운 또 다른 순폭을 시작할지도 모른다. 밥 알러트는 라
인에 금속 와이어 메시로 보강된 테플론 튜브인 플렉스 호스Flex-
Hose로 되어 있는 구간을 두는 묘수를 두었다. 폭굉은 이 약한 구간
을 간단히 날려 버리고는, 갈 곳을 잃었다. 그리고 우리 그룹의 마이
크 윌시는 다른 몇 가지 일원 추진제는 물론 카베아 B에도 아주 잘
되는 트랩을 고안했다. 카베아 B는 0.25인치 라인을 통해서는 폭굉
을 전파하지 않지만, 1인치 라인을 통해서는 한다. 그래서 마이크는
2인치 관 1피트짜리 토막을 그의 1인치 라인에 삽입했고, 이 구간
을 상당한 시간 동안 추진제를 견디는 플라스틱으로 된 원통형 막
대로 메웠다. (폴리스타이렌이 좋았다.) 그리고 1인치 메인 라인에
서 나온 그대로 똑같은 유로 단면적이 나오도록 이 원통형 플러그
에 길이 방향으로 통하는 0.25인치 구멍 16개를 뚫었다. 그가 그것
을 확인했을 때 폭굉은 함정에 굴러떨어져 그것의 처음 약 1/3을 날
려 버리고 딱 멈춰 버렸다.

그러나 폭굉 트랩이 늘 완벽한 대책은 아니었다. 우리는 1960년
여름에 추력 10,000파운드 카베아 B 모터를 연소하려다 그것을 알
게 되었다. 당시에는 마이크의 트랩이 없어서 우리는 16개에 달하
는 일련의 0.25인치 루프 트랩을 라인에 삽입했다. 그런데 글쎄 이
것저것 조합한 것을 뚫고 모터가 시동 즉시 폭발했다. 우리는 트랩

이 작동을 했는지 안 했는지 결코 알아내지 못했다—그럴 만한 조각이 나오지를 않았다. 분무기에서 나온 파편이 트랩을 그냥 쇼트시키고 탱크를 강타하면서, 그 안의 추진제 200파운드를 터뜨렸다. (추진제 1파운드가 TNT 2파운드보다 더 많은 유효에너지를 가지고 있었다.) 필자는 그런 난장판을 본 적이 없다. 테스트 셀 벽—콘크리트 2피트—은 나갔고, 지붕이 들어왔다. 모터 자체는—육중한, 순동으로 된 든든한 것—비행 방향으로 약 600피트를 날아갔다. 그리고 6제곱피트 크기의 장갑판은 숲 속으로 미끄러지듯 날아가 나무 몇 그루의 밑동을 베고 화강암 바위에 처박은 다음, 공중으로 튀어 올라 우듬지를 몇 군데 더 베어 내고 마침내 출발한 곳에서 약 1,400피트 떨어진 곳에 멈춰 섰다. 숲은 마치 우르르 몰려가는 야생 코끼리 떼가 뚫고 지나간 것처럼 보였다.[10]

상상할 수 있듯이, 이 사건은 일원 추진제들의 한번 나빠진 평판을 바꾸기 어렵게 하는 경향이 있었다. 그것들을 안전하게 연소할 수 있다고 해도—그리고 우리는 곧 점화 과정에서 무엇이 잘못되었는지 알았다—야전에서 어떻게 사용할 수 있겠는가? 당신이 로켓을 전장 상황에서 발사대에 세워 놓았는데, 파편 조각에 맞으면 무

---

10 필자가 폭발 후에 시험장에 갔을 때, 한 로켓 정비사가 득달같이 달려와 따졌다. "세상에 선생님! 저희한테 이번에 대체 뭘 보내신 겁니까?" 필자가 할 수 있었던 유일한 반응은 담배에 불을 붙이며 한마디 하는 것이었다. "자, 정말로 조니 Johnny! 마티니 한잔하러 오게!" 하지만 필자를 짜증나게 만든 것은 피카티니에서 나온 장교 하나가 난장판을 둘러보고 나서 남긴 말이었다. NARTS가 '해체되고' 육군에 의해 인수되기 직전이었는데, 이 인간은 (비유적으로) 코를 쥐고 누가 들으라는 듯이 대놓고 말했다. "자 해군이 '해체'한다는 게 뭔지 알겠구먼." 필자는 그놈을 죽이고 싶었다.

슨 일이 벌어질까? LRPL은 그에 대한 해결책을 내놓았다. 당신은 일원추를 미사일 내 2개의 격실에 이원화해 보관한다. 하나는 $\lambda =$ 2.2나 2.4로 조제된 연료 농후fuel-rich 추진제로 가득하고, 다른 하나는 그것을 $\lambda=1.2$로 희석하는 데 필요한 산화제를 담고 있다. 발사 직전, 미사일 내부의 깡통 따개 장치가 두 액체를 분리하고 있는 격벽을 가르면, 당신은 그것들에 잠시 섞일 시간을 준 다음, 버튼을 누른다. 그 아이디어—이는 '퀵 믹스quick mix' 개념으로 불렸다—는 아주 잘되었다. 우리는 카베아 A나 B 같은 더블 엔디드 화합물을 추진제로 사용할 수 없었으므로—2.4로 조제했더니 어는점이 너무 높았다—맨 먼저 다이메틸다이아이소프로필 암모늄 나이트레이트인 '이조벨Isobel'을 써 보았다. 필자가 뉴어크에 있는 화학 회사에 전화를 걸어 동 염 백 파운드가량을 만들어 줄 수 있는지 알아보는데, 그쪽 연구 책임자는 그 화합물이 입체적으로 불가능하므로 하려야 할 수가 없다고 장담했다. 필자는 내가 지금 앞에 있는 책상에 염이 한 병 있는 것을 보면서 하는 이야기라고 항변했지만 그를 도통 설득할 수 없었다. 그러나 이조벨은 어는점 제한을 완전히 다 충족하지 못했다. 그래서 우리는 이조벨 E와 이조벨 F로 바꿨는데, 각각은 다이에틸다이프로필 및 에틸트라이프로필 염으로 어는점 제한을 충족했다. 이것들은 필자가 원했던 열안정성이 별로 없었기에 (보통 λ가 높을수록 안정성이 나빠진다) 필자는 마침내 다이에틸다이아이소프로필 암모늄 나이트레이트인 이조벨 Z를 내놓았는데, 엄청 더 좋았다. (뉴어크에 있는 그 인간이 이조벨이 불가능했다고 생각했다면, 이조벨 Z는 과연 어떻게 생각했을지 궁금하다! 해당 이온에는 사실 일말의 입체장해steric hindrance도 없지만 아슬아슬한 상황이다. 질소 주변 공간으로 탄소 원자를 단 하나도 더 밀어 넣을 수 없었을 것이다.) LRPL은 연료 농후 이조벨들을 2.4 정도에서 APUauxiliary power unit, 보조동력장치 작동 등등에 저에너지 일원 추진제로 시도해 보았고, 그것들이 그런 용도로 아주 잘된다는 것을 알게 되었다. 그 연구는 1962년쯤에는 아주 대박이 났다.

펜솔트의 데이브 가드너Dave Gardner는 1958년 5월에 연구를 착수했을 때 어떠한 폭굉 문제도 예상하지 못했다. 공군이 그에게 원했던 것은 APU 작동을 위한 저에너지 일원추였고, 200~300℃에서 견딜 수 있는 그런 열안정성을 가진 것이었으므로, 그는 당연히 그런 안정성을 가진 저에너지 화합물이 그를 크게 애먹이지 않을 것으로 생각했다. 그는 처음에는 다양한 산 산화제에 극도로 안정한—이러한 이유로 저에너지인—연료가 들어 있는 혼합물을 이용하여 그 일에 약 3년간 공을 들였다—선드스트랜드 머신 툴Sundstrand Machine Tool이 그의 모터 작업을 했다. 그의 연료들은 때로는 염이었다. 황산의, 혹은 플루오로설폰산의, 혹은 트라이플루오로메테인설폰산의 테트라메틸 암모늄 염, 아니면 황산의 피리딘 염이 그것이다. 때때로 그는 메테인 혹은 에테인 설폰산 자체를 연료로, 혹은 플루오린화된 $CF_3CH_2SO_3H$를 사용했다. 그의 산화제들은 과염소산 이수화물, 혹은 나이트로실파이로설페이트와 황산의 혼합물이었고, 가끔씩 질산이 조금 첨가되기도 했다. 성능—그가 바라는 것이 아니었던—은 당연히 좋지 않았지만, 그는 열에 놀랍도록 잘 견디는 추진제 몇 가지를 손에 넣었다.

얼마 후 —CF(NO₂)₂ 그룹의 놀라운 안정성에 감동하여 그는 일원 추진제 $CH_3CF(NO_2)_2$를 합성했는데, 여기에 '대프니Daphne'라는 이름을 붙였다. (그 이름이 무엇을 기리는—혹은 기념하는—것인지 필자는 결코 알아내지 못했다.) 성능이 딱히 깜짝 놀랄 만하지는 않았지만—그 C–F 결합이 엄청 강하다—그 물질은 거의 모든 것에 안정한 것 같았다. 하지만 아아, 대프니도 여자였고, 그를 배신할 수 있었다. 그리고 그녀는 배신했을 때 테스트 셀을 거의 다 작살냈다.

그의 일원 추진제 연구에 부수적으로, 데이브는 포타슘 나이트로포메이트, $KC(NO_2)_3$ 및 유사한 화합물을 플루오린화하여 상당히 흥미로운 고밀도 산화제 한 쌍을 만들어 냈다. 그것들은 그가 D–11이라고 부른 $F—C(NO_2)_3$와 D–112라고 부른

$$F—\overset{NO_2}{\underset{NO_2}{C}}——\overset{NO_2}{\underset{NO_2}{C}}——F$$

였다. 그는 그것들을 봄베열량계에서 일산화 탄소와 반응시켜 생성열을 측정했고, 결과를 발표했을 때 논문에 필자 이름을 공저자(필자는 아니었다)로 넣겠다고 고집했는데, 필자가 테트라나이트로메테인으로 그 반응을 먼저 해 보고, 그것을 고도 함산소 화합물의 열화학을 이해하는 좋은 방법으로 그에게 추천했기 때문이었다. 그 산화제들은 불행히도 ClF_5에 의해 때마침 쓸모없게 된 것 같았다.

추진제 이야기에서 가장 이상하며, 틀림없이 가장 아슬아슬한 시기 중 하나는 무관하지만 거의 동시에 일어난 사건들에 그 시작이 있었다. 첫 번째, 고등연구계획국ARPA이 1958년 6월 초에 '프린시피아 프로젝트Project Principia'를 개시했다. 계획은 개선된 고체 추

진제를 개발하는 사업에 어느 대형 화학 회사들을 참여시키는 것이었다. "그들의 참신한 발상에 혜택을 입는다."가 표어였다. 아메리칸 사이안아미드American Cyanamid, 다우 케미컬Dow Chemical, 에소 알 앤드 디Esso R&D, 미네소타 마이닝 앤드 매뉴팩처링Minnesota Mining and Manufacturing, 3M 및 임피리얼 케미컬 인더스트리스Imperial Chemical Industries가 이 분야에 진입하도록 초대된 회사들이었다.

관록이 있는 추진제 업자들—리액션모터스, 에어로제트, 로킷다인—은 당연한 일이지만 소란을 벌였다. 사실 그들은 동네방네 악을 썼다. "이 신인들이 온갖 고급 장비를 다 갖추었을 수는 있지만, 그리고 그들이 분자궤도함수 이론과 파이결합에 빠삭할 수는 있겠지만, 그렇다고 해서 그들이 팬티 습격panty raid으로 추진제를 알지는 못하며, 얻게 되는 것은 다수의 값비싸고 쓸모없는 화학적 호기심거리이다. 반면에 **우리는** 추진제와 같이 산 것이 벌써 몇 년이며, 그것들이 뭘 해야 하는지 알고, 우리 자신이 그렇게 나쁜 화학자도 아니다. 우리한테 똑같은 고급 장비만 줘 봐라, 그럼 그들이 할 수 있는 거면 뭐든 우리가 더 잘할 수 있다!" 그러나 그들의 항변은 무시되었고, '프린시피아'는 그대로 시작되었다. (종국에는 추진제 전문 업자들이 상당히 훌륭한 예언자로 밝혀졌다.)

두 번째 사건은 N_2F_4가 기체상 반응에서 올레핀 결합에 첨가반응

하여 $-\overset{\overset{\displaystyle H}{|}}{\underset{\underset{\displaystyle NF_2}{|}}{C}}-\overset{\overset{\displaystyle H}{|}}{\underset{\underset{\displaystyle NF_2}{|}}{C}}-$ 구조를 형성하며, 이것이 사실상 어떤 올레핀에

나 적용되는 일반적인 반응이었다고 롬 앤드 하스의 니더하우저W.

D. Niederhauser가 9월 말에 추진제 회의에서 한 발표였다. 그는 N_2F_4를 AsH_3와 반응시켜 HNF_2를 조제할 수 있다는 것도 발표했다.

그래서 프린시피아에 관여하는 모든 회사들은 무슨 일이 일어나는지 보려고 N_2F_4를 다양한 올레핀과 반응시키기 시작했다. (자주 일어난 무슨 일은 반응기가 폭발한 것이었다.) 롬 앤드 하스는 물론 이런 종류의 일을 이미 하고 있었고, 1959년 초에는 리액션모터스뿐만 아니라 스타우퍼의 잭 굴드도 그들이 연구하던 일원 추진제 시스템을 접고 'N-F' 화학이라는 새로운 분야에 합류했다. 그러자 캘러리 케미컬 컴퍼니도 재빨리 따라 했다. 그래서 머지않아 최소 9곳의 기관이 이런 종류의 연구에 참여하게 되었다.

사소한 결함 몇 가지가 과학 발달, 그리고 고체 추진제 프로그램의 진전을 방해했다. 첫 번째는 발견된 새로운 화합물 중에 고체가 사실상 하나도 없었다는 것이었다. 그것들은 거의 다 액체, 그것도 휘발성이 상당한 액체였다. ARPA는 운명과 불가피한 현실을 받아들였으며, 1960년 11월에 액체에 대한 연구를 포함하도록 계약서를 다시 썼다. 두 번째 결함은 불행하게도 종이 위에 표시를 하는 것으로는 해결될 수 없었다.

발견된 거의 모든 화합물이 방정맞을 정도로 민감하며, 극렬하게 폭발성인 것으로 밝혀졌다. 가령 맨 처음 발견된, 가장 단순한 NF 화합물의 경우를 보자. 열역학적으로,

이는 $H-\underset{NF_2}{\overset{\overset{\displaystyle H}{|}}{C}}-\underset{NF_2}{\overset{\overset{\displaystyle H}{|}}{C}}-H \rightarrow 4HF + 2C$로 반응하는 경향이 있다. 그리

점화!

고 아주 경미한 자극이라도 받으면, 딱 그렇게 한다. 또한 HF 4개 분자의 생성은 그에 따른 폭발을 정말 흥미롭게 하는 데 충분한 에너지를 낸다. 그것들은 충격에 민감했다. 그중 다수는 열에 민감했다. 그리고 몇몇은 스파크에 너무 민감해 쏟아부을 수 없었다. 쏟아부으려 했을 때 생성된 아주 작은 정전기는 흔히 폭굉을 촉발하기에 충분했다. 그것들의 감도를 낮추는 유일한 방법은 커다란 분자와 소수의 NF_2 그룹으로 화합물을 만드는 것이었다. 이는 그 에너지 함량에 좋지 않았다.

그것들의 (아마도 장래의, 그리고 종내의) 추진제 성능에 좋지 않았던 또 한 가지는 분해 시에 그것들이 상당한 양의 유리 탄소를 만들어 냈다는 점인데, 유리 탄소는 설명했듯이 성능에 좋지 않다. 당연히 해야 할 일은 탄소를 CO로 태우는 데 필요한 산소를 분자에 포함시키는 것이었다. 다우는 CO로 상쇄되는, 그런 화합물을 1960년 봄에 유레아의 직접 플루오린화로 합성했다. 구조는

$$F_2N\overset{\overset{\textstyle O}{\|}}{—C}—NH_2$$

였는데, 아주 소량 생산된 것이 차라리 다행이다. 스파크에 방정맞을 정도로 민감했기 때문이다. 잭 굴드는 1961년 F_2N —CH_2—OH에 대해 발표했고, 이는 1963년 초에 아머 연구소Armour Research Institute의 솔로몬J. Solomon에 의해 HNF_2와 폼알데하이드의 몰 대 몰 반응으로 합성되었다. 또다시—믿기 어려울 정도로 민감했다. 얼라이드 케미컬 컴퍼니는 1962년에, 그리고 페닌슐라 케미컬 컴퍼니Peninsular Chemical Co.는 약 4년 전에 그 이성질체인 CH_3—O—NF_2를 합성하려 했다. 그들이 성공했다면 꼴좋게 되

었을 것이다. 필자는 메톡시 아민, $CH_3—O—NH_2$가, 가장 나빠 봤자 그리고 가장 위력적이라 봤자 CO와 NH_3에 더해 약간의 수소로 분해될 수 있을 뿐인데, OM 드롭 웨이트 기구에 상당히 민감하다는 것을 필자 본인의 경험으로 알고 있다. 비슷한 화합물이, 그 분해가 HF 2개 분자를 생성하게 될 것인데, 무엇을 할 것 같은지는, 정말 도저히 상상되지 않는다.

에소는 NF 화합물의 나이트레이트 및 나이트라민 유도체를 몇 가지 합성했는데, 그중 1962년 초에 처음 서술된,

$$O_3N—CH_2—\underset{\underset{NF_2}{|}}{\overset{\overset{NF_2}{|}}{C}}—CH_2—NO_3$$

가 대표적이다. 동 시리즈의 일부 몇 가지는 액체가 아니라 고체였지만, 전부 다 믿기 어려울 정도로 민감했다. 그러나 이 화합물은 같은 탄소 원자에 2개의 NF_2 그룹이 있다는 점에서 흥미롭다. 이 구조는 롬 앤드 하스 사람들이 1960~1961년에 알아낸 반응으로 가능해졌다. HNF_2를 진한 황산에서 알데하이드나 케톤과 반응시키면, 반응은

$$2HNF_2 + R—\overset{\overset{O}{\|}}{C}—R \rightarrow R—\underset{\underset{NF_2}{|}}{\overset{\overset{NF_2}{|}}{C}}—R + H_2O$$

로 가고 같은 탄소에 2개의 NF_2 그룹이 남는다. 이 반응은 상당히 일반적이었고, 아주 다양한 '제미널geminal' 다이플루오로아미노 화합물이 합성되었다. 그것들은 '비시널vicinal' 혹은

$$—\underset{\underset{NF_2}{|}}{\overset{\overset{H}{|}}{C}}—\underset{\underset{NF_2}{|}}{\overset{\overset{H}{|}}{C}}—$$

타입 못지않게 민감했다.

점화!

일원 추진제에 산소를 공급하는 또 다른 방법은 NF 화합물을 산소 타입 산화제와 혼합하는 것이었다. 잭 굴드(스타우퍼)는 1961년에 '하이에나Hyena'라고 이름 붙인 배합물을 내놓았는데, 이는 질산에 녹인 NF(보통 $F_2NC_2H_4NF_2$)로 구성되었다. 캘러리의 체렌코J. P. Cherenko도 비슷한 혼합물(이번에는 '사이클롭스Cyclops'로 불렸다)을 만들어 냈지만, 그는 가끔 산 대신 N_2O_4나 테트라나이트로메테인을 사용했고, 가끔 펜테인을 첨가해 추진제를 안정시켰다(그러기를 바랐다). 하이에나와 사이클롭스는 둘 다 완전 대실패였다.

NF 일원 추진제를 성공시키려고, 혹은 그것이 될 일이 아니었다는 것을 확실하게 입증하려고 작정한 사람은 헌츠빌에 있는 육군미사일사령부Army Missile Command의 월트 휘턴Walt Wharton이었는데, 1961년 중반부터 1964년 말까지 그와 조 코너턴Joe Connaughton은 그 목적을 용맹하고 고집스럽게 추구했다. 그의 선택을 받은 화합물

$$CH_3-\underset{\displaystyle CH_2}{\overset{\displaystyle CH_2}{C}}-CH_3 + N_2F_4 \rightarrow CH_3-\underset{\displaystyle NF_2}{\overset{\displaystyle CH_2NF_2}{C}}-CH_3$$

은 롬 앤드 하스가 반응으로 만든, N_2F_4의 아이소뷰틸렌 부가체IsoButylene Adduct인 IBA였다. 동 화합물이 N_2O_4와 섞이면(후자 1.5분자에 IBA 1분자), 그 혼합물은 좋은 밀도와 상당히 매력적인 (이론) 성능—293초—을 가진 일원 추진제이다. NF_2 그룹이 더 많이 든 다른 화합물은 더 나왔을 것이지만, 목적은 어느 NF이든 조금이라도 작동하게 하는 것이었다.

IBA는, 스트레이트로, OM 드롭 웨이트 기구에 극도로 민감했는데, 휘턴은 N_2O_4를 아주 소량—1% 미만—첨가하면 이 감도를 사

실상 아무것도 아닌 것으로 낮출 수 있다는 것을 알게 되어 처음에는 엄청나게 고무되었다. 하지만 그다음에 그는 액체 스트랜드 버너에서 연소율 연구를 시작했다. 그는 점화 문제를 겪었고—열선은 별로 믿을 만하지 않았다—그 물질의 연소율이 봄베 압력에 대단히 민감하다는 것을 알게 되었다. (미량의 염화 철(III)은 연소율을 감소시키고, 미량의 사염화 탄소는 연소율을 증가시키곤 했다.) 그는 게다가 그 물질이 봄베 혹은 모터에서 폭굉하는 통탄스러운 경향이 있다는 것, 글라스 튜브 폭굉 트랩이 별로 도움이 되지 않는다는 것을 알게 되었으며, 폭굉 전파를 위한 임계 직경이 0.25mm 미만—0.01인치 미만—이라는 것을 알고는 다소 신중해졌다.

그의 초기 연구 대부분은 'T' 모터로 수행되었는데, 이는 사실상 분무기 그리고 무노즐nozzleless 연소실에 지나지 않았지만, 점화 과정을 고속 카메라로 관찰할 수 있도록 관측 포트를 갖추고 있었다. 그들은 점화를 위해 ClF$_3$ 한 모금을 써 보았지만, 점화 대신에 폭굉을 얻었다. 그들은 결국 안티모니 펜타클로라이드—하고많은 것 중에—한 모금으로 정했는데, 이는 매끄럽고 믿을 만한 시동을 제공했다. 이때쯤 그들은 노즐이 없고 연소실 압력이 약 2기압으로 낮은 '소모성' 모터로 작업하고 있었으며, N$_2$O$_4$와 IBA를 원격으로 테스트 스탠드상에서 혼합하고 있었다. 그들이 원격으로 작업한 것은 다행이었는데, 혼합물 150cc가 런 도중에 폭굉하여 셋업을 대파했기 때문이다.

1962~1963년 겨울에 그들은 카드-갭 작업을 위해 (거의 안전하게 운반할 수 있도록 아세톤에 녹인) IBA 샘플을 LRPL에까지 보

냈다. 우리는 아세톤을 서서히 증류해 날려 보내고 테스트를 했다. (IBA와 N_2O_4를 혼합하는 것은 위태로운 일이었다.) 스트레이트 IBA는 카드-갭에 약 10장으로 특별히 민감하지 않았으며, N_2O_4 1%가 들어 있는 물질도 거의 비슷했다. 그러나 최대 성능을 내도록 조제했을 때—N_2O_4 1.5몰당 IBA 1몰—감도는 96장 이상이었다. 우리는 얼마나 더 되는지 결코 알아내지 못했다. 대상에 대한 우리의 관심이 증발해 버렸다.[11]

이러한 수치는 IBA-N_2O_4 혼합물에 대한 더 이상의 연구를 권장하지 않았다. 해당 조합을 이원 추진제로 사용할지 모른다는 소문도 있었지만, 그렇게 되면 사실 의미가 없었다. 휘턴과 코너턴은 스트레이트 IBA를 일원 추진제로 추력 250파운드급으로 연소했지만, 배기가스에 유리탄소가 너무 많아서 가뜩이나 낮은 비추력의 80%

---

11 두 사람이 카드-갭 기구를 조작할 수 있고, 세 명의 조작원이 최적이다. 그러나 LRPL에서 이 특정한 일을 했을 때(피카티니에서의 페더베딩feather-beadding은 터무니없었다) 현장에 사람이 약 일곱 명이었다—엔지니어 두세 명에, (특별한 이유도 없이) 내산 보호의를 착용한 로켓 정비사 여러 명. 그래서 그다음에 일어난 사건들에 대한 많은 관중이 있었다. 우리의 카드-갭 셋업을 수용한 옛날 구축함 포탑이 파편을 받느라 좀 해지고 너덜너덜해졌다. (구축함이 두른 철판은 보통 물과 작은 물고기가 들어오지 못하게 할 만큼 두껍다.) 그래서 우리는 원래의 철판에 약 1½인치쯤 이격하여 내부 장갑판 층을 설치했다. 그리고 셋업을 몇 달간 사용하지 않은 동안 대규모 박쥐—그래, 박쥐, 작은 드라큘라 타입—군락이 겨울을 나기 위해 틈새로 이주해 들어왔다. 그리고 첫 번째 샷이 폭발했을 때, 그 놈들은 소나sonar 장치가 망가져서 머리를 뒤흔들고 귀를 두드려대며 밖으로 우르르 쏟아져 나왔다. 그놈들은 로켓 정비사 한 사람을 골라잡아—공교롭게도 놀랍도록 아둔한 인간이기는 했다—전부 다 그의 잘못으로 몰았다. 그리고 관대한 독자여, 당신이 원숭이 옷으로 완전무장한 겁먹은 로켓 정비사가 성난 박쥐 9천 마리에 새카맣게 에워싸여 삽자루로 그놈들을 물리치려 애쓰는 것을 본 적 없다면, 당신의 경험에 무언가 빠진 것이 있다.

이상도 결코 얻지 못했다. 그들은 NF 일원 추진제가 이론적인 논의와 구별되는 구체적인 행동을 위한 문제가 아니었다는 결론에 마지못해 내몰렸고, 1964년 말에 모든 아이디어를 포기했다.

휘턴이 그의 IBA 연구를 시작한 바로 그 순간, 로켓 화학 역사상 가장 기이한 사건 중 하나가 발생했다. 듀폰Du Pont의 호킨스A. W. Hawkins와 서머스R. W. Summers는 계획이 있었는데, 컴퓨터를 구해다 놓고 그 안에 비추력 계산 프로그램은 물론 알려진 모든 결합 에너지를 집어넣는 것이었다. 그러면 기계는 300초를 훨씬 웃도는 비추력을 가진 일원 추진제 구조를 내놓을 때까지 구조식을 이리저리 짜 맞춘 다음, 이를 출력하고 노벨상을 기다리며 양손을 콘솔 위에 모으고 가만히 앉아 있을 것이다.

공군은 항상 구매 저항보다 돈이 더 많아서, 일 년짜리 프로그램을 (아마 대략 10만이나 15만 달러 정도에) 구매했고, 1961년 6월에 호킨스와 서머스는 '시작' 버튼을 눌렀으며 기계는 IBM 카드를 섞기 시작했다. 그리고 재난 지역의 도로 지도처럼 보이는—그림으로 묘사된 화합물이 설령 합성될 수 있었다 하더라도 그것들은 영락없이 즉시 격렬하게 폭굉했을 것이기 때문에—구조를 출력했다. 과학의 대의에 대한 그 기계의 훌륭한 모범이 되는 공헌은

$$\text{H—C}\equiv\text{C—N} \underset{\overset{|}{\underset{\overset{|}{\text{F}}}{\text{O}}}}{\quad}\text{N} \underset{\overset{|}{\underset{\overset{|}{\text{F}}}{\text{O}}}}{\quad}\text{H}$$

구조였는데, 기계는 그 비추력이, 정확히 10분의 1초까지, 전에 없는 363.7초라고 자신했다. 공군은 경악하여, 경험 많은 추진제 인사 아무하고(예를 들어, 필자) 30분간 대

점화!

화 중에 총비용 5달러가량으로 똑같은 구조를 얻을 수 있었을 것임을 뒤늦게 깨닫고는 프로그램을 일 년 뒤에 중단했다. (술값. 필자 같으면 최소한 마티니 다섯 잔이 들어가지 않고는 저 구조를 그리기도 겁났을 것이다.)

NF 프로그램은 결국 비생산적이긴 했지만, 몇몇 흥미로운 산화제 연구로 이어졌다. 탄소 원자에 NF_2 그룹을 충분히 달 수 있다면, 결과는 일원 추진제보다는 플루오린 타입 산화제일 것임이 게임 아주 초반부터 분명했다. 사이안아미드는 1959년 말 $F_2N—C=NF$

$$\underset{F}{|}$$

를 합성하면서 이 방면으로 첫발을 떼었다. 그다음에는 3M이 1960년 봄에 아멜린의 직접 플루오린화로 '컴파운드 M', $F_2C(NF_2)_2$를 합성했고, 얼마 있다가 같은 경로로 '컴파운드 R', $FC(NF_2)_3$를 내놓았다. 다우와 3M 둘 다 1960년에 구아니딘에 질소로 희석한 플루오린의 반응으로 퍼플루오로구아니딘, 혹은 'PFG' $FN=C(NF_2)_2$를 합성했다. 그리고 마침내 1963년에 '컴파운드 Δ'(델타)나 'T' 혹은 '테트리키스'—테트라키스 (다이플루오로아미노)메테인에서 따온—$C(NF_2)_4$가 사이안아미드에서 프랭크Frank, 퍼스Firth, 마이어스Meyers에 의해, 그리고 3M에서 졸링어Zollinger에 의해 합성되었다. 전자는 PFG의 NH_3 부가체를 플루오린화했고, 후자는 HOCN 부가체를 이용했다.

이 모든 화합물은 만들기가 어려웠고—R이 유일하게 파운드 로트에서 합성을 달성했다—엄청나게 비쌌다. 적합한 연료를 이용하여 계산된 그 성능은 충분히 인상적이었지만, 감도는 더욱 그러했다. 그중에 감당할 수 있는 물건은 아무것도 없었다. 그것들을 덜 신경질적인 산화제와 혼합해 안정시키려는 시도들이 이루어졌지만, 결과는 마음에 들지 않았다. 휘턴은 한동안 R과 N_2O_4의 혼합물로 작업했고, 에어로제트는 R, N_2F_4와 ClO_3F, 또는 Δ, N_2F_4와 ClO_3F로 구성된 몇몇 혼합물('목시Moxy'로 불렸다)을 시도했다. 그러나 그것은 가망이 없었다. NF 산화제가 안전할 정도로 충분히 희석되었을 때, 그 성능상의 이점은 모두 바람과 함께 사라졌다.

일각에서는 탄소에 붙은 OF 구조가 NF_2 구조보다 더 안정할 것이라는 생각이 있었다. 그리고 1963년에 3M의 솔로몬W. C. Solomon이 전이 금속의 존재하에 플루오린을 퍼플루오로케로신에 현탁한 옥살레이트와 반응시켜 $F_2C(OF_2)_2$를 얻음으로써, 그러한 구조를 먼저 해 보였다. 3년 뒤 워싱턴 대학교의 조지 캐디George Cady 교수 그룹은 플루오린화 세슘의 존재하에 플루오린과 이산화 탄소를 상온에서 반응시킴으로써, 같은 화합물을 깔끔하고 우아하게 합성했다. 그러나 그 합성을 위한 조건의 바로 그 마일드함은 그것이 산화제로서 많은 쓸모가 있기에는 너무 안정하다는 것을 보여 주었다. 그리고 마지막으로 할로젠 장에서 언급했듯이, 얼라이드 케미컬의 그룹은 ONF_3를 예를 들어 테트라플루오로에틸렌과 같은 퍼플루오로 올레핀과 반응시켜 CF_3—CF_2—ONF_2 혹은 그 사촌 중 하나를 얻었다. 그러나 무겁고 놀랍도록 안정한 플루오로카본 잔류물에 붙은 ONF_2 그룹은 로켓 업계에 별로 도움이 되지 않는다.

그래서 결국 NF 프로그램은, 선보인 화학 일부가 눈부시긴 했지만, 실용적인 액체 추진제라고 할 만한 것에 이르지 못했다. 이 화학에 대한 기록은 현재 수집 중이며, 최종적인 텍스트로 안전하게 방부 처리된다. 그래서 아무도 그것을 두 번 다시 하는 위험을 감수할 필요가 없다.

프린시피아의 원래 목적에 관해서라면, NF₂ 그룹이 들어 있는 고체 추진제 그레인grain은 만들어져─연소되었다. 그러나 그것들은 아직 갈 길이 멀고, 1980년쯤도 되기 전에 운용되면 필자 자신도 놀랄 것이다.

그리고 고에너지 일원 추진제의 미래에 관해서라면, 이미 다 지난 일인 것 같다. 우리는 모두 마침내 그리고 애석하게도 양립할 수 없다고 결론 내린 특성들─고에너지와 안정성─을 조화시키려고 오랫동안 노력했다. 우리의 모든 노력에도 불구하고 운용 가능한 상태에 도달한 고에너지 일원추는 하나도 없었다. 카베아 B는 거의 성공했지만, '거의'는 성공이 아니다. 하지만 시도는 끝내주게 좋았다!

12장

고밀도 그리고
고도의 어리석음

    고체 연료와 액체 산화제를 사용하는 하이브리드 로켓에 대한 아이디어는 아주 오래된 것이다. 사실 오베르트Oberth는 오래전인 1929년에 UFA를 위해 하이브리드 로켓을 만들려고 했고, BMW는 1944~1945년 내내 그런 장치를 시험했다. 배치된 형태는 어느 정도 다를 수 있지만, 통상적인 배치는 중심선을 따라 길이 방향으로 난 통로를 제외하고는 속이 꽉 찬 연료 원기둥이 원통형 연소실 내에 단단히 고정된 것이다. 산화제가 상류 끝에서 분무되어, 통로를 따라 내려가는 동안 연료와 반응하고, 연소 생성물은 결국 연료 그레인grain 바로 하류의 노즐을 통해 빠져나온다. (무게가 2백 파운드나 될지라도, 여전히 '그레인'이다.)

    표면상으로는 아이디어가 매력적으로 보인다. 고체 연료가 액체 연료에 비해 밀도가 높은 것이 한 가지 이유이고, 다른 하나는 해당 로켓이 순수 액체 장치와 똑같이 추력 조절이 가능하면서도 다루어야 하는 액체가 하나뿐이라는 점이다. 당신이 원하기 전까지는 연료와 산화제가 만나려야 만날 방법이 없기 때문에, 안전 관점에서도 이상적인 것 같다.

전쟁이 끝나고 머지않아, 그러니까, 몇몇 기관이 하이브리드 로켓 설계―및 연소―에 자신 있게 착수했다가 완전히 실패하고 말았다. GE의 경험(1952년, 헤르메스 프로젝트Project Hermes에 관한)이 대표적이었다. 그들의 의도는 산화제로서 과산화 수소와 함께 폴리에틸렌 연료 그레인을 사용하는 것이었다. 그리고 그들이 로켓을 연소했을 때, 결과는 우울한 것 이상이었다―한마디로 처참했다. 연소는 극도로 좋지 않았고, 측정된 C*는 엔지니어를 눈물 나게 했다. 그리고 그들이 모터의 추력을 조절하려고 하면, 산화제-연료 비율이 미친 듯이 달라졌고, 성능상 최적과는 아주 동떨어졌다. (이는 전혀 놀랍지 않은데, 산화제 소모는 분무되는 속도에 따라 달라지는 반면, 연료 소모는 노출된 연료 그레인의 면적에 따라 달라지기 때문이다.) 또한 연료 그레인의 정확한 형태와 분무기를 어설프게 손보는 것은 별 도움이 되지 않았다.

엔지니어들은 자신들이 범하기 쉬운 죄―연구를 하기 전에 엔지니어링부터 시작하는―를 짓고 있었다. 고체 연료가 **어떻게** 타는지 **아무도** 몰랐다는 것이 여지없이 분명해졌기 때문이다. 고체 연료가 증발했는지, 그리고 나서 기체상에서 탔는지? 아니면 고상반응 solid-state reaction이 관여했는지? 아니면 무엇인지? 의문투성이였지만 해답은 거의 없었고, 하이브리드 연구는 몇 년간 시들해졌다.

오로지 해군만이 NOTS에서 답의 일부라도 알아내고자 노력하며 그 연구를 계속했다.

부흥은 1959년 록히드Lockheed가 육군 계약으로 하이브리드 연구에 착수하면서 시작되었다. 1961년에는 ARPA(고등연구계획국)가 하이브리드에 대규모로 뛰어들었고, 1963년쯤에는 적어도 7개의 하이브리드 프로그램이 진행되고 있었다.

새로운 계약자가 한몫 낄 때마다 필자는 그들의 행태에 몹시 즐거워했다. 패턴은 변함없었다. 맨 먼저 그들은 컴퓨터를 마련하곤 했다. 그다음에 그들은 상상할 수 있는 모든 고체 연료를 이용해 상상할 수 있는 모든 액체 산화제의 성능을 계산하곤 했다. 그런 다음 그들은 이 모든 계산 결과를 담은 거대한 보고서를 발행하곤 했다. 그리고 이 업계에 얼마라도 있어 본 사람들에게는 전혀 놀랄 일이 아니지만(우리는 모두 몇 년 전에 이러한 계산을 직접 했다), 모두가 똑같은 숫자를 내놓았고 사실상 똑같은 조합을 추천했다. 이렇게 하여 록히드, 유나이티드 테크놀로지스 코퍼레이션United Technologies Corp., 에어로제트 이렇게 세 곳의 다른 계약자가 추천한 연료 그레인은 다음과 같이 구성되었다.

1. 리튬 하이드라이드 플러스 탄화수소(고무) 바인더
2. 리튬 하이드라이드 플러스 리튬 금속 플러스 바인더
3. 리튬 하이드라이드 플러스 분말 알루미늄 플러스 바인더

그리고 추천된 산화제는 다음과 같이 구성되었다(반드시 같은 순서

312   점화!

는 아니다).

1. 클로린 트라이플루오라이드 플러스 퍼클로릴 플루오라이드
2. 위의 두 가지 플러스 브로민 펜타플루오라이드
3. 아니면, 플러스 N_2F_4
4. 아니면, 마지막으로, 좀 너무 나갔지만, 스트레이트 OF_2

이 모든 것이 우리 중 일부로 하여금 납세자가 과연 그 비싼 컴퓨터 시간으로 본전을 뽑았는지 여부를 궁금하게 했다.

롬 앤드 하스는 산화제가 완전히 차단되었을 때도 여전히 연소하며 추력을 내는, 전혀 다른 유형의 하이브리드를 연구했다. 그레인은 알루미늄 분말, 암모늄 퍼클로레이트, 플라스티졸 바인더로 구성되었다. (플라스티졸은 주조형castable 속경화quick-curing 더블베이스double-base 혼합물인데, 주로 나이트로셀룰로스와 나이트로글리세린으로 구성되며, 그 자체로 고체 추진제였다.) 그 연소 생성물은 수소와 일산화 탄소를 많은 부분 포함했으며, 액체 산화제인 N_2O_4는 이것과 반응하여 에너지 발생량과 추력을 증가시키기 위한 것이었다. NOTS는 비슷한 시스템인 RFNA 산화제와 연료 농후 복합composite 그레인(암모늄 퍼클로레이트와 탄화수소 혹은 유사한 바인더)으로 일련의 오랜 연소 연구를 수행했다. 하이브리드 시스템은 고체와 액체 시스템을 절충해 놓은 것이므로, 이러한 조합 및 유사한 조합은 하이브리드와 고체의 특징을 겸비하는 것으로 여겨질 수 있다.

리액션모터스의 스티브 턴켈Steve Tunkel은 1962~1963년에 훨씬 더 난해한 시스템—산화제가 그레인에 있는 역하이브리드reverse hybrid인데, 그레인은 플루오로카본(테플론 타입) 바인더에 나이트로늄 퍼클로레이트, NO_2ClO_4 또는 하이드라진 다이퍼클로레이트, $N_2H_6(ClO_4)_2$로 구성되었다—을 연구했다. 액체 연료는 하이드라진이었고, 분말 알루미늄이나 붕소가 연료에 현탁되거나 그레인에 포함될 수 있었다. 아이디어는 탄소가 CO로 산화되는 동안 플루오로카본에 있는 플루오린이 반응하여 알루미늄 또는 보론 트라이플루오라이드를 생성하게 하는 것이었다. (다른 연소 생성물은 정확한 그레인 조성, 연료 유량, 기타 등등에 따라 달라질 것이다.) 아이디어는 흥미로웠지만, 그들의 희망은 결코 실현되지 못했다. 나이트로늄 퍼클로레이트가 본질적으로 불안정하다고 밝혀진 것이 한 가지 이유였으며, 턴켈은 결코 효율적인 플루오로카본–금속 연소를 달성할 수 없었다. 그 시스템은 그냥 하도 귀하신 몸이라 안 되었다.

훨씬 더 중요한 것은 결국에는 UTC의 몇몇 연구였는데, UTC는 해군과 하이브리드 연소의 기본 메커니즘을 조사하는 계약을 맺었다. (이는 물론 적어도 10년 전에, 그리고 하이브리드 연구에 수많은 돈을 쏟아붓기 전에 완료되었어야 했다. 그러나 기초연구 명목보다 엔지니어링 명목으로 자금을 마련하는 것이 항상 더 쉽다. 왜 그런지 필자에게 묻지 말라.)

이 연구의 대부분은 평판 형태의 연료와 그 표면 전체에 걸쳐 흐르는 산화제로 구성된 하이브리드 모터의 단순화된 모델로 수행되었는데, 전체가 투명한 연소실에 들어 있어서 연구원들은 무슨 일이 일어나는지 살펴보고 이를 사진 촬영할 수 있었다. 연료는 보통 폴리에틸렌이나 메틸 메타크릴레이트(플렉시글라스Plexiglas)였고, 산화제는 산소나 OF_2였다. 그들은 산화제가 기체상에서만 연료와 반응하며, 반응 속도가 확산에 의해 조절되는 데 반해, 연료의 퇴행 regression (소모) 속도는 뜨거운 반응 가스로부터의 열전달에 크게 좌우된다는 것을 알게 되었다. (연료 그레인에 자체적으로 산화제가 들어 있을 때, 이는 물론 엄밀히 말하면 사실이 아니었다.) 그들은 적절한 분무기 설계가 그레인 표면 전체에 걸쳐 퇴행 속도를 일정하게 유지할 수 있다는 것을, 그러나 연료 증기와 산화제의 혼합이 너무 느려서 꽤 괜찮은 연소효율을 얻으려면 그레인의 하류에 추가적인 혼합 공간이 보통은 필요하다는 것을 알게 되었다. 이 추가 공간은 하이브리드 시스템의 장점이라고 하는 밀도를 감소시키는 데 많은 역할을 했다. 그러나 그들은 꽤 괜찮은 효율로 작동하는 하이브리드 모터를 제작하는 방법을 알게 되었다.

이렇게 하여 리튬 하이드라이드 그레인과 클로린 트라이플루오라이드 산화제를 이용한 그 모든 연구는 결코 이렇다 할 만한 무언가로 이어지지 못했지만, UTC에서 이루어진 기초 연구는 결국 운용 및 비행할 수 있는 유일한 하이브리드 모터—표적기target drone의 UTC 동력 장치—로 이어졌다. 산화제는 N_2O_4이고, 연료는 매우 연료 농후fuel-rich한 복합 추진제이다. 하이브리드 모터를 만드는 것이나 작동하게 하는 것은 가능했다—하지만 하이브리드가 모든 것에 대한 해결책은 아니었으며, 추진 스펙트럼에서 그 위치는 매우 제한적이고, 앞으로도 매우 제한될 것이다.

'아르코젤Arcogels'은 고밀도 시스템에 대해 시도된 다른 접근법이었다. 이것들은 1956년 애틀랜틱 리서치 코퍼레이션Atlantic Research Corp., ARC이 고안했는데, ARC는 여기에 5년가량 공을 들였다. 그것들은 주로 분말 암모늄 퍼클로레이트, 알루미늄, 그리고 예를 들어 다이뷰틸 프탈레이트와 같은, 비교적 비휘발성 액체 연료 및 운반체로 이루어진 혼합물이었다. 그것들은 조도consistency가 거의 치약이었다. 그것들은 분명히 보통의 분무기를 통해 연소실 안으로 들어갈 수 없을 터라 특수 버너 팁을 통해 강제로 밀어 넣을 수밖에 없었는데, 특수 팁은 반죽 같은 띠를 넓게 확산시켜 최대 연소 면적을 노출한다. 그것들은 적어도 소규모로는 괜찮게 탔지만, 그것들의 높은 밀도는 비행 가능한 미사일에 탑재할 수 있는 분무 시스템을 설계하는 끔찍한 문제를 능가할 만한 장점이 아니었고, 결코 진전을 보지 못했다.

1950년대 후반에 추진제 밀도를 높이기 위해 온갖 노력을 기울였는데, 필자는 가장 이상한 것 중 하나에 책임(의도적으로 그런 것이 아니라, 책임지게 되리라고 예상하지 못했는데 심각하게 받아들여지는 바람에)이 있었다. BuWepsBureau of Naval Weapons(해군병기국)의 필 포메란츠Phil Pomerantz는 필자가 다이메틸수은, $Hg(CH_3)_2$를 연료로 사용해 보기를 원했다. 필자는 그것이 다소 유독하며 합성 및 취급하기가 좀 위험할 수도 있다는 말을 내비쳤지만, 그는 그것이 (a) 만들기 아주 쉽고, (b) 모유만큼 해가 없다고 장담했다. 필자는 의심스러웠지만, 무엇을 할 수 있는지 알아보겠다고 그에게 말했다.

점화!

필자가 그 물건에 대해 찾아보니 정말로 합성은 쉬웠지만, 해가 없는 것과는 거리가 멀뿐더러 극도로 유독했다. 필자는 이전에 수은중독으로 두어 번 고생했고 또 그러는 것을 운에 맡기고 싶지 않았으므로, 다른 누군가에게 화합물을 만들게 하는 것이 아주 훌륭한 아이디어일 것으로 생각했다. 그래서 필자는 로체스터에 전화해 이스트먼 코닥Eastman Kodak의 담당자에게 다이메틸수은 백 파운드를 만들어 NARTS로 보내 줄 수 있는지 물었다.

필자는 소스라쳐서 내뱉는 헉 소리를 들었는데, 그러더니 힘이 잔뜩 들어간 절제된 목소리가(말 아래로 이가 갈리는 것을 들을 수 있었다) 본인들이 그 많은 다이메틸수은을 합성할 만큼 어리석다면 그 과정에서 로체스터에 있는 사진 필름이란 필름을 죄다 흑화fog 하겠다고, 그래도 고맙지만, 이스트먼은 관심 **없다**고 알렸다. 전화통이 쾅 소리가 나게 끊어지자, 필자는 가만히 앉아 문제를 숙고했다. 고통스러운 재평가가 권고되는 것 같았다.

필은 밀도를 원했다. 그래, 다이메틸수은은 밀도가 높지, 좋다—d=3.07—그러나 RFNA를 이용해 연소될 것이고, 합당한 혼합비에서 전체 추진제 밀도는 약 2.1 내지 2.2일 것이다(산–UDMH 시스템의 밀도는 약 1.2이다). 그것은 그다지 인상적이지 않은 것 같아서, 필자는 **귀류법**을 적용하기로 마음먹었다. 상온에서 액체인 가장 밀도가 높은 알려진 물질—수은 그 자체—을 사용해 보면 어떤가? 가령, 산–UDMH를 태우는 모터의 연소실에 그것을 그냥 **뿜는**다. 그것은 일원자 기체(낮은 C_p를 갖는데, 성능에 도움이 될 것이다)로 증발할 것이고, 연소 생성물과 함께 노즐을 빠져나갈 것이다.

그 기법은 필이 원한 모든 밀도를 제공할 것이다! 그 아이디어의 유쾌한 똘끼에 매료되어 필자는 계산기로 손을 뻗었다.

필자는 계산에 일원 추진제 카베아 A를 사용했는데, 그 자체로 밀도가 괜찮을 뿐 아니라(1.5), 모터 작업까지 진도가 나갈 일이 없는 극히 있을 법하지 않은 사건에서 세 가지보다 두 가지 액체를 다루는 것이 더 간단할 것이기 때문이다. 필자는 다양한 비율의 수은—주 추진제 질량의 6배까지—으로 카베아 A의 성능을 계산했다. (수은을 NQD 계산법에 맞춰 넣기는 쉬웠다.) 예상했던 대로, 시스템에 수은이 추가되면서 비추력이 터무니없이 떨어졌지만, 밀도 추력 density impulse(비추력×추진제 밀도)은 극적으로 올라갔고, 수은/추진제 비율 약 4.8로 아무것도 섞지 않은 일원 추진제의 밀도 추력을 50% 상회해 정점에 달했다.

다음 일은 부스트 속도 방정식 $c_b = c \ln(1 + \varphi d)$를 세우고, 성능 계산 결과를 삽입하는 것이었다. 필자는 다양한 φ[1]값에 대해 이를 수행해, 추진제 대신 수은을 채운 (고정된) 탱크 용적 퍼센티지 대비 아무것도 섞지 않은 추진제에 의해 발생한 부스트 속도에 대한 부스트 속도의 퍼센티지 증가를 그래프로 그렸다. 결과는 극적이었다. $\varphi = 0.1$에 탱크 용적의 27.5%가 추진제 대신 수은으로 채워진 경우, 부피 밀도 bulk density는 4.9였으며 부스트 속도는 아무것도 섞지 않은 추진제의 부스트 속도보다 약 31% 높았고, $\varphi = 0.2$에서 수

---

1 φ는 기억하다시피 로딩 팩터 loading factor이다. 즉 추진제 탱크 용적을 미사일의 건조 질량(추진제를 완전히 소모)으로 나눈 값이다. 탱크 용적 1L당 건조 질량이 10kg이면, $\varphi = 1/10$, 또는 0.10이다.

은 21vol%로 20% 증가가 있었다. 반면, φ=1.0에서 얻을 수 있는 최선은 수은 5vol%로 부스트 속도가 2% 증가하는 것이었다. 분명, 예를 들면 공대공과 같이 φ가 낮은 미사일이 이 시스템이 속한—그나마 있다면—곳이었다.

필자는 그래프가 완비된 전체 내용을 격식에 맞춰 엄숙한 어조로 작성하고—천연덕스럽게—「초고밀도 추진제 구상Ultra High Density Propellant Concept」이라는 라벨을 달아 병기국으로 발송했다. 필자는 그것이 일주일 안에 반송될 것으로 보았다. "어디서 약을 팔어?"라는 편지가 첨부되어 말이다. 그런데 아니었다.

필은 그것을 곧이곧대로 믿었다.

그는 우리에게 당장 계산을 실험적으로 확인하라고 지시했으며, NARTS는 수은을 뿜어내는 모터를 뉴저지주 모리스카운티 한가운데서 연소해야 하는 덤터기를 쓰고 사색이 되었다.

모터를 연소하는 것은 아무런 문제가 되지 않을 것이었다. 문제는 대기 중의 모든 수은 증기가 카운티의 (아마도) 무고한 주민들 건강—우리 건강도 마찬가지였다—에 좋지 않으리라는 사실에 있었다. 그래서 배기가스의 수은이 대기로 빠져나가기 전에 그것을 응축하고 포집할 워터 스프레이, 필터 및 각종 장치들이 달린, 모터를 대고 연소할 긴 파이프 같은 물건인 스크러버scrubber를 지어야 했다. 해군이 NARTS를 폐쇄—"폐지"—하기로 결정하고 수은 셋업 전체를 NOTS로 보내라고 명령했을 때, 우리는 스크러버를 지어 놓고 시작할 준비가 다 되어가던 참이었다. 안도의 한숨을 내쉬며 우리는 명령에 따랐고, 젖은 아기를 그들에게 건네었다. 종 쳤기에 망정이지 아주 죽다 살았다!

　NOTS에서 딘 카우치Dean Couch와 나이버그D. G. Nyberg가 그 일을 이어받아 1960년 3월까지 실험을 완료했다. 그들은 추력 250파운드의 RFNA-UDMH 모터를 사용했고, 연소실 벽에 있는 탭을 통해 수은을 분무했다. 그리고 그 물건은 효과가 **있었다**. 그들은 모터 런에 수은을 31vol%까지 사용했으며, 20%에서 밀도 추력이 40% 증가했다는 것을 알게 되었다. (필자는 43으로 계산했다.) 그들은 사막 한가운데서 연소하고 있었기 때문에 스크러버에 신경을 쓰지 않았다. 그래도 그들은 단 한 마리의 방울뱀도 독살하지 않았다. 기술적으로, 시스템은 완벽한 성공이었다. 현실적으로는—그것은 전혀 다른 이야기였다.

　고밀도 시스템(혹은 사람들이 그렇게 생각한)을 얻는 보다 현실적인 방법은 경금속을 현탁해 넣은, 금속화한 연료를 사용하는 것이었다. 우리가 보았듯이, 이것은 적어도 1929년으로 거슬러 올라가는 오래된 아이디어였다. 독일의 BMW는 1944년쯤에 이를 시도했지만 뚜렷한 성공을 거두지 못했고, 리액션모터스의 데이브 호비츠는 1947~1951년에 분말 알루미늄 10~20%를 현탁한 가솔린을 액체 산소로 태우는 일련의 긴 시험을 실시했다. 역시나 그의 성공은 극적이지 않았다. 괜찮은 연소효율을 얻기가 어려웠으며, 금속의 상당 부분이 전혀 타지 않고 고스란히 노즐 밖으로 배출되었다. 현탁액의 점도가 온도에 따라 터무니없이 변했기 때문에 특히나 현탁액을 취급할 분무기를 설계하는 것이 쉽지 않았다. 그리고 혼합물이 한동안 가만히 있으면 알루미늄이 탱크 바닥에 가라앉는 경향이 강했다.

그래서 보잉이 1953년에 마그네슘을 현탁한 제트유를 쓰는 것과 이를 WFNA로 연소하는 것을 고려하긴 했지만(해당 프로젝트는 결코 진전을 보지 못했다), 그런 것들에 대한 관심은 수년 동안 시들해졌다. 1950년대 후반에 그것을 되살린 것은 안전 문제였다.

해군은 자신들이 사랑하는 항공모함의 탄약고에 주유한 액체 로켓을 보관하기를 언제나 꺼렸다. 그중 하나가 갑자기 누출되어, 탄약고 갑판에 부식성이 아주 강한 산화제나 인화성이 매우 큰 연료(아니면 훨씬 더 나쁘게는, 둘 다!)를 한바탕 쏟아 냈다면 무슨 일이 일어나겠는가? 요점은 물론, 항모의 선창이 환기가 어려울 뿐만 아니라, 선상에서 어디 도망갈 데가 없다는 것이다. 누군가—지금은 그가 누구였는지 기억하는 사람이 아무도 없다—추진제가 젤화gelled되었다면—그리 뻑뻑하지 않은 젤라틴 디저트의 조도를 고려할 때—누출이 극히 느릴 것이고, 상황을 관리할 수 있을 것이라는 아이디어를 내놓았다. 젤화된 추진제를 분무하는 문제에 관해서라면 젤을 요변성thixotropy으로 만들어 해결할 수 있었다. 그러자 모든 관계자들이 그 단어에 대한 설명을 요구했다.

요변성 젤 혹은 '틱소트로프thixotrope'는 이상한 놈이다. 그대로 두면 비교적 뻑뻑한 젤리로 굳고, 부드럽게 밀면 마치 점성이 매우 높기라도 한 듯이 버티며 아주 천천히 흐른다. 하지만 격렬하게 흔들거나 분무기를 통해 고압으로 밀어 넣는 것과 같이 큰 힘을 가하면, 긴장 풀고 즐기기로 작정한 듯 저항이 갑작스럽게 무너지고 점성이 급감하면서 문명화된 액체처럼 흐른다. 요변성 추진제는, 그러니

까, 누출 위험을 줄일 것이지만, 여전히 분무 가능하다.[2]

나중에 밝혀진 것처럼, 보통의 추진제 대부분을 틱소트로프로 바꾸는 것은 별로 어렵지 않았다. 실리카 미분체 5% 정도면 질산을 틱소트로프로 바꿀 수 있었고, 하이드라진류도 대개는 같은 방식으로, 혹은 어느 셀룰로스 유도체를 적은 비율로 첨가하여 젤로 만들 수 있었다. 그리고 탱크를 사전에 주유하는 것이 답답하고 짜증나는 일이긴 했지만, 결과물은 모터 연소가 **가능했다**. 연소효율은 아쉬운 점이 있었고, 실리카의 사하중dead weight은 당연히 성능을 저하시켰지만, 그럼에도 시스템을—거의—작동하게끔 만들 수 있었다. 진짜 문제는 할로젠 산화제를 젤화하려고 시도했을 때 나타났다. 실리카는 확실히 불가능했고, 카보하이드레이트 셀룰로스 타입 제제도 마찬가지였다. 에어로프로젝츠Aeroprojects에서 그들은 열분해 카본블랙carbon black으로 ClF_3와 BrF_5의 혼합물을 젤화하려 했고, 젤화한 혼합물이 마침 카드-갭 값으로 제로 카드를 나타내자 본인들이 문제를 해결했다고 생각했다. 그렇지만 필자는 그 모든 일이 의심스러워서 에어로프로젝츠의 빌 타플리Bill Tarpley와 데이나 매키니Dana McKinney에게 해당 시스템이 근본적으로 불안정하며, 당신들이 화를 자초하고 있다고 경고했다. 불행하게도 필자가 옳았다는 것이 거의 즉시 입증되었다. 프레드 개스킨스Fred Gaskins

---

2 젤리가 된, 혹은 요변성 연료는 행여 **엎질러져도** 아무것도 섞지 않은 액체보다 화재 위험이 훨씬 적다. 요변성 연료는 훨씬 느리게 증발하고 타오르며, 불이 사방으로 번지는 경향이 없다. 충돌 시 화재 위험을 줄이기 위해 상용 여객기의 제트유에 이 원리를 적용하는 것에 대해 최근에 상당한 연구가 이루어졌다.

가 1959년 말에 해당 물질 일부로 작업하고 있었는데 그것이 폭굉했다. 그는 한쪽 눈과 한쪽 손을 잃었고, 대부분 사람들을 죽일 수 있는 플루오린 화상을 입었다. 그는 어떻게든 살아남았지만, 그것이 할로젠 간 화합물interhalogens과 카본블랙을 섞으려는 시도의 끝이었다. 이후 시도에서는 젤화제로 이를테면 SbF_5와 같은 완전히 플루오린화된 물질을 사용했다. 불행히도 효과를 보기 위해서는 지나치게 많은 양의 제제가 필요했다.

수년 뒤 젤화는 또 다른 문제, 즉 우주선의 추진제 슬로싱sloshing 문제에 대한 해결책인 것처럼 보였다. 어떤 이유에서인지 부분적으로 차 있는 탱크의 추진제가 앞뒤로 출렁대기 시작하면, 로켓의 무게중심이 예측할 수 없는 방식으로 이동하여 방향 및 자세 제어를 상실할 수 있다. 젤화 추진제는 분명히 슬로싱의 영향을 받지 않으며, 1965년 리액션모터스의 비어델A. J. Beardell은, 당시 심우주용 다이보레인/OF_2 시스템을 연구하고 있었는데, OF_2 젤화 문제를 조사했다. 그는 LiF 미분체로 이를 수행할 수 있다는 것을 알게 되었는데, LiF는 물론 그 산화제와 반응하지 않을 것이다. 그러나 젤을 형성하는 데 몇 퍼센트의 LiF가 필요했기 때문에 성능이 눈에 띄게 저하되었다. 에어로제트의 글로버스R. H. Globus는 3년 뒤 이 문제에 대한 훨씬 더 멋들어진 해결책을 발견했다. 그는 그저 액체 OF_2를 통해 기체 ClF_3를 버블링했다. 클로린 트라이플루오라이드는 젤화제 역할을 하는 미세한 결정으로 즉시 동결되었다. 첨가제 5~6%로 아주 잘된 젤이 만들어졌고, 성능에 미치는 영향은 미미했다. 어떤 이유에서인지 ClF_5는 안 되었다.

젤화 추진제는 금속화 연료에 대한 관심을 되살렸다. 많은 사람들은 연료를 젤화함으로써 금속이 가라앉게 하지 않으면서도 알루미늄이나 붕소 아니면 아마 베릴륨도—마지막 것은 그만한 양을 손에 넣을 수나 있다면—50%가량 채워 넣는 것이 가능할지도 모른다고 생각했다. 또한 금속이 마이크로미터 정도의 입자 크기로 충분히 미세하게 나뉘어 판데르발스 힘Van der Waals force이 중요해지면 금속 자체가 혼합물을 젤화하는 경향이 있다는 것도 곧 발견되었다. 그래서 일대 노력이 경주되었고, 전국 각지의 사람들이 여러 가지 금속화 슬러리(이것들은 금속 외에는 젤화제가 없다), 젤, 심지어 에멀션의 유변학rheology적 특성을 조사하기 시작했다. (에멀션은 금속 외에도 2개의 액체상—마요네즈처럼—이 있다.) 대부분의 연구자들은 페란티-셜리Ferranti-Shirley 점도계를 사용했는데, 이는 그러한 물질의 점도를 전단율의 함수로 측정할 수 있다. (필자는 항상 '페라리Ferrari'로 이름을 헷갈리곤 했는데, 이름뿐만 아니라 가격도 비슷했기 때문에 말이 안 되는 것은 아니었다.)

이들 연구자들은 안정한 젤이나 슬러리를 만드는 것이 과학이 아니라, 오직 마법의 도움으로만 확실히 완수할 수 있는 흑마술이며, 유변학이 동일한 두 배치의 젤을 얻는 것이 기적이라는 것을 알게 되었다. 하지만 그들은 고집스럽게 밀고 나갔고 1960년대 초에는 몇 가지 혼합물이 시험 연소 준비가 되었다.

붕소, 알루미늄 및 베릴륨이 연구된 금속이었다. 리액션모터스는 클로린 트라이플루오라이드를 주 산화제로 하는 램로켓에 쓸 생각으로 탄화수소에 붕소가 들어 있는 슬러리를 내놓았다. 추진제 밀도를 극대화하는 것이 목적이었으며, BF_3가 기체이므로 연소 문제는 심각하지 않았다. 그러나 연구의 대부분은 알루미늄화 연료를 향했고, 로켓다인에서는 이미 1962년에 알루미늄-하이드라진 혼합물을 N_2O_4로 연소했다. 그것은 거의 알루미늄 50%를 함유했고, 그들은 그것을 '알루미진Alumizine'이라고 불렀다. 그것은 개량형 타이탄 II를 위해 고안된 것이었는데, 그들이 그 이후로 계속 공을 들였지만 아직 운용 가능한 상태에 이르지 못했다. 리액션모터스는 2년 뒤 알루미늄화 하이드라진-탄화수소 에멀션을 N_2O_4로 연소했지만, 이 또한 요구되는 수준에 이르지 못했다. 그리고 해군병기시험장이 그들의 'Notsgel'(알루미늄이 들어간 젤화 하이드라진 혼합물)을 여러 차례 성공적으로 연소하기는 했지만, 아직 용도를 찾지 못했다.[3] 그 외에 다른 알루미늄화 연료도 있었지만, 운용 준비가 된 것은 아무것도 없다.

필자의 견해로는 그것들이 어느 때고 운용이 된다고 해도 그러기까지는 오랜 시간이 걸릴 것이다. 문제가 끔찍하기 때문이다. 문제는 연료를 보관하려고 할 때 발생하는 것과 연소하려고 할 때 나타나는 것 두 종류로, 어느 것이 해법에 더 완고하게 저항한다고 말하기 어렵다.

사전 포장된 미사일에 보관 수명이 5년이라고 명시되는데, 금속

---

3 그들의 하이드라진 혼합물 중 하나는 모노메틸 하이드라진과 에틸렌 다이하이드라진EDH의 3대 1 혼합체였다. 이것은 어는점이 −61℃였는데, EDH의 점도는 젤의 안정성을 향상시킨다. 이는 EDH가 지금까지 찾은 몇 안 되는 추진제 응용 분야 중 하나이다.

화 젤에 5년간 많은 일이 일어날 수 있으며, 그 기간 동안 보관 온도가—미사일이 야외에 보관되었다면 그렇듯이—상당히 달라지거나 진동을 겪는—A 지점에서 B 지점으로 수송되면 틀림없이 그럴 것이다—경우 특히 그렇다. 금속은 늘 가라앉는 경향이 있고, 이 경향은 아주 큰 온도 변화에 의해 조장되는데, 이는 젤의 유변학을 급격하게 그리고 때로는 비가역적으로 변화시킨다. 그리고 물론 진동은 요변성 젤의 점성을, 물론 일시적이지만 아마 상당한 침강을 허용할 만큼 오랫동안, 낮추는 경향이 있다. 아니면 시네레시스synere-sis—일부 젤이 탐닉하는 독특한 악취미—가 시작될 수도 있다. 이런 일이 발생하면, 젤이 수축하여 액체를 자신의 구조 밖으로 짜내기 시작하며, 과정의 끝은 다량의 투명한 액체로 둘러싸인 비교적 소량의 밀도가 매우 높고 뻑뻑한 고체상일지 모른다. 이런 일 중 아무것도 일어나지 않을 수도 있지만—다른 한편으로는 일어날 수도 있고—금속화 젤이 배로곳에서 모하비 사막에 이르는 다양한 기후에서 5년 동안의 보관을 변질되지 않고 견뎌 낼 것이라고 보장될 수 있는 수준까지는 최첨단 기술이 발전하지 않았다.

고려되어 왔던 대부분의 젤과 슬러리는 하이드라진이나 하이드라진 혼합물에 기반을 두어 왔는데, 이 점은 또 다른—그리고 매우 독특한—문제의 원인이다. 미사일 탱크는 보통 매우 순수한 알루미늄으로 만들어진다. 그러나 언제나 약간의 불순물은 있고, 이러한 불순물 중 일부는 하이드라진의 분해를 촉진하는 철과 같은 전이 금속일 공산이 있다. 그러나 촉매 금속의 농도가 몇 ppm에 불과하다면, 문제가 되는 원자는 탱크 표면 자체에 거의 없을 것인데, 그곳에서 문제를 일으킬 수 있고, 분해 및 가스 발생은 무시해도 될 정도일 것이다. 그러나 하이드라진이 아주 미분화된 알루미늄으로 채워지면, 금속의 표면적 대 부피비는 하이드라진과 접촉하는 촉매 원자의 수가 그러할 것과 같이 여러 자릿수만큼 증가할 것이다. 이러한 상황 하에서는 분해가 엄청나게 증가하는데, 그것이 상당한 시간 동안 연료의 조성을 현저히 변화시키기에는 불충분하더라도, 그에 따른 가스 발생은 심각하고 당혹스러운 결과를 초래할 수 있다. 가스가 젤에서 빠져나가지 못하기 때문인데, 그러면 젤이 곧바로 꼭 치즈 수플레처럼 부풀어 오른다. 그리고 **그것을** 분무기를 통해 흘려 보라!

그러나 보관 문제에 어떻게든 대처했다고 가정해도 운용상의 문제가 남아 있다. 그중 첫 번째는 연료를 탱크 밖으로 밀어내는 것이다. 금속화 젤이 가압되면—즉 고압가스를 탱크에 들여보내 연료를 밀어내면—일종의 터널링 과정이 일어난다. 가스는 배출구 쪽으로 젤을 뚫고 내려가는 자기 길을 위해 그저 바람구멍을 내고는 연료 대부분을 손도 대지 않고 탱크 측면에 얌전히 놀려 둔다. 연료를 마땅히 그래야 하는 대로 피드 라인을 통해 모터로 흘러보내는 대신 말이다. 연료는 (배출 압력이 가해지는) 신축성 주머니에 있는 것과 같이 완전히 감싸져야 하며, 그렇지 않으면 연료의 많은 부분이 정말로 탱크를 떠나지 않는다. 연료가 탱크를 떠나면, 그것이 연료 라인과 분무기를 통해 모터로 유입되는 속도는 그 점도에 크게 좌우되며, 금속화 젤의 점도는 온도에 따라 미친 듯이 달라진다. 산화제의 점도가 거의 그만큼 달라지지 않으므로, 이것의 결과는 당신이 모터를 −40℃에서 연소하면 혼합비가 +25℃에서 연소하면 얻게 될 것과 상당히 다를 것이라는 점이다—그리고 그것은 분명히 당신이 원하는 결과가 아닐 것이다.

그런 다음, 연료가 모터에 들어가고 나면—그리고 필자는 젤을 제대로 확산시킬 분무기를 설계하는 문제는 검토하지 않겠다—알루미늄을 태우는 문제가 있다. 연소실 온도가 산화 알루미늄의 융점(약 2,050℃)을 훨씬 웃돌거나, 가급적이면 산화 알루미늄이 분해되는 상당히 더 높은 온도를 넘지 않는 한, 알루미늄 입자는 그저 고체 또는 액체 알루미나 층으로 자신을 코팅하고 완전히 타기를 거부한다. N_2O_4로 태울 때는 연소실 온도가 거의 알루미늄화 젤을 제대로 태울 만큼 높다. 질산을 이용한 연소는, 연소실 온도가 해당 금속이 완전히 타게 할 만큼 전적으로 높지 않으니, 십중팔구 별 볼 일 없을 것이다. (ClF_3와 같은 할로젠 산화제를 이용하면, AlF_3가 우리가 말하는 온도에서 기체이므로, 이 특정 문제가 발생하지 않는다.) 그리고 물론 알루미늄화 젤의 연소로 인해 발생한 고체 Al_2O_3의 자욱한 연기는 눈에 아주 잘 띄는 배기 항적을 남긴다.

언급해야 할 마지막 문제가 한 가지 있다—마지막인즉 모터를 정지하면 문제가 발생하기 때문이다. 뜨거운 모터에서 나온 열은 다시 분무기로 흡수되고, 분무공에 있는 젤은 철근콘크리트 비슷한 것처럼 굳는데, 모터를 다시 연소할 수 있기 전에 이를 먼저 뚫어야 한다. 그러니 재시동은 논할 여지가 없다.

베릴륨을 채워 넣은 젤 문제는 알루미늄화 젤 문제와 동일한데, 그보다 더할 뿐이고, 그것 나름의 문제도 한두 가지 있다. 배출된

BeO는 물론 맹렬한 유독성이며, 분마성 규폐증galloping silicosis 비슷한 것을 일으키지만, 가장 심각한 문제는 연소에 있다. 산화 베릴륨은 산화 알루미늄이 녹는 것보다 상당히 높은 온도에서 녹고, 온도가 거의 4,000℃에 육박할 때까지 기화하지 않는다. 그래서 베릴륨을 태우는 것이 알루미늄을 태우는 것보다 훨씬 더 어렵다. 에어로제트의 로젠버그는 1965년에 과산화 수소로 베릴륨-하이드라진 슬러리('베릴리진Beryllizine')를 태웠고 C* 효율 약 70%를 얻었는데, 이는 베릴륨이 **하나도** 타지 않았음을 시사했다. 로켓다인에서 그들은 그 조합으로 같은 경험을 했다. 로젠버그가 N_2O_4를 산화제로 사용했을 때 그의 C* 효율은 약 85%로, 해당 금속의 **일부가** 탔다는 것을 보여 주고 있었다. 그의 성능은 최적 혼합비여야 하는 것에서 특히 나빴다. 베릴륨 분말을 크로뮴으로 증착하는 것과 같은, 연소를 개선하기 위해 고안된 다양한 방편은 상황을 눈에 띄게 개선하지 못했다.

알루미늄 하이드라이드는 1960년대 초에 한바탕 관심을 불러일으킨 화합물이었다. 그것은 오래전부터 알려져 있었지만, 순수한 혹은 상대적으로 순수한 AlH_3로는 아니었는데, 에터로 항상 용매화되어 조제되었기 때문이며, 이는 하이드라이드를 분해하지 않고는 제거될 수 없었다. 그러나 다우 케미컬과 메탈 하이드라이즈Metal Hydrides, Inc.는 1959년 말 혹은 1960년 초에 이것을 에터 없이 얻는 방법을 고안했고, 올린 매시슨은 곧 합성 방법에 중요한 공헌을 했다. 그것의 의도된 용도는 고체 추진제에 들어가는 성분으로서였지만, 액체 쪽 사람들은 그것을 젤에 사용하려고 했다. 그것은 충분히 안정하지 않은 것이 아니라, 하이드라진과 반응해 그 과정에서 수소를 발생시키므로, 아이디어는 곧 폐기되었다.

베릴륨 하이드라이드, BeH_2는 더 지구력이 있었다. 그것은 1951년부터 알려져 있었지만, 역시나 불순한 상태로였다. 그러나 1962년에 에틸 코퍼레이션의 코츠G. E. Coates 및 글로킹I. Glocking은 그것을 상당히 순수한(약 90%) 상태로 조제해 냈다. 그것도 고체 추진제 용도로 만들어진 것이었다. 그것은 보안 조치로 'Beane'('beany'로 발음된다)라는 별명이 붙어 있었다. (얼마 후 이를 가열함으로써 안정성을 향상시킬 수 있다는 것을 알게 되었고, 그 결과물은 'Baked Beane'로 불렸다.) 그러나 코드명이든 아니든, 비밀은 곧 탄로 났다. 필자가 펜타곤에 있는 딕 홀츠먼Dick Holzmann의 사무실에 있는데, 그때 조수가 〈미사일과 로켓Missiles and Rockets〉 최신호를 가지고 들어왔다. 그리고 거기 BeH_2가 있었는데, 페이지에 온통 도배되어 있었다. 본인이 얼마나 박식한지 보여 주고 싶었던 하원의원이 보안을 허물고 기자에게 자기가 아는 전부를 이야기한 모양이었다. 필자도 왕년에 현란한 말깨나 들어―그리고 써도―보았지만, 홀츠먼의 발언은 구술 표현의 역사에서 하이라이트였다.

물론 액체 쪽 사람들은 BeH_2가 젤에 쓰일 수 있는지 확인해야 했다. 그것은 알루미늄 하이드라이드보다 훨씬 더 안정한 것 같았는데, 특히 결정질보다 무정형 상태에 있었을 때 그러했다. 로켓다인은 후자가 물과도 거의 반응하지 않았다고 보고했다. 텍사코Texaco, 에어로제트 및 로켓다인은 1963년에서 1967년 사이 BeH_2가 들어간 모노메틸 하이드라진 젤을 연구했다. 에어로제트는 혼합물이 안정했다고 주장했지만, 로켓다인의 젤은 스트레이트 하이드라진을 일부 함유했는데, 수플레 증상을 보였다. 하이드라진에서 BeH_2의 장기적인 안정성은 매우 의심스러운 것 같다. 틀림없이 그것은 열역학적으로 불안정하다.

활성수소가 없는 액체의 경우 이야기가 다르다. 리액션모터스의 그렐레츠키Grelecki는 1966년 도데케인에 BeH_2가 55% 들어 있는 슬러리를 만들었으며, 이를 과산화 수소로 태워 좋은 연소와 높은 C* 효율을 얻었다. 같은 해에 에틸 코퍼레이션에서는 펜타보레인으로 해당 물질의 분명히 안정한 슬러리를 만들었고, 로켓다인의 건덜로이Gunderloy는 그의 베릴륨 반액체semiliquid들로 베릴륨 하이드라이드의 혼합물들을 연구했다.

그러나 그것들이 안정하다고 하더라도—그리고 모든 카운티에서 소식이 들려온 것도 아니다—BeH_2 젤 및 슬러리가 장래의 추세는 아닌 것 같다. 전술 미사일에 관한 한 배기가스의 독성과 추진제의 높은 가격이 그것들을 배제하는 것 같고, 그것들에게 다른 것으로 더 잘할 수 없는 다른 어떤 역할이 있어 보이지가 않는다.

젤과 슬러리 및 일원 추진제 분야에서도 다소 전위적인 개념은 불균일 일원 추진제—액체 산화제에 슬러리화된 혹은 젤화된 고체 연료—개념이다. 미드웨스트 리서치 인스티튜트에서는 1958년에 그중 첫 번째 것을 내놓았는데, 그들은 분말화한 폴리에틸렌을 RFNA에 현탁했다. 불행히도 그 감도는 120장 이상이었고, 그나마도 열적으로 불안정해서 누군가 다치기 전에 황급히 버려졌다. 약 5년 후에 리액션모터스는 약 40%의 N_2O_4를 함유하는 특수 고밀도

RFNA에 보론 카바이드, B_4C를 현탁시킨 유사한 혼합물을 내놓았다. 이것은 카드-갭 테스트에는 둔감했지만 열적으로 불안정했고, 그래서 이 또한 폐기 처분되어야 했다. 1965년에 그들은 보론 카바이드를 CIF_5(!)와 섞어 보았는데, 두 화합물이 섞였을 때 처음에 약간의 반응이 있긴 했지만, 그것이 65℃에서 분명히 안정한 것을 알게 되었다. 그럼에도 불구하고 프레드 개스킨스Fred Gaskins에게 일어났던 일을 기억하는 듯, 그들은 실험을 더 이상 진행하지 않았다. 그리고 수년간, 시애틀에 있는 작은 업체인 로켓 리서치 코퍼레이션Rocket Research Corp.은 분말 알루미늄, 하이드라진, 하이드라진 나이트레이트, 물의 혼합물인 '모넥스Monex'를 부지런히 홍보하며, NOTS에서 거의 20년 전에 끝난 하이드라진과 하이드라진 나이트레이트에 관한 연구에 대해 무지한지 아니면 무시하는지, 로켓학에 대한 탁월하고 독창적인 기여를 주장하고 있다. 최근에 그들은 알루미늄 대신 베릴륨으로 실험하고 있다. 이러한 추진제들, 특히 베릴륨 기반 추진제들에 있어 연소 효율은, 연소실 온도가 비교적 낮기 때문에, 나쁠 수밖에 없다. 로켓다인은 1966년에 유사한 베릴륨 혼합물들로 몇몇 연구를 수행했지만, 주목할 만한 성공을 거두지 못했다. 불균일 일원 추진제는 추진제 개발의 주류에서 벗어난 일탈로밖에 생각할 수 없고, 한 번이라도 유용한 것으로 이어질 일은 전혀 있을 것 같지 않다. 그것이 입증하는 전부는 NASA 혹은 군 가운데 하나로 하여금 그 비용을 내도록 사기를 칠 수 있다면 아무리 타당해 보이지 않더라도 **무엇이든** 하려고 드는 로켓인들의 의욕이다.

이는 '트라이브리드Tribrid'(정말로 전형적인 어원학적 흉물이다!)에 관한 연구를 설명할 수 있을지도 모른다. 이것들은 3가지 추진제가 관여하는 추진제 시스템이며, 이름은 막연하게 '하이브리드'에서 유래한다. 간혹 '삼원 추진제tripropellant'라는 용어도 쓰인다. 1960년대 초에 수행된 성능 계산은 우주용의 경우 상상할 수 있는 다른 어떤 시스템의 비추력도 능가한—그것도 극적인 차이로 능가한—비추력을 가진 추진제 시스템이 2가지 있었다는 것을 보여 주었다. 그중 첫 번째는 Be-O-H 시스템이었는데, 여기서 베릴륨은 산소에 의해 BeO로 탔고, 수소는 작동 유체를 제공했다. 그것은 1963년쯤에 상당한 관심을 불러일으키기 시작했고, 애틀랜틱 리서치와 에어로제트는 이를 입증하기 위해 고안된 프로그램들을 시작했다.

애틀랜틱 리서치의 접근법은 하이브리드 시스템의 연장이었다. 분말 베릴륨은 소량의 탄화수소 바인더의 도움으로 고체 그레인으로 가공되었다. 이것은 하이브리드에서와 같이 산소로 태워졌고, 그런 다음 수소가 그레인의 하류 연소실로 공급되었다. (변형 배열에서는 수소의 일부가 산소와 함께 상류로, 나머지는 더 아래쪽으로 유입되었다.) 물론 배기가스 흐름에서 BeO를 제거하려면 스크러버가 필요했다—그리고 구경꾼들이 중독되는 것을 막기 위해 취한 예방 조치들의 전체적인 내용은 굉장했다. 어쨌든 모터가 연소될 수 있었고 연소되긴 했지만, 연소효율은 극도로 나빴으며, 해당 시스템은 실제로는 결코 이론상의 잠재력에 근접하지 못했다.

에어로제트의 베일리G. M. Beighley는 다른 접근법을 시도했는데,

이는 보통의 이원 추진제 배열과 닮았다. 그의 두 추진제는 액체 수소 그리고 액체 산소에 가루를 낸 베릴륨 금속이 들어 있는 슬러리였다. 그는 1966년까지 자신의 결과를 보고할 수 있었지만, 그것들은 고무적이지 않았다. 그는 결코 연소효율 70% 이상을 얻지 못했고, 분무기를 통한 $Be-O_2$ 슬러리의 '번백burnback'에 시달렸다. 그가 용하게도 자살행위를 면한 것이 정말 놀랍다.

아무튼 그는 연구를 계속하지 않았는데, 지난 수년간 $Be-H-O$ 시스템에 대해 거의 듣지 못했으니 아마 끝장났을 것이다. BeO의 독성과 베릴륨의 가격에 연소의 어려움이 더해지면, 그것을 계속하는 데 별 의미가 없다.

$Li-F-H$ 시스템은 훨씬 더 유망해 보이며, 로켓다인에 의해 상당히 빈틈없이 연구되었다. 여기서는 2가지 접근법이 가능하다. 리튬은 금속치고는 융점이 낮으므로—179℃—진정한 삼원 추진제 시스템에서 리튬, 플루오린, 수소를 모두 액체로 모터에 분무하는 것이 가능하다. 아니면, 모터가 이원 추진제 시스템으로 작동할 수 있도록 리튬을 수소에 슬러리화할 수도 있다. 로켓다인은 1963년에 $Li-H_2$ 젤을 연구하기 시작했고, 3년 뒤 테크니다인Technidyne(에어로프로젝츠가 개명되었다)의 빌 타플리Bill Tarpley와 데이나 매키니Dana McKinney는 리튬으로 그리고 리튬 보로하이드라이드로 액체 수소를 젤화하는 것을 발표했다. 61.1wt%(17.4vol%)의 리튬이나 58.8wt%(13.3vol%)의 리튬 보로하이드라이드로 만족스럽고 안정한 젤이 생성되었다. 수소의 증발 속도는 2배 내지 3배 감소했고, 연료를 젤화하는 것은 추진제 슬로싱 문제를 없앴다.

그러나 그들의 연구는 리터 규모에 불과했고, 그사이에 로켓다인은 다른 접근법을 밀고 나가 그 조합을 진정한 삼원 추진제 모터에서 연소했다. 그들은 액체 리튬과 액체 플루오린을 사용했지만, 액체 대신에 기체 수소를 사용했다. 필자는 그들이 액체 수소에 대응해 고통을 가중시킬 것 없이, 플루오린 및 리튬과 같은 아슬아슬한 액체 2가지를 동시에 취급하는 것으로 충분했다고 생각했을 것으로 짐작한다. 필자는 액체 플루오린과 관련된 문제 중 일부를 서술했고, 액체 리튬은 그 나름의 골칫거리가 한 무더기이다. 당신은 액체 리튬을 뜨겁게 유지해야 한다. 그렇지 않으면 그것이 추진제 라인에서 얼 것이다. 당신은 또한 액체 리튬이 대기와 접촉하지 못하게 해야 한다. 그렇지 않으면 그것에서 갑자기 눈부신, 그리고 사실상 끌 수 없는 화염이 치솟을 것이다. 이에 덧붙여 액체 리튬은 실상 대부분의 금속에 부식성이 매우 강한 데다 당신이 개스킷과 실링 재료로 사용하고 싶을지도 모를 무엇과도 상극이라서(액체 리튬은 심지어 테플론도 열심히 공격한다), 당신은 골머리를 앓는다.

그러나 로켓다인 팀(아비트H. A. Arbit, 디커슨R. A. Dickerson, 클래프 S. D. Clapp, 나가이C. K. Nagai)은 그것들을 어떻게든 극복하고 연소를 해냈다. 그들은 우주용으로 만들어진 고팽창 노즐(출구 단면적/목 단면적=60)로 연소실 압력 500psi에서 작업했다. 그들의 주된 문제는 보통 추진제의 표면장력보다 훨씬 높은, 액체 리튬의 높은 표면장력에 기인했는데, 이는 노즐을 빠져나가기 전에 완전히 탈 만큼 작은 리튬 액적droplet을 생성할 분무기를 설계하기 어렵게 했다. 일단 이 문제가 극복되자, 그들의 결과는 굉장했다. 리튬과 플루오린 하나만으로도(수소 없음) 그들의 최대 비추력은 458초였다. 그러나 그들이 리튬과 플루오린을 비율을 맞춰 LiF로 화학량론적으로 타게 하고, 수소를 질량 유량의 30%를 구성하게 분무했을 때, 그들은 542초를 측정했다—이는 아마도 핵 모터를 제외한 그 어떤 것으로도 내 보지 못한 가장 높은 측정 비추력일 것이다. 그리고 연소실 온도는 2,200K에 불과했다! 그런 성능은 분투할 만한 가치가 있다. 베릴륨을 태우는 모터는 아마도 승산이 없는 것이겠지만, 리튬-플루오린-수소 시스템은 전망이 밝다고 할 만하다.

점화!

13장

그래서
어떻게 되는가

화학 로켓의 성능에 대한 절대 한계는 우주에서도 대략 600초에 못 미치는 것 같다. 이는 답답한 상황이며, 이 벽을 깨는 여러 가지 극단적인 방법들이 제안되었다. 하나는 유리 라디칼이나 불안정한 종을 추진제로 사용하는 것이며, 그것들이 안정 상태로 복귀하는 에너지를 추진에 사용하는 것이다. 예를 들어, 수소 원자 2개가 결합해 H_2 분자 하나를 생성하면, 2그램-몰당 약 100kcal의 에너지가 방출된다. 이는 일원자 수소와 보통 수소의 50-50(중량으로) 혼합물이 성능이 약 1,000~1,100초일 것임을 의미한다. 즉 (A) 당신이 그 많은 일원자 수소를 만들 수 있고 그것을 보통 수소와 섞을 수 있으며 (B) 당신이 그것이 즉시—파국적인 방식으로—H_2로 되돌아가는 것을 막을 수 있다면 그럴 것이다. 지금까지 아무도 둘 중 어느 것이든 어떻게 하는지 전혀 감을 잡지 못했다. CH_3 및 OOF와 같은 유리 라디칼이 만들어질 수 있고, 가령 냉동 아르곤 같은 매트릭스에 간힐 수 있지만, 아르곤의 질량이 포획된 라디칼의 질량에 비해 너무 커서 추진에 관한 한 전체 아이디어가 웃음거리가 된다. 텍사코Texaco 한 곳만큼은 그러한 포획 현상과 포획된 분자 조각 내의 전자 상태를 수년간 연구해 왔지만, 전체 프로그램은 학술적으로는 흥미로워도, 추진에 맞추어졌다고 주장된다면 납세자의 돈 낭비로 분류되어야 한다. 한 회의에서 들은 신랄한 발언을 인용하자면, "유리 라디칼을 잡아 가두는 데 재수가 있었던 사람들은 FBI뿐이다."

따라서 대추력 응용 분야에서 비추력을 높이는 현실적인 유일한 방법은 핵 로켓으로 바꾸는 것인 듯한데, 핵 로켓은 다행스럽게도 잘되며 운용 가능한 상태에 거의 다 와 간다. (이온 및 기타 전기 추력기는 저추력 응용 분야에서만 쓸모가 있고, 이 책의—그리고 그것들을 서술할 필자의 권한—범위 밖이다.) 따라서 화학 로켓은 한동안 우리와 함께할 것 같다.

그리고 향후 수년간, 그리고 아마 금세기 동안 어떤 액체 추진제가 사용될 것인지에 관한 필자의 추측은 이렇다. 필자가 지금 한참 틀릴지도 모르는 말을 하고 있기는 하지만 말이다.

사거리가 최대 500km 정도인 단거리 전술 미사일의 경우, RFNA-UDMH가 사용될 것이며, ClF_5와 하이드라진형 연료 비슷한 것으로 서서히 바뀔 것이다. 일원 추진제는 주 추진에 사용될 것 같지 않으며, 젤과 슬러리에 따른 문제는 너무 많아서 그것들로부터 얻게 될 편익이 그것들을 운용 가능 상태로 발전시키는 어려움보다 더 클 것 같지 않다.

점화!

장거리 전략 미사일의 경우, 타이탄 II 조합, N_2O_4와 하이드라진 혼합물이 계속 사용될 것이다. 이 조합은 대성공이며, 누군가 그 짐승에게—이유는 모르겠지만—더 큰 탄두를 장착하고 싶다면 새로운 추진제 시스템을 개발하는 것보다 그냥 더 큰 타이탄을 만드는 것이 훨씬 더 간단할 것이다.

대형 1단 우주 부스터의 경우, 우리는 액체 산소와 RP-1 또는 그 등가물을 계속 사용할 것이다. 그것들은 잘되고 값도 싸다—그리고 새턴 V는 추진제를 많이 먹는다! 나중에 우리는 1단 연료로 수소로 바꿀 수도 있지만, 그럴 것 같지는 않아 보인다. 재사용할 수 있는 부스터의 개발이 상황을 바꾸지는 않겠지만, 램로켓 부스터가 개발된다면 예측 불허이다.

상단의 경우, J-2의 수소-산소 조합이 매우 만족스러우며, 아마도 오랫동안 사용될 것이다. 나중에 더 많은 에너지가 필요해지면서, 마지막 단에 수소-플루오린 또는 수소-리튬-플루오린으로 변화가 있을 수도 있다. 핵 로켓이 그곳을 접수할 것이다.

달 착륙선, 서비스 모듈service module, 그 비슷한 것들의 경우, N_2O_4와 하이드라진 연료가 오랫동안 계속 유용할 것으로 보인다. 필자는 가까운 미래에 그것들을 대체할 것 같은 어떤 조합도 생각할 수 없다.

저온에서 작동하는 심우주 탐사선은 아마 메테인, 에테인, 다이보레인을 연료로 사용할 것이지만, 프로페인도 가능한 일이기는 하다. 산화제는 OF_2, 그리고 아마 ONF_3와 NO_2F일 것인데, 퍼클로릴 플루오라이드, ClO_3F는 멀리 목성까지 유용할 것이다.

필자는 추진에 있어 베릴륨이 설자리가 없고, N_2F_4나 NF_3의 역할도 없다고 본다. 퍼클로릴 플루오라이드는 필자가 언급한 바와 같이 우주에서, 그리고 ClF_5를 위한 산소 함유 첨가제로서 얼마간의 쓰임새가 있을지도 모르는데, ClF_5는 아마 ClF_3를 완전히 대체할 것이다. 펜타보레인과 데카보레인 및 그 유도체는 액체 추진에 관한 그것들에 마땅한 이전의 무명으로 되돌아갈 것이다. 과산화 수소는 자세제어에 그리고 기타 저추력 응용 분야에서 일원 추진제로 계속 사용될 것이다. 그것은 아마 주 추진을 위한 산화제로는 사용되지 않을 것이다.

필자가 다소 흐릿한 수정 구슬을 살펴보건대, 이것이 전반적인 상황이다. 세부적으로는 틀릴 수도 있지만, 전체적으로는 지금부터 20년 뒤에도 그리 크게 벗어나지 않을 것이라고 필자는 생각한다. 액체 추진제 화학 분야에 할 일이 거의 없고, 예상되는 중요한 발전도 거의 없는 것 같다. 요컨대 우리 추진제 화학자들은 일거리가 마르도록 일했다. 영웅시대는 끝났다.

하지만 계속되던 동안 그렇게 재미있을 수가 없었다.

용어 해설

주. 온도는 달리 명시하지 않는 한 섭씨온도Celsius(centigrade)로 제시되어 있다.

A '컴파운드 A', ClF_5.

A-4 런던 공격에 사용된 독일의 탄도미사일, V-2로도 불림.

AN 질산 암모늄ammonium nitrate, 혹은 질산 아민amine nitrate 일원 추진제.

ARIB 브라운슈바이크 소재의 항공연구소Aeronautical Research Institute, at Braunschweig (Luftfahrtforschungsanstalt)

ARPA 고등연구계획국Advanced Research Projects Administration.

ARS 미국로켓협회American Rocket Society. 항공과학연구소Institute of Aeronautical Sciences와 합쳐 미국항공우주학회American Institute of Aeronautics and Astronautics, AIAA를 구성함.

BECCO 버펄로 일렉트로케미컬 컴퍼니Buffalo Electrochemical Company.

BMW 바이에른 원동기 공업주식회사Bayerische Motoren Werke AG.

BuAer 미 해군항공국Bureau of Aeronautics. 후에 병기국Bureau of Ordnance, BuOrd과 결합하여 무기국Bureau of Naval Weapons, BuWeps을 구성함.

CTF 클로린 트라이플루오라이드Chlorine trifluoride, ClF_3.

EAFB 에드워즈 공군기지Edwards Air Force Base, 캘리포니아 모하비 사막 소재.

EES 엔지니어링 실험장Engineering Experiment Station, 아나폴리스 소재(해군).

ERDE 폭발물 연구 및 개발 기관Explosives Research and Development Establishment, 영국 월섬애비 소재.

Flox 액체 산소와 액체 플루오린의 혼합물. Flox 30에서와 같이, 뒤에 오는 숫자는 플루오린의 퍼센티지를 나타냄.

FMC 푸드 머시너리 앤드 케미컬 코퍼레이션Food Machinery and Chemical Corporation.

GALCIT 캘리포니아 공과대학교 구겐하임 항공연구소Guggenheim Aeronautical Laboratories, California Institute of Technology.

GE 제너럴일렉트릭General Electric Company.

ICBM 대륙간 탄도미사일Intercontinental Ballistic Missile.

IITRI 일리노이 공과대학교 연구소Illinois Institute of Technology Research Institute, 이전의 아머 연구소Armour Research Institute.

IR 적외선Infra Red.

IRBM 중거리 탄도미사일Intermediate Range Ballistic Missile.

IRFNA 억제 적연질산Inhibited Red Fuming Nitric Acid.

IWFNA 억제 백연질산Inhibited White Fuming Nitric Acid.

JATO 제트 보조 이륙 장치jet assisted take-off—과적 항공기를 공중으로 띄우기 위한 부스터 로켓.

JP 제트 추진제Jet Propellant, 케로신 타입. JP-4에서와 같이 뒤에 오는 숫자는 특정한 사양을 나타냄.

JPL 패서디나 소재의 제트추진연구소Jet Propulsion Laboratory, 캘테크CalTech에 의해 운영됨.

λ(람다) 추진제 또는 추진제 조합에서 산소 평형의 척도. $\lambda=(4C+H)/2O$, 여기서 C, H 및 O는 동 조합에 있는 탄소, 수소 및 산소의 몰수mole數이며, λ는 산화 원자가에 대한 환원 원자가의 비율임.

LFPL 클리블랜드 소재의 루이스 비행추진연구소Lewis Flight Propulsion Laboratory, NACA-NASA 시설임.

LOX 액체 산소liquid oxygen.

LRPL NARTS 참조.

MAF 혼합 아민 연료Mixed amine fuel. 뒤에 오는 숫자는 종류를 나타냄. 리액션모터스 혼합물.

MHF 혼합 하이드라진 연료Mixed hydrazine fuel. 뒤에 오는 숫자는 종류를 나

점화!

타냄. 리액션모터스 혼합물.

MIT 매사추세츠 공과대학교Massachusetts Institute of Technology.

MMH 모노메틸 하이드라진Monomethyl hydrazine.

MON 혼합 질소 산화물Mixed oxides of nitrogen, N_2O_4+NO. 뒤에 오는 숫자는
퍼센티지 NO를 나타냄.

NAA 노스아메리칸 에비에이션North American Aviation.

NACA 미국 항공자문위원회National Advisory Committee for Aeronautics. NASA
가 됨.

NARTS 해군항공로켓시험장Naval Air Rocket Test Station, 뉴저지 도버 덴마크
호Lake Denmark 소재. 1960년에 육군에 인수되어 피카티니 조병창Picatinny
Arsenal의 액체로켓추진연구소Liquid Rocket Propulsion Laboratory, LRPL가 됨.

NASA 미국항공우주국National Aeronautics and Space Administration.

NOL 해군병기연구소Naval Ordnance Laboratory, 메릴랜드 실버스프링 소재.

NOTS 해군병기시험장Naval Ordnance Test Station, 흔히 인요컨으로 불리는
캘리포니아 차이나 레이크에 소재.

NPN 노멀 프로필 나이트레이트Normal Propyl Nitrate.

NUOS 해군수중병기국Naval Underwater Ordnance Station, 이전의 해군어뢰국
Naval Torpedo Station, 로드아일랜드 뉴포트 소재.

NYU 뉴욕 대학교New York University.

O/F 액체 로켓에서 연료 유량에 대한 산화제 유량의 비율.

ONR 해군연구청Office of Naval Research.

PF 퍼클로릴 플루오라이드Perchloryl Fluoride, ClO_3F.

R&D 연구 개발Research & Development.

RFNA 적연질산Red Fuming Nitric Acid.

RMD RMI 참조.

RMI 리액션모터스 주식회사Reaction Motors, Inc., 후에 사이오콜 케미컬 코퍼
레이션Thiokol Chemical Corp.의 리액션모터스부Reaction Motors Divisioin, RMD
가 됨. 1969년 말에 소멸.

ROR 로켓 온 로터Rocket on Rotor, 헬리콥터의 성능을 향상시키는 데 사용됨.

SAM 지대공 미사일surface to air missile.

SFNA 안정 발연질산Stable Fuming Nitric Acid(구식).

Tonka(통카) 자일리딘xylidine을 기반으로 한 독일의 로켓 연료.

TRW 톰프슨 라모 울드리지 주식회사Thompson Ramo Wooldridge Inc..

UDMH 비대칭 다이메틸하이드라진Unsymmetrical dimethyl hydrazine.

UFA(우파) 1920년대와 1930년대의 독일 영화사.

USP 미국약전United States Pharmacopeia.

UTC 유나이티드 테크놀로지스 코퍼레이션United Technologies Corporation, 유나이티드 항공United Airlines의 자회사.

V-2 A-4의 선전명propaganda name.

VfR 우주여행협회Verein für Raumschiffahrt, 예전의 독일 로켓협회.

Visol(비졸) 바이닐 에터vinyl ether를 기반으로 한 독일의 로켓 연료.

WADC 오하이오 데이턴 소재의 라이트 항공개발센터Wright Air Development Center, 공군 시설임.

WFNA 백연질산White Fuming Nitric Acid.

점화!

색인

1. 색인은 색인 항목과 그에 딸린 소항목으로 구성되며, 소항목은 본문의 내용 및 맥락을 말한다. 가령 알코올(류)의 소항목으로 액체 산소 플러스, 의 사용이 제시된 경우 해당 페이지에 '액체 산소 플러스 알코올(류)의 사용'에 관한 내용이 있음을 나타낸다.
2. 색인 항목과 관련이 있는 다른 항목이 있는 경우 특정 색인 항목 연관 참조 형태로 표시했다. 가령 산(류)에서의 특정 산은 질산 등을, 암모니아에서의 특정 화합물은 암모늄 나이트레이트 등을 말한다.

점화!

점화!

점화!

점화!

점화!